Digitale Wettbewerbsvorteile in der Praxis

Bramwell Kaltenrieder/Marc K. Peter/Kai Reinhardt

Digitale Wettbewerbsvorteile in der Praxis

Wie Sie erfolgreich digitale Strategien planen, umsetzen und verankern

1. Auflage

Schäffer-Poeschel Verlag Stuttgart

Weiteres Material finden Sie unter https://digitale-wettbewerbsvorteile.com

Bibliografische Information der Deutschen Nationalbibliothek

Die Deutsche Nationalbibliothek verzeichnet diese Publikation in der Deutschen Nationalbibliografie; detaillierte bibliografische Daten sind im Internet über http://dnb.dnb.de/ abrufbar.

Print:	ISBN 978-3-7910-6060-6	Bestell-Nr. 10988-0001
ePub:	ISBN 978-3-7910-6061-3	Bestell-Nr. 10988-0100
ePDF:	ISBN 978-3-7910-6062-0	Bestell-Nr. 10988-0150

Bramwell Kaltenrieder/Marc K. Peter/Kai Reinhardt
Digitale Wettbewerbsvorteile in der Praxis
1. Auflage, August 2024

www.schaeffer-poeschel.de
service@schaeffer-poeschel.de

Bildnachweis (Cover): © Stoffers Grafik-Design, Leipzig

Produktmanagement: Dr. Frank Baumgärtner
Lektorat: Markus Pohlmann, IQ Verlagsbüro, Heidelberg

Schäffer-Poeschel Verlag Stuttgart
Ein Unternehmen der Haufe Group SE

Vorwort

Die Digitalisierung wird von den meisten Geschäftsleitungen von Unternehmen, Non-Profit-Organisationen und Verwaltungseinheiten als eine der Hauptherausforderungen anerkannt und ist entsprechend »auf dem Radar«. Trotzdem sind die konkreten Fortschritte vielfach unbefriedigend. Dies dürfte häufig daran liegen, dass die Digitalisierung isoliert als Einzelaufgabe angegangen wird, anstatt sie in den Prozess der strategischen Führung zu integrieren.

Hier setzt das Buch von Bramwell Kaltenrieder, Marc K. Peter und Kai Reinhardt an. Die drei Autoren verfügen als Führungskräfte und Berater über umfangreiche Erfahrung an der Schnittstelle von strategischer Führung und Digitalisierung. Es ist das Ziel ihres Buches, einen umfassenden Ansatz der digitalen Transformation zu unterbreiten. Die Aussagen sind konkret und mit vielen Beispielen und Checklisten versehen. Das Buch eignet sich damit sowohl als praktische Anleitung zur Erarbeitung und Umsetzung digitaler Strategien wie auch für den Unterricht.

Das Buch besteht aus sechs Teilen A bis F. Auf Grundlage der Literatur zu den strategischen Wettbewerbsvorteilen werden in **Teil A** drei digitale Basisstrategien vorgeschlagen:

- *Digitally Enhanced Business:* Digitalisierungen der Wertschöpfungsprozesse,
- *Digitally Expanded Business:* Erweiterungen der Angebote um digitale Elemente und Übergang zu digitalen Geschäftsmodellen,
- *New Digital Business:* Diversifikationen durch die Lancierung neuer digitaler Angebote.

Anschließend wird die Wahl der digitalen Basisstrategie vorgestellt. Daraufhin werden in den **Teilen B, C** und **D** die drei Basisstrategien detailliert dargestellt. In **Teil E** wird die Umsetzung einer digitalen Strategie erläutert.

Ob die Digitalisierung erfolgreich ist oder nicht, hängt nicht nur von der Strategie, sondern in hohem Maße von der Unternehmenskultur und der Führung ab. Diesen wichtigen Themen ist **Teil F** gewidmet.

Ich wünsche den Leserinnen und Lesern viele neue Erkenntnisse bei der Lektüre des Buches. Vor allem wünsche ich jedoch viel Erfolg bei der Digitalisierung des Unternehmens, der Non-Profit-Organisation oder der Verwaltungseinheit auf Grundlage der im Buch unterbreiteten Handlungsempfehlungen.

Biel, im Juli 2024

Prof. Dr. Rudolf Grünig

Inhaltsverzeichnis

Abbildungsverzeichnis

1 Einleitung

1.1 Buchstruktur

In ihrer Forschungs- und Beratungspraxis sehen die Autoren dieses Buches, dass mittlerweile die Mehrheit von Führungskräften und Aufsichtsgremien sich bewusst ist, dass die Digitalisierung und damit verbunden die digitale Transformation von strategischer Relevanz für ihr Unternehmen ist. Doch nur die Hälfte der Unternehmen berücksichtigen »digital« in ihrer aktuellen Strategie (Peter, 2021), und gerade mal 30 % der Firmen erreichen mit ihren Transformationsvorhaben die angestrebten Ziele (De la Boutetière et al., 2018).

Mit dem vorliegenden Buch wollen die Autoren einen praxisorientierten, wissenschaftlich fundierten Beitrag zur Bewältigung der existierenden Herausforderungen im Zusammengang mit der digitalen Transformation von Unternehmen bieten:

Die nachfolgenden Seiten dieser **Einleitung** zeigen auf, wie die Digitalisierung und digitale Transformation die Wirtschaft bereits verändert haben und welche Treiber auch in Zukunft einen Wandel des Unternehmensumfeld bewirken werden.

Nach der Einführung gliedert sich das Buch gemäß dem strategischen Planungs- und Umsetzungsprozess der digitalen Transformation (Abb. 1).

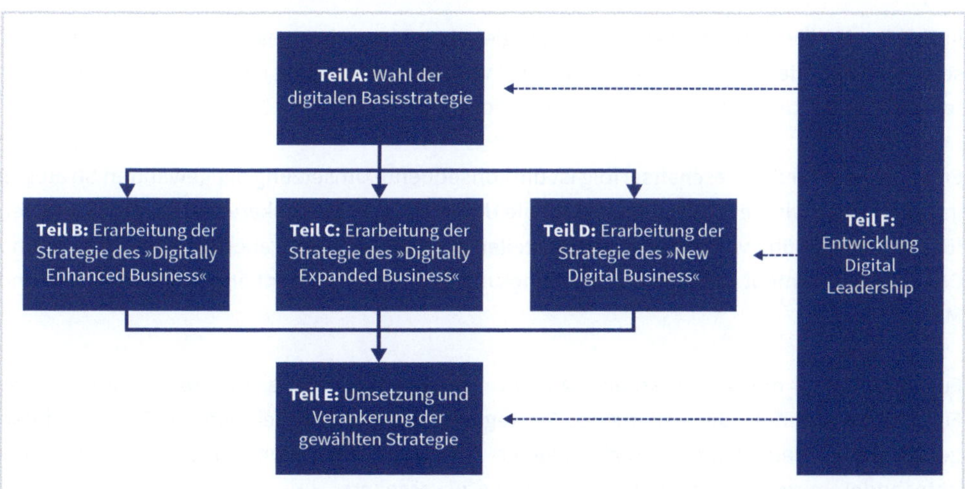

Abb. 1: Digitale Transformation: Strategischer Planungs- und Umsetzungsprozess als Grundlage der Gliederung dieses Buches in die Teile A–F

Teil A des Buches erläutert die Wahl der digitalen Basisstrategie. Zum Start wird die Bedeutung von Wettbewerbsvorteilen (Kap. 2) und die Entwicklung digitaler Wettbewerbsvorteile (Kap. 3)

dargestellt. Anschließend werden die drei digitalen Basisstrategien vorgestellt (Kap. 3.3). Während einer Strategieperiode sollte ein Unternehmen (respektive ein Geschäftsbereich in einem diversifizierten Unternehmen) sich nur auf eine dieser drei Ausrichtungen fokussieren, um sich nicht zu verzetteln. Schließlich wird ein differenzierter Prozess der digitalen Transformation präsentiert (Kap. 3.4), der unterschiedliche Pfade der Strategieentwicklung und -umsetzung je Basisstrategie vorschlägt.

In Kap. 4 wird erläutert, wie die strategische Ausgangslage des Unternehmens aus verschiedenen Perspektiven analysiert werden kann, um auf dieser Basis mehrere Entscheide zu treffen. Grundlegend geht es darum zu prüfen, ob für ein Unternehmen eine strategische Weiterentwicklung überhaupt sinnvoll ist. Wenn diese Voraussetzung gegeben ist, ist die passende digitale Basisstrategie zu wählen und zu bestimmen, ob die entsprechende Konkretisierung und Dokumentation im Rahmen einer Digitalstrategie zu entwickeln oder vielmehr in die klassischen Strategien einfließen soll (Kap. 5).

Teil B stellt verschiedene mögliche Schwerpunkte der ersten digitalen Basisstrategie vor. Mit der Strategie des »Digitally Enhanced Business« wird das bestehende Geschäft optimiert, die Effizienz gesteigert und das Business für die weiteren Etappen vorbereitet.

Mittels neuer digitaler Angebote und Geschäftsmodellen im aktuellen Markt können neue Umsätze und Marktanteile gewonnen werden. **Teil C** beschreibt diese Strategie des »Digital Expanded Business«, die mehr Differenzierung und Wachstum verspricht.

In **Teil D** wird die dritte digitale Basisstrategie »New Digital Business« erläutert. Er zeigt verschiedene digitale Diversifikationspfade auf – von der Erschließung neuer geografischer Märkte bis hin zu digitalen Ökosystemen und Plattformen.

Entscheidend für den Geschäftserfolg ist die konsequente Umsetzung der gewählten Strategie: In **Teil E** fassen wir die Erfolgsfaktoren für die Umsetzung und Verankerung digitaler Strategien für die Erschließung von Wettbewerbsvorteilen zusammen. Dazu gehören nebst Projekt- und Change-Management auch die Führung eines digitalen Portfolios anhand definierter Ziel- und Messgrößen.

Fundamental für die Wahl, Erarbeitung und Umsetzung der drei Basisstrategien ist ein neues Führungsverständnis, das entlang des Strategieprozesses entwickelt wird. In **Teil F** wird dargelegt, was es braucht, um als »Digital Leader« Teams und Unternehmen neu auszurichten und unter anderem eine starke Kundenorientierung zu verankern.

Gender-Hinweis: Die Autoren bemühen sich um eine möglichst geschlechtergerechte Ausdrucksweise. Dort, wo dies nicht möglich ist oder die Lesbarkeit stark einschränken würde, gelten die gewählten personenbezogenen Bezeichnungen in aller Regel für alle Geschlechter.

Digitalisierung vs. digitale Transformation

Die Verwendung der verschiedenen Begriffe rund um die Digitalisierung führt immer wieder zu Missverständnissen. Einer der Gründe dafür ist, dass sich das diesbezügliche Sprachverständnis über die Jahrzehnte entwickelt hat. Ursprünglich wurde unter Digitalisierung die Umwandlung analoger Informationen in digitale Daten verstanden. Eine erweiterte Bedeutung des Begriffs meint die Nutzung von Daten zur Prozessoptimierung. Heute wird Digitalisierung vielfach gleichbedeutend mit dem Begriff »digitale Transformation« verwendet. Die Digitalisierung fokussiert sich jedoch primär auf die digitale Darstellung von Informationen (Digitization) bzw. die Prozessoptimierung und -automatisierung (Digitalization), während unter einer ganzheitlichen Transformation (Digital Transformation, DT) die umfassende Umgestaltung des Unternehmens unter Einsatz digitaler Technologien zur Steigerung des Wettbewerbsvorteils gemeint ist. Abb. 2 zeigt die drei Ebenen der Digitalisierung.

Digitalisierung = digitale Transformation?

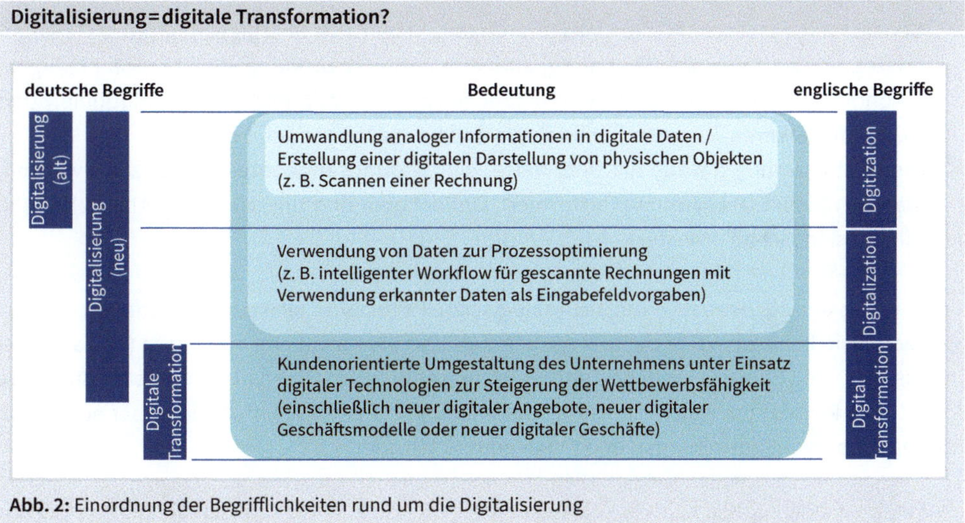

Abb. 2: Einordnung der Begrifflichkeiten rund um die Digitalisierung

1.2 Wie die Digitalisierung die Wirtschaft verändert

1.2.1 Die vierte industrielle Revolution ist da

Nicholas Negroponte, Gründer des Media Lab am MIT in Boston, erkannte bereits 1995 die unaufhaltsame Kraft des digitalen Zeitalters. Er beschrieb es als dezentral, global, vereinheitlichend und mächtig – Eigenschaften, die letztendlich zu seinem triumphalen Durchbruch führen würden (Negroponte, 1995). Heute wissen wir, dass seine Prophezeiung wahr geworden ist. Die Einführung neuer digitaler Technologien wie Internet und Mobilkommunikation sowie die beeindruckenden Fortschritte bei Endgeräten haben die vierte industrielle Revolution zu Beginn des 21. Jahrhunderts ausgelöst und neue digitale Geschäftsmodelle ermöglicht.

In der Folge haben sich Strukturen und Wertschöpfungssysteme vieler Branchen in den vergangenen 20 Jahren komplett verändert:

- Im **Handel** zum Beispiel hat E-Commerce im B2C- und neu auch im B2B-Bereich substanzielle Umsatzanteile gewinnen können.
- Damit verbunden wurden die Prozesse in der **Logistik** optimiert. Echtzeit-Tracking, Automatisierung von Lagerhäusern und verbesserte Lieferkettenverfolgung sind einige Beispiele dafür.
- Die Art und Weise, wie **Medien** heute erstellt, verbreitet und konsumiert werden, hat sich ebenfalls radikal verändert. Streamingdienste, Social-Media-Plattformen und der Übergang von traditionellen Medien zu digitalen haben diese Branche stark beeinflusst.
- Die **Finanzbranche** hat die Digitalisierung genutzt, um Onlinebanking, mobile Zahlungen und Kryptowährungen anzubieten.
- Gepaart mit gesellschaftlichen Veränderungen, haben sich Sharingplattformen stark verbreitet, wie zum Beispiel Carsharing. Zudem hat die Entwicklung von Elektrofahrzeugen, autonomem Fahren und vernetzten Fahrzeugen die **Automobilindustrie** revolutioniert und zu einem stärkeren Fokus auf Technologie und Konnektivität geführt.
- Die Digitalisierung hat die Art und Weise, wie **Bildungsangebote** bereitgestellt werden, stark verändert. E-Learning-Plattformen, Onlinekurse und digitale Lehrmittel haben die Bildungslandschaft erweitert.

Seit Anfang der 2020er-Jahre hat technologischer Fortschritt weitere Innovationen hervorgebracht, wie beispielsweise digitale Assistenten und die künstliche Intelligenz (KI; »artificial intelligence«, AI). Einige Forschende und Beratungshäuser skizzieren dies bereits als die fünfte industrielle Revolution, welche im Markt weitere Möglichkeiten schaffen wird, aber auch neue strategische Herausforderungen und Fragen mit sich bringt.

Wie die Digitalisierung den Tourismus verändert hat

Die Tourismusbranche ist eine der vielen Branchen, die besonders stark von der Digitalisierung betroffen ist. Die technologischen Fortschritte haben zu einer Disruption (Störung bzw. Zerstörung) traditioneller Geschäftsmodelle geführt und die Branche vor Herausforderungen, aber auch Chancen gestellt.

Eine der bedeutendsten Auswirkungen der Digitalisierung im Tourismus ist die *Disintermediation*, also die Beseitigung traditioneller Zwischenhändler. Früher waren Reisebüros und -veranstalter die zentralen Akteure in der Buchung und Planung von Reisen. Mit der digitalen Revolution haben sich jedoch Onlinereiseplattformen etabliert, die den direkten Zugang zum Kunden ermöglichen. Reisende können nun selbstständig Flüge, Unterkünfte und Aktivitäten über Onlineplattformen buchen, ohne auf Zwischenhändler angewiesen zu sein. Dadurch sind Kosten gesunken, und die Kontrolle über die Kundenbeziehung wurde verstärkt in die Hände der Anbieter gelegt.

Ein weiterer wichtiger Aspekt der Digitalisierung im Tourismus sind die sogenannten *Aggregatoren*. Diese Onlineplattformen bündeln Informationen und Angebote von verschiedenen Anbietern und stellen sie den Kunden auf einer zentralen Plattform zur Verfügung. Dadurch wird eine immense Menge an Angeboten gebündelt und Kunden leicht zugänglich gemacht. Beispiele für solche Aggregatoren sind Onlinehotelbuchungsseiten oder Reisevergleichsportale. Aggregatoren haben nicht nur die Auswahl für Kunden erweitert, sondern auch die Verhandlungsmacht verschoben. Große Plattformen können mit den Anbietern bessere Konditionen aushandeln und somit ihre Position im Markt stärken.

Die Digitalisierung hat auch den Kundenservice in der Tourismusbranche grundlegend verändert. Chatbots und KI-gestützte Assistenzsysteme ermöglichen mittlerweile eine effiziente und personalisierte Kundenbetreuung rund um die Uhr. Kunden können Fragen stellen, Informationen erhalten und sogar Buchungen vornehmen, ohne mit einem menschlichen Mitarbeitenden interagieren zu müssen. Zudem ermöglichen digitale Technologien die Sammlung und Analyse großer Datenmengen, um personalisierte Angebote und Empfehlungen zu erstellen. Durch gezielte Marketingstrategien und maßgeschneiderte Angebote können Unternehmen ihre Kundenbindung und Kundenzufriedenheit erhöhen.

1.2.2 Wie die Digitalisierung Industrien und Nationen verändert

Die Digitalisierung hat eine beeindruckende Entwicklung durchlaufen und betrifft mittlerweile Unternehmen jeder Größenordnung und alle Branchen. Infolgedessen wurden etablierte Markthierarchien stark durcheinandergewirbelt. Dies wird besonders deutlich, wenn man die veränderten Ranglisten der wertvollsten börsennotierten Unternehmen weltweit betrachtet. Während zu Beginn des 21. Jahrhunderts noch traditionelle Industrien aus dem ersten und zweiten Sektor die Ranglisten anführten, sind mittlerweile Unternehmen an der Spitze, die auf Basis neuer digitaler Technologien neue Märkte erschließen konnten (Abb. 3).

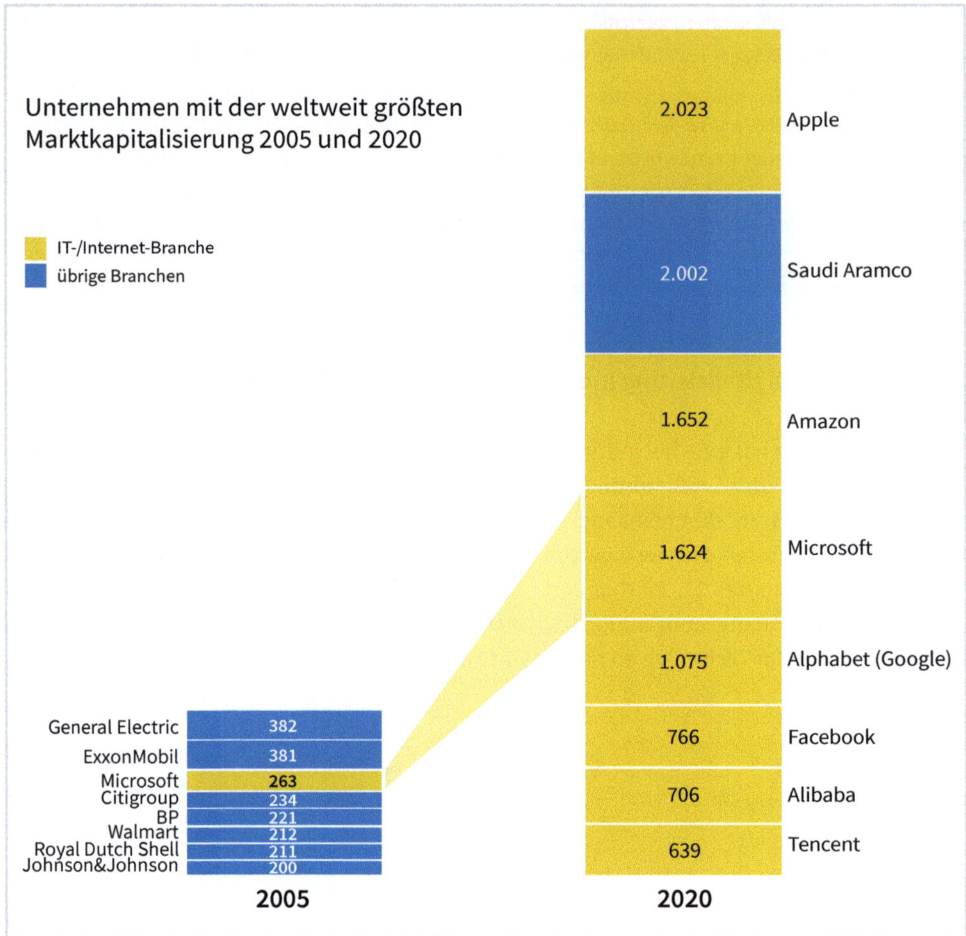

Abb. 3: Das Zeitalter der Techgiganten: verändertes Ranking der wertvollsten Unternehmen (in Anlehnung an Statista, 2020)

1.3 Treiber des digitalen Wandels

1.3.1 Unternehmen im Auge des digitalen Sturms

Der Megatrend der Digitalisierung wird von drei sich gegenseitig beeinflussenden zentralen Veränderungen im Umfeld von Organisationen ausgelöst und vorangetrieben: neue Technologien, eine sich wandelnde Gesellschaft und neue Markt- und Wettbewerbsstrukturen. Diese Faktoren haben einen bedeutenden Einfluss auf die wirtschaftliche und gesellschaftliche Entwicklung, auch in den kommenden Jahrzehnten. Sie eröffnen Unternehmen gleichzeitig Chancen und Risiken.

1.3.2 Neue Technologien

Gordon Moore, Mitbegründer des renommierten Chipherstellers Intel, erkannte bereits 1965 in einem Fachartikel den bemerkenswerten Trend, dass sich die Anzahl der Transistoren pro Flächeneinheit jedes Jahr verdoppelt und somit die Verarbeitungsgeschwindigkeit der Computerprozessoren (CPUs) entsprechend steigt (Schaller, 1996). Obwohl Moore seine Aussage 1975 revidierte (Verdoppelung nur alle 2 Jahre) und die Entwicklung sich in den letzten Jahren etwas verlangsamt hat, bildet dieser technologische Fortschritt eine wesentliche Grundlage für die »digitale Revolution«, die uns in den kommenden Jahrzehnten weiter beschäftigen wird (Abb. 4).

Ohne die kontinuierliche Verbesserung der Leistungsfähigkeit von Chips wäre es undenkbar gewesen, die heutige digitale Landschaft mit ihren zahlreichen, erst vor 20 Jahren noch undenkbaren Innovationen zu etablieren. Das mobile Internet, selbstfahrende Fahrzeuge oder die künstliche Intelligenz sind nur einige Beispiele, die überhaupt erst auf Basis dieser Entwicklung möglich wurden.

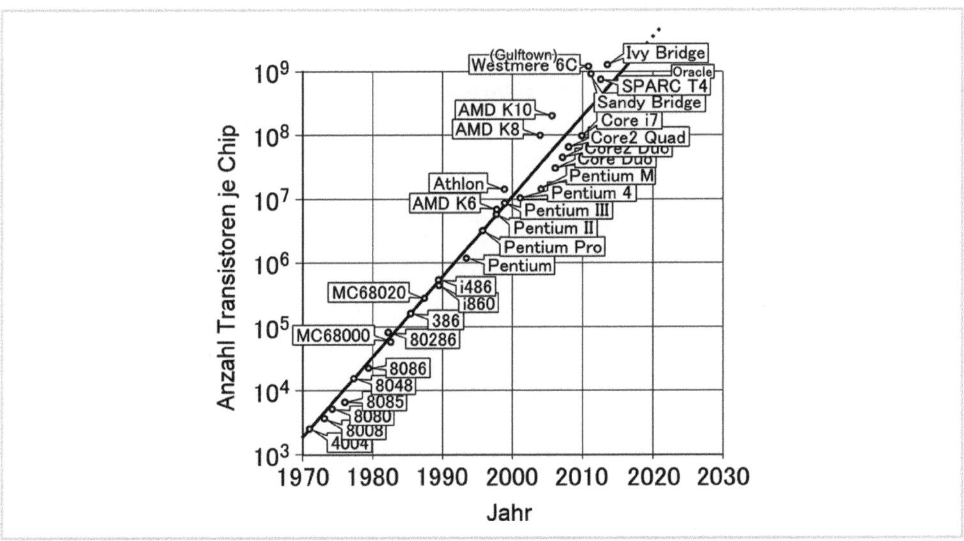

Abb. 4: Moores Gesetz – exponentieller Anstieg der Zahl der Transistoren pro Chip (Shigeru23, 2011)

1.3.3 Gesellschaftlicher Wandel

Das Internet und die Smartphones haben unsere Kommunikation, unser Kaufverhalten, unsere Mediennutzung, ja unser Leben verändert. Dieser »digitalen Realität« können sich Unternehmen nicht mehr entziehen.

Firmen stehen heute anspruchsvolleren Kunden denn je gegenüber: Sie erwarten ganz selbstverständlich, dass Produkte, Dienstleistungen und Marken im digitalen Zeitalter jederzeit und über verschiedene Kommunikations- und Vertriebskanäle verfügbar sind. Das veränderte Feedbackverhalten tadelt unpassende Werbung, langsame Reaktionen auf Anfragen oder wenig transparente Konditionen rasch und mit aller Deutlichkeit – sichtbar für die Community.

Das Internet, vor allem in seiner mobilen Form, hat sich fest in der menschlichen Bedürfnispyramide etabliert und wird weiterhin einen starken Einfluss auf unser Leben haben. Diese Entwicklung wird durch immer leistungsfähigere Endgeräte und neue nützliche Anwendungen vorangetrieben. Zusätzlich wird der gesellschaftliche Wandel dazu führen, dass der Anteil der sogenannten Digital Natives (Personen, die in der digitalen Welt aufgewachsen sind) bis tief in die 2030er-Jahre weiter ansteigen wird. 2026 werden bereits zwei Drittel der Bevölkerung Digital Natives sein, 2036 wird diese Bevölkerungsgruppe einen Anteil von über 80% stellen (Abb. 5). Die in der Abbildung als »Digital Immigrants« bezeichnete Gruppe umfasst Personen, die vor 1980 geboren wurden und die sich den Umgang mit digitalen Medien teils leicht, teils aber auch mühsam aneignen mussten.

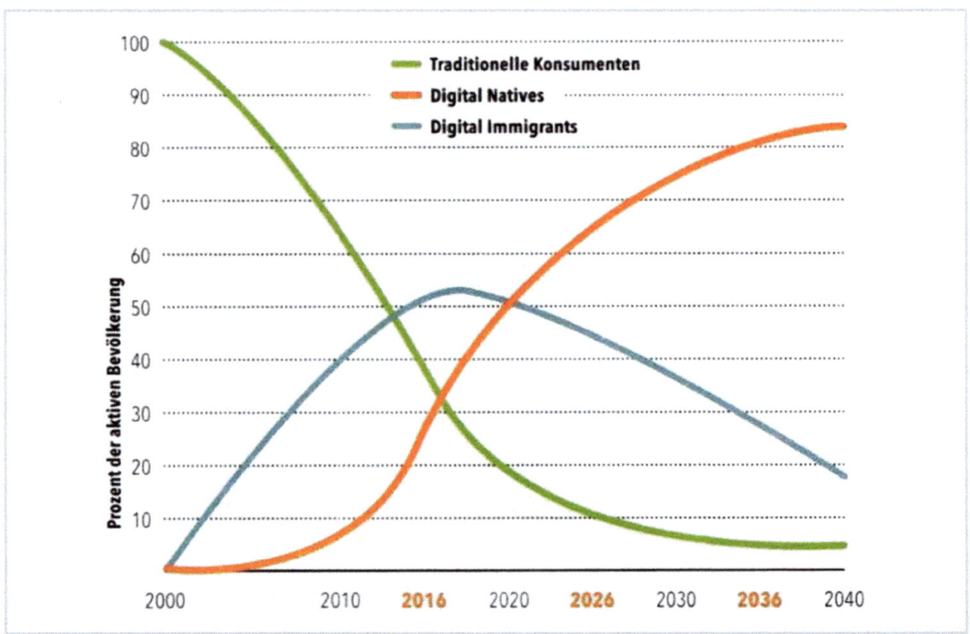

Abb. 5: Digitaler Generationenwechsel (Trendbüro Hamburg, 2013)

1.3.4 Veränderte Marktstrukturen

Die immer performanteren digitalen Technologien und Endgeräte sowie die überraschend hohen Adaptationsraten in fast allen Gesellschaftssegmenten schaffen eine attraktive Basis für neue Angebote und Geschäftsmodelle.

Vor diesem Hintergrund sind aus digitaler Sicht in allen Branchen drei zentrale Szenarien zu beobachten:

Szenario 1: Klassische Unternehmen erfinden sich neu
Viele etablierte Unternehmen, auch »Incumbents« genannt, nutzen Opportunitäten, um Wettbewerbsvorteile zu entwickeln und sich sowohl auf bestehenden als auch neuen Märkten erfolgreich zu positionieren.

Ein anschauliches Beispiel hierfür ist die Ifolor AG. Dieses Unternehmen mit Hauptsitzen in der Schweiz und Finnland ist in zehn Ländern aktiv. Gegründet 1961 als Schweizer Familienbetrieb, konzentrierte sich Ifolor anfangs auf die Entwicklung von Fotofilmen. Angesichts der fortschreitenden Digitalisierung revolutionierte das Unternehmen im Jahr 2000 sein Geschäftsmodell. Heute generiert Ifolor 99,5% seines Umsatzes online, hauptsächlich durch den Verkauf von Produkten wie Fotobüchern, Fotokalendern, Fotogrußkarten, Wanddekorationen, Fotogeschenken und Fotos (Switzerland Global Enterprise, 2017).

Szenario 2: Start-ups etablieren sich als »Newcomer«
Regelmäßig schaffen es Start-ups, für bestehende Kundenprobleme völlig neue, vorteilhafte Lösungen zu entwickeln. Grundlage dafür sind die von Neugier und Kundenorientierung getriebene Innovationskraft der Gründer sowie ihre Kenntnis in neusten technologischen Möglichkeiten. Ebenfalls fällt auf, dass die meisten Gründungsmitglieder der skalierenden Tech-Start-ups keine Erfahrung in der Branche haben, in der sie mit ihren neuen Lösungen konkurrieren. Mit ihrem frischen, unvoreingenommenen Blick fällt es diesen Gründern im Vergleich zu den nicht selten branchenblinden Führungskräften traditioneller Unternehmen leichter, neue Chancen zu erkennen. Sie profitieren damit davon, nicht so branchenblind zu sein wie es Mitglieder auch im Management traditioneller Unternehmen oft sind, eine Eigenschaft, die zu Voreingenommenheit und Abhängigkeiten führen kann.

Airbnb ist ein Unternehmen dieser Kategorie, das 2008 von drei jungen Kollegen gegründet wurde. Angespornt durch eigene Erfahrungen mit einer zu teuren Wohngemeinschaft und ausgebuchten Hotels aufgrund einer gut besuchten Konferenz in San Francisco, entwickelten die drei eine neuartige Plattform, die Vermieter von Zimmern mit Übernachtungsgästen zusammenbringt (Gläser & Passmann, 2011). Relativ rasch entwickelte sich das Unternehmen zu einer ernsthaften Konkurrenz traditioneller Hotelbetreiber und -ketten.

Szenario 3: Klassische Unternehmen verpassen den Anschluss
Fast 70% der traditionellen Unternehmen schaffen es nicht, mit den digitalen Entwicklungen ihres Umfelds mitzuhalten und Transformationsvorhaben erfolgreich umzusetzen (De la Boutetière et al., 2018). Hauptgründe dafür sind fehlende Veränderungsbereitschaft und digitale Fähigkeiten bei Führungskräften und Mitarbeitenden. Jack Welch, langjähriger CEO von General Electric, beschrieb diese Entwicklung treffend mit seiner Feststellung: »If the rate of change on the outside exceeds the rate of change on the inside, the end is near.«

Die 1890 gegründete Publigroupe war über Jahrzehnte hinweg der führende Medienvermarkter in der Schweiz. Wer eine Werbeanzeige in einem regionalen oder nationalen Zeitungstitel platzieren wollte, musste dies über eine Publigroupe-Tochtergesellschaft in die Wege leiten. Als Technologie- und Nutzungsveränderungen die Branche Ende des 20. Jahrhunderts revolutionierten, reagierte das Management zunächst mit Verdrängung. Die Kultur innerhalb des Unternehmens verhinderten eine agile Anpassung an die neuen Gegebenheiten. Später investierte das Unternehmen zwar mittels teuren Zukaufs von Start-ups stark in neue Geschäftsfelder, jedoch ohne Erfolg. Dem Topmanagement gelang es nicht, Geschäftsmodell und Leistungsversprechen der Publigroupe zu erneuern. Schließlich sah sich der Verwaltungsrat 2014 gezwungen, das Unternehmen zu verkaufen. 2018 ging es Konkurs. Ein Lehrbeispiel dafür, wie Unternehmen, die sich nicht rechtzeitig auf Veränderungen einstellen, schwerwiegende Konsequenzen erleiden können.

1.4 Was wir aus vergangenen industriellen Revolutionen lernen können

Die Geschichte der industriellen Revolutionen zeigt, wie technologische Fortschritte und soziale Veränderungen die Art und Weise, wie wir leben und arbeiten, grundlegend verändert haben. Jede Revolution brachte große Erneuerungen mit sich, die unser Verständnis von Produktion, Kommunikation und Gesellschaft transformierten.

Erste industrielle Revolution Beginn: Ende 18. Jahrhundert	Zweite industrielle Revolution Beginn: Anfang 20. Jahrhundert	Dritte industrielle Revolution Beginn: 1970er-Jahre	Vierte industrielle Revolution Beginn: Anfang 21. Jahrhundert
Einführung mechanischer Produktionsanlagen	**Einführung arbeitsteiliger Massenproduktion mithilfe elektrischer Energie**	**Einsatz von Elektronik und IT zur weiteren Automatisierung der Produktion**	**Mobilfunknetz Systeme, die mechanische mit IT-Komponenten verbinden Maschinelles Lernen**
1771 Spinnmaschine wasserkraftbetrieben 1784 Webstuhl dampfmaschinenbetrieben 1804 Erste Dampflok auf Schienen 1807 Erster Raddampfer	1849 Wechselstromgenerator 1870 Erstes Fließband, Schlachthöfe Cincinnatis 1876 Erstes Telefon 1897 Aspirin (Chemie) 1913 Fließbandproduktion Ford T	1936 Erster Computer Z1 1940 Transistor 1969 Erste speicherprogrammierbare Steuerung 1971 Mikroprozessor 1975 Altair 8800 1977 Apple II 1991 WWW veröffentlicht 1993 Netscape-Browser 1997 Google geht online ...	- Smartphone & Mobilfunknetz - Neue digitale Geschäftsmodelle - Internet der Dinge - Smart Factory - Augmented & Virtual Reality - Blockchain - Digital Twin - Smart City - Big Data / Data Mining - Maschinenlernen/KI

Abb. 6: Vier Phasen der industriellen Revolution (in Anlehnung an Becker et al., 2017)

Erste industrielle Revolution: Einführung mechanischer Anlagen

Die erste industrielle Revolution (Mitte des 18. bis Mitte des 19. Jahrhunderts) war durch den Einsatz von Wasserkraft und Dampfkraft zur Mechanisierung der Produktion sowie des Güter-

und Personentransports gekennzeichnet. Die Einführung von Dampfmaschinen ermöglichte es, die Arbeitskraft von Menschen und Tieren auf Maschinen zu übertragen, was die Effizienz der Produktions- und Transportprozesse drastisch steigerte. Der Aufbau von Eisenbahnnetzen und Kanälen erleichterte den Transport von Waren über weite Entfernungen und förderte so den Handel und die wirtschaftliche Entwicklung.

Menschen, die zuvor in der Landwirtschaft tätig waren, strömten in die Städte, um in den Fabriken zu arbeiten. Dies führte zu einem rasanten Bevölkerungswachstum in urbanen Gebieten sowie zu sozialen Herausforderungen wie Arbeitslosigkeit und schlechten Arbeitsbedingungen.

Großbritannien, das als Geburtsort der ersten industriellen Revolution gilt, profitierte stark von diesem Wandel. Es verzeichnete einen starken Anstieg des Bruttoinlandsprodukts (BIP) und wurde zur führenden Industrienation seiner Zeit.

Zweite industrielle Revolution: Einführung arbeitsteiliger Massenproduktion mithilfe elektrischer Energie

Die zweite industrielle Revolution (Ende des 19. bis Anfang des 20. Jahrhunderts) war durch den Taylorismus und das von Henry Ford entwickelte Model T geprägt. Im Vordergrund stand hier die Massenproduktion durch den Einsatz elektrischer Energie und die Erfindung des Fließbands. Auch in den Industriebereichen Chemie und Elektrotechnik wurde eine Massenproduktion entwickelt. Die Erfindung des Telefons und des Radios revolutionierte zudem die Kommunikation und ermöglichte den schnellen Austausch von Informationen über weite Entfernungen.

Die zweite industrielle Revolution führte zu einem Anwachsen des Dienstleistungssektors und der Zahl der Dienstleistungsberufe. Wie bei allen industriellen Revolutionen kam es auch bei dieser Umwälzung zu zahlreichen Fehlschätzungen. So glaubte Gottlieb Daimler 1901, dass »die weltweite Nachfrage nach Kraftfahrzeugen 1 Mio. nicht überschreiten wird – allein schon aus Mangel an verfügbaren Chauffeuren«. Der letzte deutsche Kaiser war zu Beginn des 20. Jahrhunderts ebenfalls überzeugt, das Auto werde sich nicht durchsetzen, weil das Pferd eindeutige Vorteile besitze.

Nichtsdestotrotz: Deutschland und Frankreich prägten die zweite industrielle Revolution und konnten dadurch ihr BIP stark steigern.

Dritte industrielle Revolution: Einsatz von Elektronik und IT zur Automatisierung von Prozessen

Die dritte industrielle Revolution, die auch als erste »digitale Revolution« bezeichnet wird, begann in der 1970er-Jahren. Durch die Entwicklung der ersten Computer und den damit verbundenen Einzug neuer Elektronik sowie von Informations- und Kommunikationstechnik konnten Produktions- und Dienstleistungsprozesse weiter automatisiert und effizienter gestaltet werden. Die Umwandlung analoger Informationen in digitale Daten hat die Art und Weise, wie wir

Informationen speichern, verarbeiten und teilen, grundlegend verändert. Computer und das Internet haben den Zugriff auf Wissen und die globale Kommunikation revolutioniert. So entstanden enorme Produktivitätssprünge, die den Arbeitsalltag sowie sämtliche Geschäfts- und Logistikprozesse revolutionierten.

Was wir aus den bisherigen drei industriellen Revolutionen lernen können

Die vierte industrielle Revolution ist in vollem Gange. Mit neuen technologischen Innovationen wie virtuellen Welten und künstlicher Intelligenz stehen wir gegebenenfalls bald schon in einer fünften industriellen Revolution. Um die Veränderungen besser antizipieren zu können, werden nachfolgend die wichtigsten Erkenntnisse der vorausgehenden Revolutionen zusammengefasst:

1. **Wirtschaftlicher Fortschritt ist technologiegetrieben:** Neue Technologien bergen regelmäßig das Potenzial, dass Unternehmen sich substanziell weiterentwickeln und Marktanteile gewinnen. Nur wer sich die neuen Möglichkeiten rasch zunutze macht, überlebt.
2. **Innovationszyklen werden kürzer:** Der zeitliche Abstand zwischen den Revolutionen nahm ab, und die Abfolge neuer Technologien und Anwendungen innerhalb einer Revolution wurde schneller: Unternehmen müssen Strukturen, Kommunikations- und Entscheidungsprozesse so anpassen, dass sie diesem Tempo im relevanten Sektor zumindest folgen können.
3. Ein beachtlicher Teil der **Nutzer adaptiert neue technologiebasierte Anwendungen schnell:** Das Beherrschen schneller und kundenzentrierter Innovations- und Vermarktungsprozesse erlaubt es, attraktive Kundensegmente zu gewinnen.
4. **Erfolg verschließt Führungskräften die Augen für Neuerungen,** die sich bereits am Horizont abzeichnen. »Success is a lousy teacher. It seduces smart people into thinking they can't lose«, meinte einst Bill Gates. Neugier, eine gute Portion Bescheidenheit und eine Kultur des Zuhörens helfen, kapitale Fehler wie jenen von Ken Olson, dem Gründer und langjährigen Präsidenten von Digital Equipment Corporation (DEC), zu vermeiden. 1977 meinte Olson: »There is no reason for any individual to have a computer in his home«, obwohl zu dieser Zeit bereits erste PCs wie der Apple II und der Commodore PET auf dem Markt waren. In den frühen 1990er-Jahren sank die Profitabilität von DEC, 1998 wurde Olsons Firma schließlich von Compaq Computer – einem der ersten Hersteller IBM-PC-kompatibler Computer – aufgekauft.
5. Jede industrielle Revolution hatte einen **starken Einfluss auf Arbeitsformen und die Organisation** von Unternehmensprozessen und -bereichen.
6. Einführung neuer Technologien können erhebliche **soziale Auswirkungen** haben. Es ist wichtig, den Wandel nicht nur aus wirtschaftlicher, sondern auch aus gesellschaftlicher Perspektive zu betrachten und angemessene Maßnahmen zu ergreifen, um die Arbeitskräfte auf die Veränderungen vorzubereiten.
7. **Bildung, Umschulung und lebenslanges Lernen** sind entscheidend, um den Wandel erfolgreich zu gestalten und die Chancen optimal zu nutzen.

Es gilt deshalb, diese »Learnings« in der Entwicklung von Strategien und Wettbewerbsvorteilen zu berücksichtigen.

1.5 Wie Unternehmen in diesem Kontext agieren müssen

1.5.1 Agieren im dynamisches Unternehmensumfeld

Unternehmen befinden sich aktuell in einem sehr dynamischen Marktumfeld. Erfolgreichen traditionellen Unternehmen und Start-ups gelingt es dank enger Kooperationen mit Hochschulen, immer wieder neue technologiegetriebene Innovationen auf den Markt zu bringen. Die daraus resultierenden neuen Infrastrukturen und insbesondere Endgeräte sowie Anwendungen verändern das Verhalten der Kunden. Auf dieser Grundlage entstehen neue Geschäftschancen und Risiken im Markt. Innovative Gründer von Start-ups nutzen diese Chancen rasch und bringen neuartige Lösungen auf den Markt.

Traditionelle Unternehmen erkennen die neuen Chancen und Gefahren oft verzögert und bekunden Mühe, entsprechend konsequent zu handeln. Abhängig von der Qualität des Transformationsmanagements ist es ihnen entweder möglich, sich selbst zu neu erfinden und die Chancen zu nutzen – oder sie scheitern und verlassen die Wettbewerbsarena (Abb. 7).

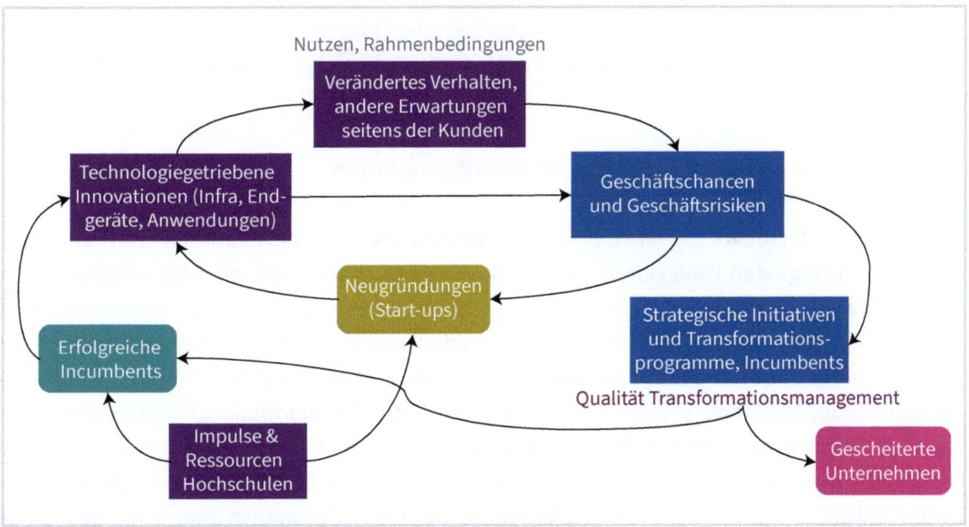

Abb. 7: Strategische Wirkungszusammenhänge (Kaltenrieder, 2019a)

Über die Zeit entwickeln sich Technologien, die Gesellschaft und agile Unternehmen stark. Unternehmen, die mit dem Wandel nicht Schritt halten können, verlieren den Anschluss (Abb. 8).

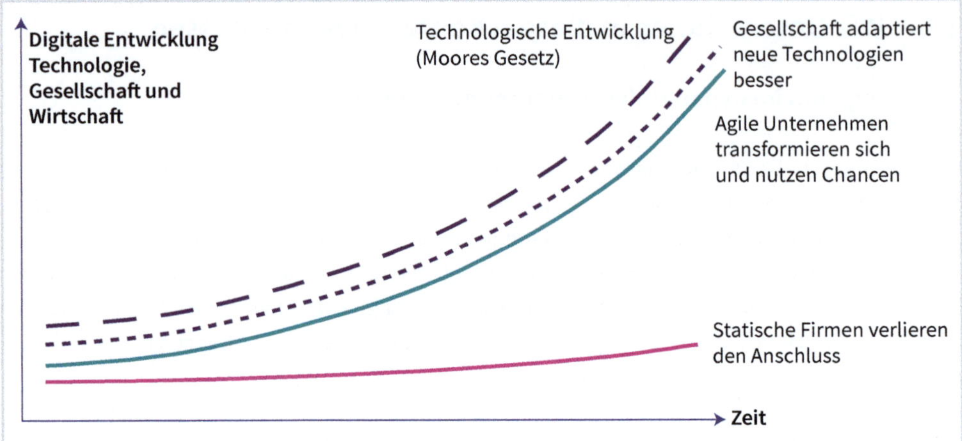

Abb. 8: Wer nicht mit der Zeit geht, geht mit der Zeit (Kaltenrieder, 2019; in Anlehnung an Rushkoff, Booty, Veuve)

Das Management traditioneller Unternehmen ist in einer solchen Marktdynamik stark gefordert. Es ist dafür verantwortlich, mittels strategischer Frühwarnung die entsprechenden Entwicklungen rechtzeitig zu erkennen, die Mittel für nötige Investitionen bereitzustellen und die erforderlichen Innovations- und Transformationsinitiativen zielgerichtet umzusetzen.

1.5.2 Das Management muss das Steuer übernehmen

Bereits 2012 untersuchte das MIT Center for Digital Business in einer Studie (Westerman et al., 2012), welche digitalen Fähigkeiten eines Unternehmens dessen wirtschaftliche Performance fördern. Dabei zeigte sich, dass zwar Kompetenzen in der Neugestaltung interner Prozesse mithilfe digitaler Technologien oder das Beherrschen von Kundeninteraktionen über digitale Kanäle wichtig sind. Für außergewöhnliche Resultate sind diese Fähigkeiten aber nicht ausreichend (Abb. 9). Genauso wichtig ist die *Intensität des Transformationsmanagements:* Nur wenn das Topmanagement für den Wandel einsteht, diesen im Unternehmen strategisch voranbringt sowie die Business- und IT-Bereiche gut kooperieren, kann die Transformation gelingen und unter anderem eine Profitabilität erzielt werden, die deutlich über den Ergebnissen der Branchenwettbewerber liegt. Es wäre fahrlässig, die Verantwortung für die Gestaltung und Steuerung der Transformation einem einzelnen Bereich wie zum Beispiel der IT-Abteilung zu übertragen.

Digital Beginners (Abb. 9) haben noch wenig Erfahrung mit der Erschließung digitaler Kommunikations- und Vertriebskanäle, obwohl sie z. B. in traditionellen IT-Anwendungsbereichen wie Enterprise Resource Planning (ERP) einen hohen Reifegrad erreicht haben können.

Die Unternehmen der Kategorie **Digital Fashionistas** haben bereits mit sehr interessanten digitalen Geschäfts- und Kommunikationslösungen Erfahrungen gesammelt. Die Anwendungen wirken, isoliert betrachtet, attraktiv, wurden aber nicht mit einer gemeinsamen Vision entwickelt und weisen daher kaum Synergien auf.

Digital Conservatives gehen neue Technologien und Trends sehr zurückhaltend an, nicht zuletzt, weil sie den Wert einer unternehmensübergreifenden Vision und Governance schätzen und Investitionen nachhaltig absichern wollen. Diese Zurückhaltung führt dazu, dass sie Chancen im digitalen Bereich verpassen.

Digital Masters verstehen es am besten, auf der Basis einer übergreifenden Vision koordinierte digitale Initiativen zu lancieren, die einen klaren Mehrwert generieren. Sie schaffen und erhalten damit Wettbewerbsvorteile und nutzen gleichzeitig Synergien.

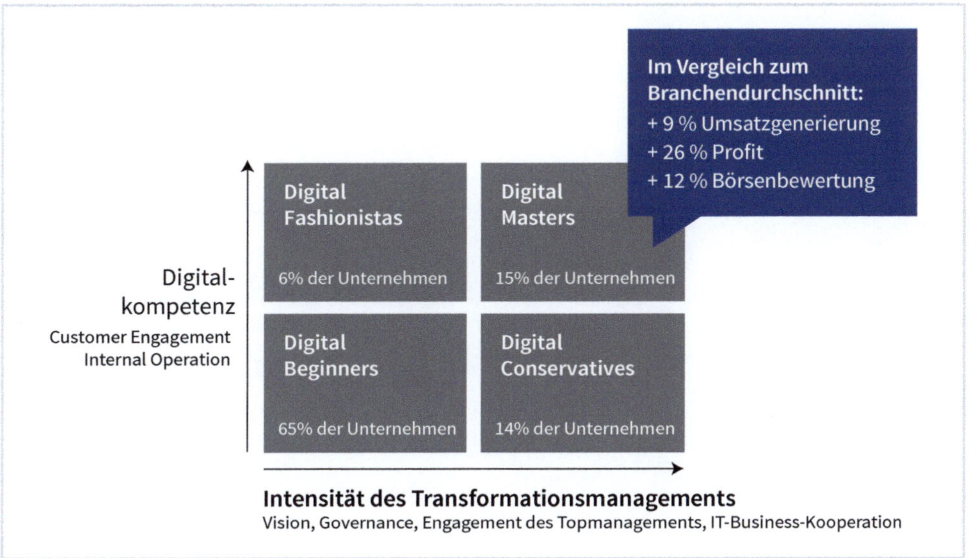

Abb. 9: Mit Digitalkompetenz und Transformationsmanagement zu überdurchschnittlichen Resultaten (in Anlehnung an Westerman et al., 2012)

[illegible]iken, sofern betrachtet, attraktiv, wurden aber nicht mit einer gemeinsamen Vision entwickelt und weisen daher kaum Synergien auf.

Digital Conservatives sehen neue Technologien und Trends sehr [illegible] an, [illegible] weil sie den Wert einer unternehmensweiten [illegible] und [illegible] Investitionen [illegible] [illegible] digitalen Bereich verpassen.

Digital Masters verstehen es [illegible], auf die Basis einer übergreifenden [illegible] digitale [illegible], die einen klaren [illegible] Sie [illegible] Wettbewerb [illegible] Synergien.

Teil A: Wahl der digitalen Basisstrategie

Management Summary

Mehrere Faktoren, so unter anderem die Mitarbeitenden, Entscheidungen der Eigentümer, Reaktionen der Kundschaft oder Zusammenarbeit mit Lieferanten, sind für den wirtschaftlichen Erfolg eines Unternehmens verantwortlich. Zentral ist jedoch die strategische Führung der Organisation durch die Verantwortlichen, denn diese müssen sicherstellen, dass mehr angeboten wird als ein Produkt oder eine Dienstleistung zum konkurrenzfähigen Preis. Die Verantwortlichen müssen einen Mehrwert für ihre Kunden schaffen, der den Anbieter von anderen unterscheidet. Diesen Mehrwert nennen wir **Wettbewerbsvorteil**. Um einen solchen zu etablieren, können Unternehmen Schlüsselwettbewerbsfaktoren identifizieren und sich damit der Konkurrenz gegenüberstellen, um mit geeigneten Maßnahmen die eigenen Ressourcen und Fähigkeiten zu stärken bzw. zu nutzen.

Unternehmen stehen drei Strategieoptionen bzw. digitale Basisstrategien zur Verfügung, um digitale Wettbewerbsvorteile zu erlangen: Digitally Enhanced Business, Digitally Expanded Business und New Digital Business, die in einem Vierphasenmodell (Initialize, Explore, Define, Transform) bestimmt und umgesetzt werden. Bei der Wahl der Basisstrategie empfiehlt sich einerseits die Nutzung einer Neunfeldermatrix, um die Wettbewerbsstärke pro Geschäftsfeld zu identifizieren, andererseits die Identifikation und Beschreibung zukünftiger Marktpotenziale. Dort, wo Marktattraktivität sowie Wettbewerbsstärke hoch und digitale Potenziale vorhanden sind, ergeben sich mögliche Investitionsbereiche und somit digitale Wettbewerbsvorteile. Gleichzeitig stellt sich die Frage, ob einzelne Geschäftsbereiche wegen mangelnder Attraktivität im digitalen Zeitalter abgestoßen werden sollten.

Wichtig ist, die bestehenden strategischen Elemente wie Vision, Unternehmens- und Geschäftsstrategie sowie funktionale Konzepte (wie beispielsweise das Marketingkonzept) mit der neuen/erweiterten Digitalstrategie abzustimmen. Dies führt zu Fragestellungen wie »Wie verändert sich die Unternehmenskultur im digitalen Zeitalter?« oder »Welche digitalen Maßnahmen bringen wirtschaftlichen Mehrwert?«. Die Checkliste »Strategische Weichenstellung« (Kap. 5.3) hilft bei der Wahl der digitalen Basisstrategie.

2 Wettbewerbsvorteile

2.1 Wirtschaftlicher Erfolg: Zwingende Ambition jedes Unternehmens

Erfolg ist in der Wirtschaftswelt weit mehr als nur eine Frage des Wachstums und Profits. Er beeinflusst verschiedene Anspruchsgruppen, die direkt oder indirekt mit einem Unternehmen in Beziehung stehen. Wenn ein Unternehmen nachhaltigen wirtschaftlichen Erfolg vorweisen kann, profitieren viele davon: Mitarbeitende, Eigentümer und Anleger, Kunden, Lieferanten und der Staat:

Mitarbeitende: Ein erfolgreiches Unternehmen kann Arbeitsplätze nicht nur erhalten, sondern auch neu schaffen. Dies gewährleistet nicht nur die Sicherung existierender Positionen, sondern bietet den Mitarbeitenden auch Entwicklungsperspektiven, Weiterbildungsmöglichkeiten und Aufstiegschancen. Ein prosperierendes Unternehmen ist attraktiver für Talente und bindet bestehende Mitarbeitende stärker an sich.

Eigentümer&Anleger: Diese Gruppe investiert Kapital in ein Unternehmen in der Erwartung, dass ihre Investition an Wert gewinnt. Nachhaltiger Erfolg garantiert die Werthaltigkeit oder -steigerung des eingesetzten Kapitals. Darüber hinaus erwarten Investoren eine angemessene Risikoprämie für das eingegangene unternehmerische Risiko – ein erfolgreicher Betrieb kann diese Prämie zuverlässig generieren.

Kunden: Auch für sie ist die Kontinuität eines Unternehmens von großer Bedeutung. Sie möchten sich darauf verlassen können, dass die Produkte oder Dienstleistungen, die sie bevorzugen, auch in Zukunft verfügbar sind. Außerdem assoziieren sie ein erfolgreiches Unternehmen oft mit hoher Qualität, gutem Service und Vertrauenswürdigkeit.

Lieferanten: Für sie ist ein erfolgreiches Unternehmen ein verlässlicher Geschäftspartner. Die Rentabilisierung der aufgebauten Kundenbeziehung wird durch die Zahlungsfähigkeit des Kunden gesichert. Ein prosperierendes Unternehmen garantiert Lieferanten auch eine langfristige Geschäftsbeziehung, was zu gemeinsamen Wachstumsmöglichkeiten führt.

Staat: Jeder Staat hat großes Interesse am wirtschaftlichen Erfolg von Unternehmen, die innerhalb seiner Grenzen angesiedelt sind. Ein florierendes Unternehmen zahlt regelmäßig Steuern, die dem Staat helfen, verschiedene soziale, infrastrukturelle und kulturelle Programme zu finanzieren. Darüber hinaus profitiert der Staat von einem erfolgreichen Unternehmen auch durch die Schaffung von Arbeitsplätzen. Dies wiederum kann die Arbeitslosenquote senken und die Kaufkraft der Bürgerinnen und Bürger erhöhen.

Es liegt in der Zielsetzung und Verantwortung der obersten Unternehmensführung, nachhaltigen Erfolg zu gewährleisten und damit die verschiedenen Erwartungen und Ansprüche zu befriedigen. Durch strategisches Handeln, innovative Entscheidungen und zukunftsorientiertes Denken sorgen Topführungskräfte dafür, dass alle Anspruchsgruppen vom Erfolg des Unternehmens profitieren.

2.2 Wettbewerbsvorteile: Voraussetzung für unternehmerischen Erfolg

In der anspruchsvollen Welt des Unternehmertums ist der Wettbewerb ein ständiger Begleiter. Unternehmen streben nach Überlegenheit, nach einem Unterschied, der sie von der Masse abhebt. Doch warum ist das so entscheidend? Warum können nicht alle Unternehmen in einem Markt gleiche Leistungen in gleicher Art und Weise anbieten? Die Antwort liegt im Wesen des Wettbewerbs und in den Wettbewerbsvorteilen, die oft der Schlüssel zu nachhaltigem unternehmerischem Erfolg sind.

Gleiche Leistungen, gleiche Weise, gleiche Probleme
Stellen Sie sich einen Markt vor, in dem jedes Unternehmen genau das Gleiche tut. Die Produkte sind identisch, die Dienstleistungen ununterscheidbar, die Herangehensweisen spiegelbildlich. In einer solchen Umgebung würde der Wettbewerb allein durch den Preis bestimmt. Es gäbe außer dem günstigeren Preis keinen Anreiz für Kunden, das eine Unternehmen gegenüber einem anderen zu bevorzugen.

Die unmittelbare Folge? Ein gnadenloser Preiskrieg, in dem Unternehmen ihre Preise immer weiter senken, in der Hoffnung, Kunden für sich zu gewinnen oder zu halten. Ein Rennen nach unten. In einem solchen Szenario würden die Gewinne schrumpfen, und die Rendite der Unternehmen würde gegen null tendieren. Ein solches Geschäftsumfeld wäre nicht nur für die Unternehmen und die Mitarbeitenden selbst, sondern auch für die gesamte Wirtschaft und die Umwelt desaströs.

Wettbewerbsvorteile: Mehr als nur ein Buzzword
Um in einem Markt erfolgreich zu sein, müssen Unternehmen also mehr bieten als nur einen konkurrenzfähigen Preis. Sie müssen einen Mehrwert für ihre Kunden schaffen, der den Anbieter von anderen unterscheidet. Diesen Mehrwert nennen wir »Wettbewerbsvorteil«.

Dies kann eine überlegene Produktqualität, ein außerordentliches Design, ein herausragender Kundenservice, eine innovative Technologie oder ein anderes differenzierendes Element sein. Durch diesen Mehrwert sind Kunden vielleicht bereit, mehr zu zahlen oder einem Unternehmen gegenüber loyal zu bleiben, selbst wenn Konkurrenten ähnliche Produkte oder Dienstleistungen zu einem günstigeren Preis anbieten.

Porters Wettbewerbsstrategien

Michael Porter, renommierter Ökonom und Professor an der Harvard Business School, entwickelte generische Wettbewerbsstrategien, um Unternehmen zu helfen, sich in der Marktlage zu positionieren und Wettbewerbsvorteile zu erzielen. Er identifizierte *drei Hauptstrategien* (Abb. 10): **Kostenführerschaft**, Differenzierung und Nischenstrategie. Durch die Kostenführerschaft strebt ein Unternehmen an, der kostengünstigste Produzent in der Branche zu sein und so für Standardprodukte tiefe Preise am Markt anbieten zu können. **Differenzierung** erfordert die Schaffung eines einzigartigen Angebots, das in den Augen der Kunden besonders wertvoll ist. Die **Nischenstrategie** fokussiert auf spezifische Marktsegmente.

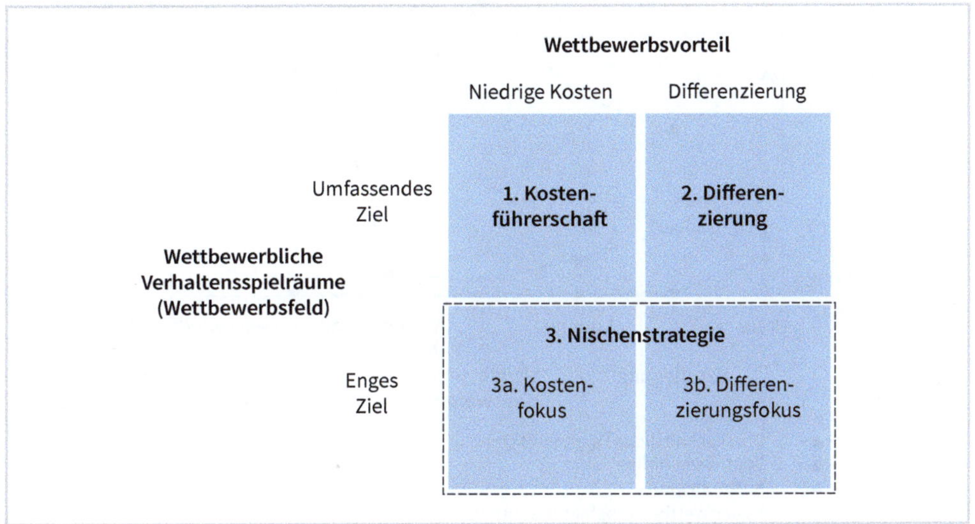

Abb. 10: Wettbewerbsstrategien von Porter

Wettbewerbssituation sichtbar machen mit dem »Strategy Canvas«

Mit dem »Strategy Canvas« haben Chan Kim and Renée Mauborgne eine visuelle Darstellung vorgeschlagen, die die aktuelle kompetitive Landschaft rasch erfassbar und Handlungsspielräume erfassbar macht (Kim & Mauborgne, 2005).

Die Entwicklung eines »Strategy Canvas« erfolgt in drei Schritten:

1. **Identifikation der Schlüsselwettbewerbsfaktoren:** Zuerst werden die Schlüsselfaktoren identifiziert, die im gewählten Marktsegment für die Kunden am wichtigsten sind und anhand derer sie sich für einen Anbieter entscheiden. Das können beispielsweise Preis, Qualität, Design oder Kundenservice sein. Diese Faktoren werden auf der x-Achse aufgetragen.
2. **Bewertung der eigenen Position:** Im nächsten Schritt bewertet das Unternehmen seine eigene Position in Bezug auf diese Schlüsselfaktoren: die Ausprägung je Faktor wird in der y-Achse als Punkt abgetragen. Dabei ist es wichtig, ehrlich zu sein und, wenn möglich, Kundenfeedback und Marktforschungsdaten zu verwenden. Durch die Verbindung der Punkte entsteht die »Value Curve« oder »strategische Kontur« des Unternehmens.

3. **Bewertung der Wettbewerber:** Anschließend wird die Position der Hauptkonkurrenten hinsichtlich derselben Schlüsselfaktoren im »Strategy Canvas« eingetragen. Die so entstandene Grafik zeigt, in welchen Bereichen das eigene Unternehmen unterlegen ist und wo es Wettbewerbsvorteile hat (Abb. 11). Fehlen eigene Vorteile gänzlich, sind für ausgewählte Kundensegmente Wettbewerbsfaktoren zu identifizieren, in denen das Unternehmen eine vorteilhafte Position aufweist respektive diese aufbauen kann.

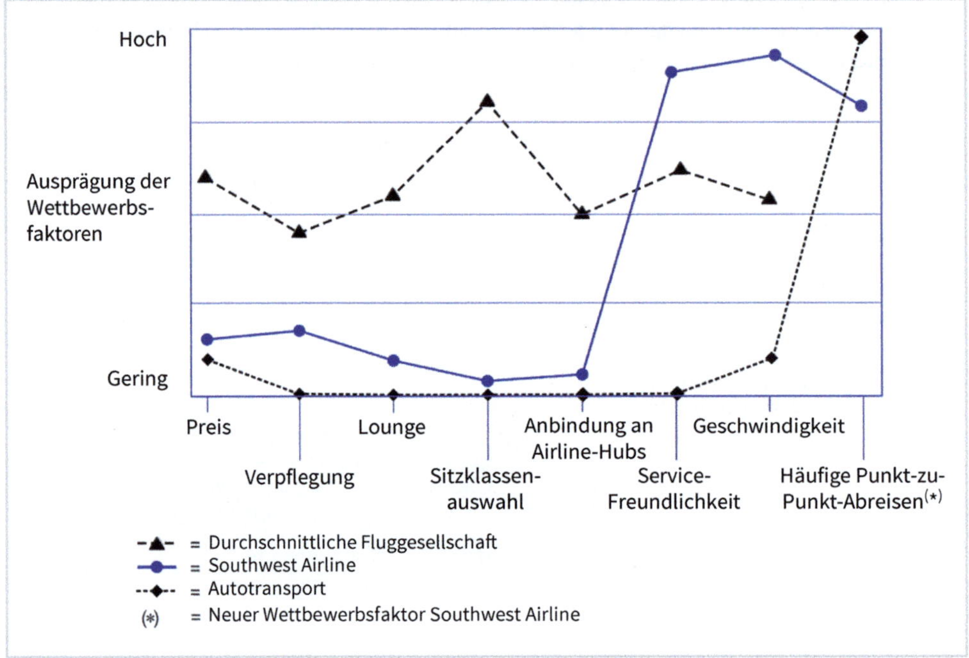

Abb. 11: Strategische Kontur der Southwest Airlines im Vergleich zu Wettbewerbern (in Anlehnung an Grünig et al., 2022)

2.3 Wie Wettbewerbsvorteile entstehen

Wettbewerbsvorteile entstehen durch die zielorientierte Kombination verschiedener Faktoren. Diese sogenannten Erfolgspotenziale sind Merkmale des Unternehmens, die in wesentlichem Maße den langfristigen Erfolg bestimmen (Grünig et al., 2022).

Das Ziel des strategischen Managements ist es, diese Erfolgspotenziale im Kontext der gewählten Positionierung mittels strategischer Projekte aufzubauen und zu erhalten, um durch deren geschickte Kombination Wettbewerbsvorteile und damit beste Voraussetzungen für überdurchschnittliche Erfolge zu schaffen.

Das operative Management verfolgt darauf aufbauend das Ziel, diese Wettbewerbsvorteile über operative Tätigkeiten, wie zum Beispiel Werben, Verkaufen und Produzieren, auszuschöpfen und in der Folge wirtschaftliche Erfolge zu realisieren.

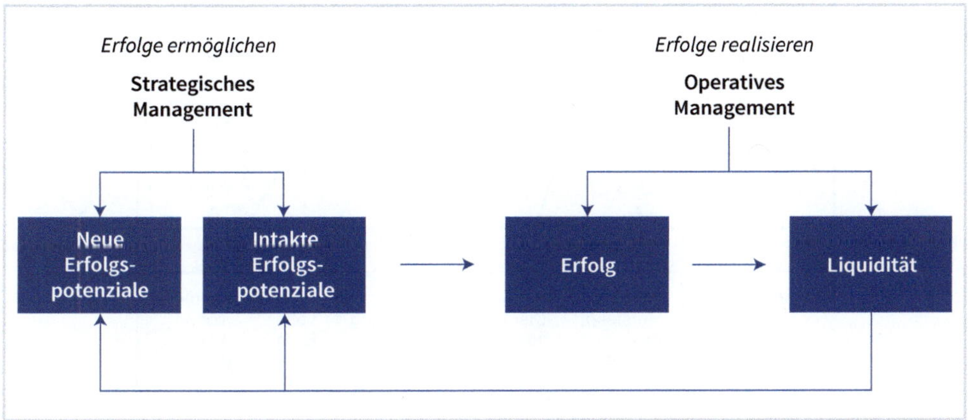

Abb. 12: Aufbau und Erhaltung von Erfolgspotenzialen als Ziel des strategischen Managements

Gemäß dem **ROM-Modell** lassen sich drei Ebenen von Erfolgspotenzialen unterscheiden (Grünig et al., 2022, S. 9):

1. Auf der Ebene der **Ressourcen** und **Fähigkeiten** als Grundlage für die Bereitstellung und Erneuerung der Angebote und teilweise auch von Marktpositionen:
   - außergewöhnliche Kompetenzen und Ressourcen,
   - erstklassige Prozesse, die in einzigartiger Weise Kompetenzen und Ressourcen verknüpfen,
   - kundenorientierte Führungs- und Unternehmenskultur;
2. auf der Ebene des **Wertangebots** (»**Offering**«):
   - Produkte und Dienstleistungen mit einem aus Kundensicht differenzierbaren Mehrwert im definierten Markt,
   - ein Geschäftsmodell, das vom dominierenden Branchenmuster abweicht und gleichzeitig neuen Kundennutzen generiert;
3. auf der Ebene der **Marktposition:** bedeutende Marktanteile in wachsenden Märkten.

Die verschiedenen Kategorien von Erfolgspotenzialen bauen aufeinander auf und verknüpfen die drei Ebenen des ROM-Modells. Wie Abb. 13 am Beispiel des Schweizer Taschenmesserherstellers Victorinox zeigt, basiert eine starke Marktposition und ein differenzierendes Angebot in der Regel auf einer beschränkten Zahl von Wettbewerbsvorteilen. Zwischen diesen bestehen jedoch starke Synergien.

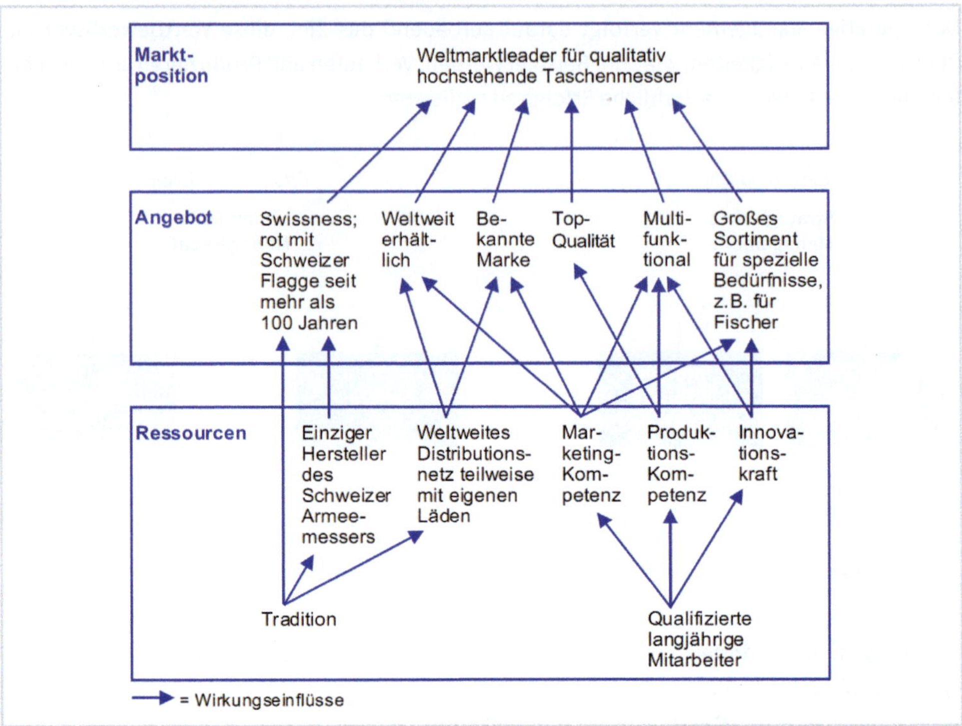

Abb. 13: Erfolgspotenzialnetz am Beispiel des Victorinox-Taschenmessers (Grünig, 2021)

3 Digitale Wettbewerbsvorteile aufbauen

3.1 Handlungsfelder der digitalen Transformation

Die digitale Transformation ist ein umfassender Prozess, der die kundenorientierte Umgestaltung des Unternehmens unter Einsatz digitaler Technologien zur Steigerung der Wettbewerbsfähigkeit zum Ziel hat. Je nach Branche und individuellen Zielen des Unternehmens können dabei unterschiedliche Bereiche betroffen sein.

Anhand des St. Galler Business Engineering Frameworks wird ersichtlich, welche strategische **Ebenen** des Unternehmens bei der systematischen Transformation von Unternehmen vom Industriezeitalter ins digitale Zeitalter betroffen sind (Abb. 14).

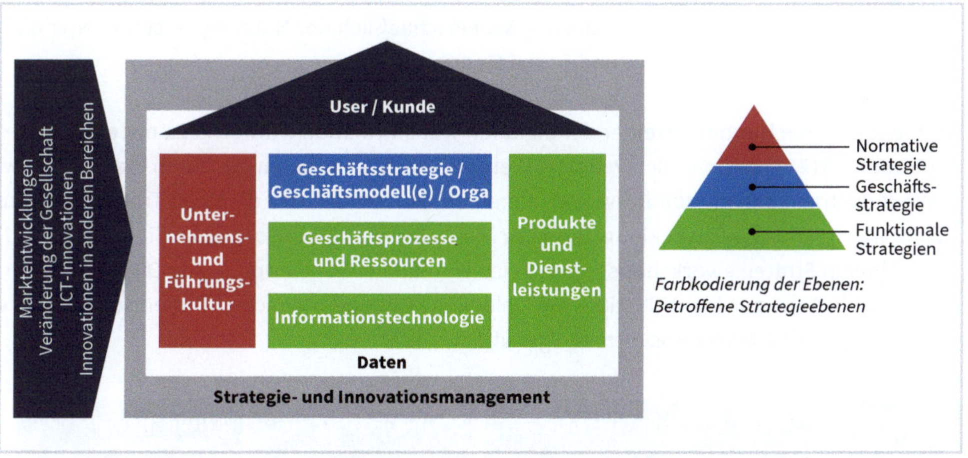

Abb. 14: Handlungsebenen der digitalen Transformation (in Anlehnung an Berghaus et al., 2015)

Im Rahmen einer Studie der Fachhochschule Nordwestschweiz FHNW wurden 2017 in einem Forschungsprojekt 2.590 Personen aus 1.854 unterschiedlichen Schweizer Unternehmen befragt, welche Aspekte des digitalen Wandels für sie relevant sind. Dabei kristallisierten sich *sieben Handlungsfelder in Bezug auf die digitale Transformation* heraus (Abb. 15.; Peter et al., 2017):

1. **Konstante Kundenorientierung** (Customer Centricity): Unternehmen verankern eine ausgeprägte Kundenorientierung in ihrer Kultur und nutzen darauf aufbauend digitale Technologien, unter anderem um personalisierte Produkte und Dienstleistungen zu entwickeln.
2. **Neue Technologien** (New Technologies): Je nach Branche werden verschiedene Technologien wie ERP-Systeme, Apps und Industrie-4.0-Anwendungen identifiziert und eingesetzt. Dazu gehören auch Maßnahmen der IT- und Datensicherheit.

3. **Daten und die Cloud** (Data&Cloud): Intelligente Datenanalysen sind zentral für viele Aspekte der digitalen Transformation. Investitionen in Cloud-Technologien bieten hier eine flexible Infrastruktur.
4. **Neue Strategien und Geschäftsmodelle** (Digital Business Development): Technologie treibt die Neugestaltung der Wertschöpfungskette voran. Zudem werden neue Plattformen und Kooperationen genutzt, um innovative Geschäftsmodelle und neue Geschäftsbereiche zu schaffen, welche in digitalen Wettbewerbsvorteilen resultieren.
5. **Prozessmanagement** (Process Engineering): Prozessoptimierung durch Automatisierung und Digitalisierung führt zu Effizienzsteigerungen und höherer Transparenz, oft in Verbindung mit agilen Methoden.
6. **Moderne Arbeitswelt** (Digital Leadership&Culture): Der digitale Wandel erfordert in der ganzen Organisation neue Fähigkeiten sowie eine Anpassung der Führungsgrundsätze und Organisationskultur, wobei Kreativität und Innovation zentral sind.
7. **Digitales Marketing** (Digital Marketing): Die Auswertung von Daten ermöglicht kontinuierliche Optimierung von Marketingprozesse, einschließlich der Nutzung verschiedener digitaler Kanäle wie E-Commerce und Social Media.

Die identifizierten Handlungsfelder der digitalen Transformation wurden 2021 mit einer Folgestudie mit 1.812 Teilnehmenden validiert (Peter, 2021). Sie enthalten die durch die vierte bzw. fünfte industrielle Revolution hervorgerufenen neuen Themen der digitalen Transformation, welche in der Strategieentwicklung berücksichtigt werden sollten. So können die sieben Handlungsfelder in Strategieworkshops – zum Beispiel mit dem Workshop-Canvas Digital Transformation (Abb. 15) – zur Identifikation von Gelegenheiten und möglichen Dimensionen für die Entwicklung von Wettbewerbsvorteilen genutzt werden.

Abb. 15: Workshop-Canvas zur digitalen Transformation (Peter, 2023)

3.2 Erweitertes ROM-Modell mit digitalen Potenzialen

Verortet man die in Kap. 3.1 aufgeführten sieben Handlungsfelder der digitalen Transformation im ROM-Modell, wird ersichtlich, dass auf allen drei ROM-Ebenen digitale Potenziale zum Aufbau von Wettbewerbsvorteilen bestehen (Abb. 16):

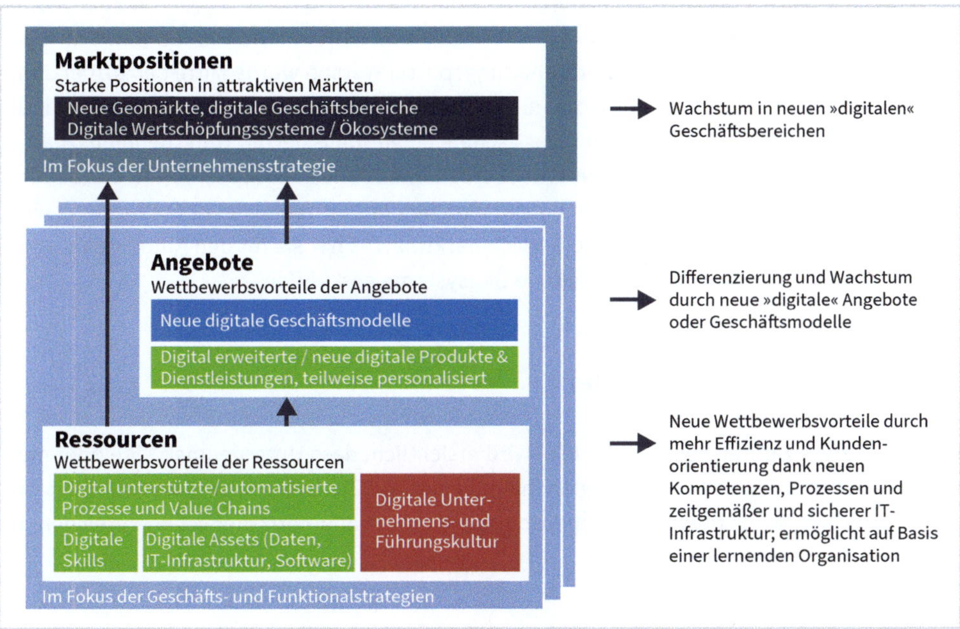

Abb. 16: ROM-Modell mit digitalen Potenzialen (Kaltenrieder, 2023)

1. Auf der **Ebene der Ressourcen** und Fähigkeiten können neue Erfolgspotenziale aufgebaut werden, die synergetisch mit anderen Potenzialen zu neuen Wettbewerbsvorteilen führen. Im Vordergrund stehen hier individuell auf das Unternehmen ausgerichtete neue digitale Kompetenzen, organisationsweit konsolidierte Daten hoher Qualität, automatisierte und effiziente Kernprozesse oder eine skalierbare und sichere IT-Infrastruktur. Zentrale Grundlagen für diese und andere Potenziale auf der Ebene des Wertangebots sind eine lernende Organisation und eine ausgeprägte Customer Centricity (Kundenorientierung) der Führungskräfte und Mitarbeitenden. Interessant ist zu beobachten, dass eine starke digitale Position auf dieser Ebene eine attraktive Wirkung am Arbeitsmarkt entfaltet.
2. Auf der **Ebene des Wertangebots** kann in vielen Branchen Differenzierung und Wachstum generiert werden dank der Etablierung digitaler Geschäftsmodelle, die neue Kundenvorteile bieten. Die digitale Zahlungsservice Twint zum Beispiel hat sich relativ rasch in der Schweiz etabliert, da er sehr einfachen und für Kunden kostenlosen Geldtransfer ermöglicht. Auch digital erweiterte Produkte können neue Mehrwerte generieren. Ein Beispiel hierfür sind E-Bikes, die sich über eine App lokalisieren, mittels Profilmanagement einfach für mehrere Fahrende konfigurieren oder sogar tunen lassen. Schließlich erlauben digital

unterstützte Dienstleistungen, sich im Markt abzuheben und neue Kunden zu gewinnen. Eine Kinderhortkette, deren Mitarbeitenden die Eltern der anvertrauten Kleinkinder via App permanent informiert, wie gut es ihren Liebsten geht, spricht sich rasch herum und hat lange Wartezeiten. Ebenso der Friseur, bei dem Termine online verbindlich gebucht werden können.

3. Neue Geschäftsbereiche, die erst durch neue digitale Technologien möglich werden, haben das Potenzial, Unternehmen **neue attraktive Positionen in aufstrebenden Märkten** zu bescheren. Das Nachrichten- und Unterhaltungsportal Watson wurde Mitte der 2010er-Jahre mit starker Unterstützung des AZ Medienverlags gegründet. Die Absicht dieser verbundenen Diversifikation des bisher auf klassische Medien fokussierten Unternehmens war es, sich im stark wachsenden Onlinemarkt ebenfalls eine solide Marktposition zu erarbeiten. Die deutsche Caruso GmbH hat einen anderen Weg beschritten: Mit der Entwicklung eines offenen und neutralen Daten- und Servicemarktplatzes hat sie für den Automotive »Aftermarket« die Grundlage für verschiedene Ökosysteme geschaffen.

3.3 Digitale Basisstrategien

Aus der Analyse zahlreicher Case Studies wird ersichtlich, dass Unternehmen eine oder mehrere sogenannte digitale Basisstrategien mit individuellen Zielen verfolgen. Die drei Basisstrategien erfordern eine Entwicklung von Erfolgspotenzialen in unterschiedlichen Bereichen des ROM-Modells (Abb. 17).

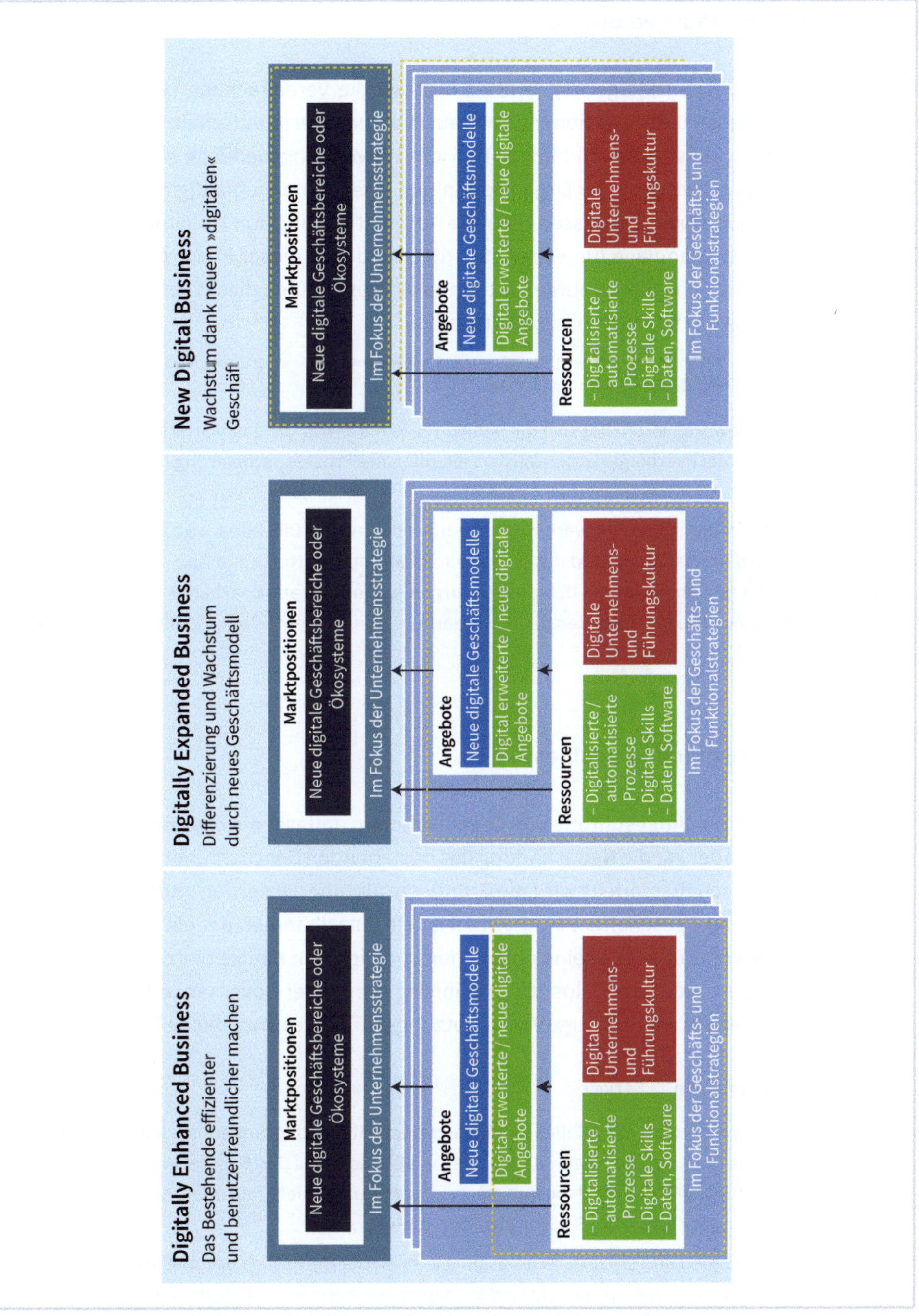

Abb. 17: Die drei Basisstrategien der digitalen Transformation (Kaltenrieder, 2023)

3.3.1 Digitally Enhanced Business

Mit dem Ziel der Effizienzsteigerung geht es hier um die Vereinfachung und Digitalisierung bestehender Prozesse und Funktionen, aber auch darum, der Kundschaft weiterentwickelte Produkte und Dienstleistungen zu bieten. Typische Anwendungsbereiche sind die Digitalisierung der Interaktion zwischen der Organisation und ihren Kunden, die digitale Umgestaltung von Kern- oder Produktionsprozessen oder die Automatisierung von Human-Resources-(HR-) Prozessen. Auch als Grundlage für weitere Schritte werden in dieser Phase oft agile Praktiken eingeführt und neue Fähigkeiten aufgebaut. Ohne ein Durchlaufen dieses Schrittes können die Phasen 2 und 3 kaum erfolgreich umgesetzt werden.

Digitalisierung im KMU: Blech biegen – aber smart

Einen klaren Wettbewerbsvorteil hat sich die Schweizer Firma Jorns, die auf die Herstellung von Maschinen für die Feinblechverbiegung spezialisiert ist, mit einer Prozessoptimierung für ihre Kunden erarbeitet.

Mit einer benutzerfreundlichen Software wird der Anwender mit der Blechbearbeitungsmaschine vernetzt: Direkt auf der Baustelle wird das erforderliche Blechteil mittels einer App auf dem Tablet definiert, bestellt und kann während des ganzen Vorgangs administrativ bearbeitet werden. Mit dem durchgängig digitalen Prozess entfallen nicht nur Handskizzen, es werden auch Zeit und Ressourcen gespart (Jorns, o. J.).

3.3.2 Digitally Expanded Business

Diese oft tiefgreifende Umgestaltung von Organisationen umfasst die digitale Erweiterung des Geschäftsmodells oder gar die Neuerfindung des bestehenden Geschäfts. Mit dem Aufbau eines neuen digitalen Geschäftsmodells wird die Grundlage für Differenzierung und neues Wachstum im bestehenden Markt geschaffen. Ein Beispiel ist ein Einzelhändler, der ein vollständig integriertes Kundenerlebnis über alle seine physischen und digitalen Kanäle bietet. Die Angleichung traditioneller organisatorischer Silos, die Einführung geeigneter Governance-Modelle, die Hinzunahme neuer Talente sind wichtige Voraussetzungen für eine erfolgreiche Transformation.

Hilti-Modell »Equipment as a Service«

Die Schaaner Firma Hilti hat ein zusätzliches, digitales Geschäftsmodell eingeführt: Mit seinem Modell »Equipment as a Service« sorgt es dafür, dass seinen Großkunden auf den Baustellen nahtlos die nötigen Geräte zur Verfügung stehen und die Kunden bei Reparaturen, Diebstahl oder benötigtem Spezialwerkzeug von einem sehr schnellen Service profitieren (Hilti, o. J.).

Dank neuer Technologien und einer Datenerfassung können die Werkzeuge optimal genutzt werden. Außerdem müssen die Kunden keinen teuren Maschinenpark mehr selbst unterhalten und reduzieren damit ihre fixen Kosten – während Hilti von regelmäßigen neuen Serviceumsätzen profitiert.

Heute ist Hilti bereits einen Schritt weiter: Mit dem BIM Experience Center will Hilti die Zusammenarbeit aller am Bau Beteiligten digital transformieren.

3.3.3 New Digital Business

Bei diesem Diversifikationsschritt geht es um die Schaffung neuer Erlösquellen. Dies kann durch das Erschließen neuer geografischer Märkte über digitale Vertriebswege, eine Vor- und Rückwärtsintegrationen über digitale Wertschöpfungssysteme (Ökosysteme) oder den Aufbau neuer Geschäftsfelder bewerkstelligt werden. Letzteres kann beispielsweise über den Zukauf von Start-ups oder organisch über den selbstständigen Aufbau etabliert werden.

Mobility Carsharing

Die Mobility Cooperative wurde 1997 durch die Fusion zweier bestehender Carsharingorganisationen (ShareCom und ATG) gegründet. Die SBB hat die strategische Bedeutung des Carsharingkonzepts erkannt und die Zusammenarbeit als Mitaktionär mit Mobility aufgebaut. Für die SBB ist Carsharing eine effektive Ergänzung zum öffentlichen Verkehr, indem es die letzte Meile zwischen Bahnhof und dem Bestimmungsort der Reisenden abdeckt.

3.3.4 Entwicklungsstufen der digitalen Transformation

Die drei digitalen Basisstrategien werden üblicherweise sequenziell umgesetzt (Abb. 18). Mit einem Start im »Digitally Enhanced Business« werden einerseits Prozesse digitalisiert, andererseits aber auch Kompetenzen aufgebaut, die den späteren Schritt zum »Digitally Enhanced Business« erst ermöglichen. Um ein »New Digital Business« aufbauen zu können, sind entsprechende Erfahrungen mit den beiden vorausgehenden Stufen empfehlenswert.

Bei aller Faszination für die neuen Möglichkeiten, die digitale Technologien im Bereich von Geschäftsmodellinnovationen oder gar neuen Geschäftsfeldern eröffnen, ist zu bedenken: je höher der Transformationsgrad, desto höher auch die nötigen Investitionen und entsprechenden Risiken.

Je nach Branche kommen die Stufen 2 und 3 zudem gar nicht infrage. Zum Beispiel sind in der öffentlichen Verwaltung Geschäftsmodellinnovationen oder ist gar eine Diversifikation kaum je angebracht. Ebenfalls sind in stark regulierten Branchen wie zum Beispiel Gesundheitswesen, Krankenkassen oder Pharma die Stufen 2 und 3 ebenfalls sehr selten anzutreffen.

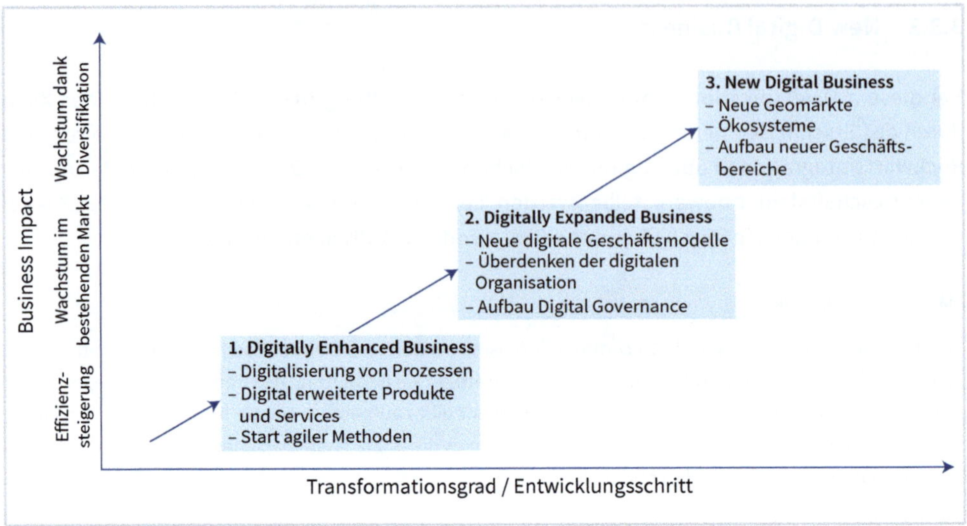

Abb. 18: Entwicklungsstufen der digitalen Transformation und ihr Impact (Kaltenrieder, 2023)

3.4 Differenzierter Prozess zum Aufbau digitaler Wettbewerbsvorteile

In den vorausgehenden Kapiteln ist ersichtlich geworden, dass Unternehmen sich in einer individuellen Ausgangslage befinden und unterschiedliche Ziele im Zusammenhang mit der Digitalisierung verfolgen. Als Konsequenz ergeben sich folgende Vorgaben bei der Gestaltung des strategischen Prozesses zur Planung und Umsetzung von neuen Erfolgspotenzialen:

- Es braucht eine vorausgehende Standortbestimmung, bei welcher untersucht wird, was die individuelle Ausgangslage des Unternehmens ist. Auf dieser Grundlage kann dann entschieden werden, welche der drei Basisstrategien in der kommenden Strategieperiode für die Organisation im Fokus stehen soll.
- Die Ausprägung der auf die Standortbestimmung folgenden Innovationsschritte und die Umsetzung von vielversprechenden Erfolgspotenzialen sind stark abhängig von der gewählten Basisstrategie.

Um diesen Anforderungen gerecht zu werden, ist ein differenzierter Digitalisierungsprozess erforderlich, der in Abb. 19 aufzeigt wird.

Abb. 19: Differenzierter Prozess zum Aufbau digitaler Wettbewerbsvorteile (Kaltenrieder, 2019a)

In Phase 0 »**Initialize**« wird untersucht, wie attraktiv der aktuelle Markt des Unternehmens mittel- und langfristig bleibt und welche Veränderungen insbesondere auf der Kundenseite zu erwarten sind. Bei der Analyse der Wettbewerbsstärke wird diskutiert, wo das Unternehmen im Markt steht und welche »Sprungkraft« es für die Gestaltung seiner Zukunft hat. Auf dieser Grundlage sowie mit Blick auf die Eigentümerstrategie und die damit verbundenen Investitionspolitik lässt sich die passende Basisstrategie wählen.

Je nach gewählter Strategie werden nun in Phase 1 »**Explore**« Optionen mittels unterschiedlicher Methoden generiert und bewertet. Nebenbei: Die Phase heißt »Explore«, weil sie nicht wie in einem Standardstrategieprozess eine mechanistische Analyse darstellt, sondern vielmehr dem Start eines spezifisch ausgerichteten Innovationsprozesses entspricht.

In Phase 2 »**Define**« werden aufgrund der vorher getroffenen Entscheide die relevanten Strategien (von funktional bis normativ) überarbeitet, Ziele und Umsetzungspläne definiert sowie die Wirtschaftlichkeit des Vorhabens wird überprüft.

In Phase 3 »**Transform**« werden die nötigen Maßnahmen – begleitet von einem Change-Prozess – umgesetzt, und der Fortschritt wird mittels Projekt-Portfolio-Management (PPM) und Projektmanagementmethoden fortlaufend mittels Ziel- und Messgrößen kontrolliert.

4 Digitale Basisstrategie wählen

4.1 Herleitung

In Kap. 3.3 wurde dargestellt, dass Unternehmen eine von drei möglichen digitalen Basisstrategien verfolgen und in der Folge einen individuellen Pfad der digitalen Transformation beschreiten sollten.

Eine zentrale Frage stellt sich nun: Wie soll die Wahl der digitalen Basisstrategie erfolgen? Wie in Kap. 3.4 bereits angedeutet, ist der Entscheid von verschiedenen Faktoren abhängig. Einerseits ist die Verfassung des Marktes, in dem sich ein Unternehmen respektive ein bestimmter Bereich bewegt, maßgebend. Andererseits ist es wichtig, die Verfassung des Unternehmens im aktuellen Marktumfeld zu betrachten: Ist dieses in einem prosperierenden Markt tätig, kann sich aber wegen einer schwachen Position nur schwach behaupten, ist es fraglich, ob größere »Aufholschritte« überhaupt realistisch und sinnvoll sind.

Mit der Anwendung klassischer Analysemethoden kann die Ausgangsposition eines Unternehmens im Markt bestimmt und im Anschluss definiert werden, welcher Weg zu gehen bzw. welche der drei Basisstrategien zu wählen ist und welcher digitaler Strategieansatz zum Erfolg führt.

4.2 Investitionsentscheide mit der Neunfeldermatrix treffen

Digitale Transformationsinitiativen erfordern meistens den großen Einsatz von Ressourcen. Um zu prüfen, in welchem Ausmaß solche Investitionen wirtschaftlich überhaupt zielführend sind, kann die Marktattraktivitäts-Wettbewerbsstärken-Matrix von McKinsey in adaptierter Form angewendet werden.

Die auch als Neunfeldermatrix bekannte Methode ist ein systematischer Ansatz zur Priorisierung von Investitionen in Geschäftseinheiten. Sie bewertet eine oder mehrere Geschäftseinheiten anhand zweier Faktoren: der Marktattraktivität der relevanten Branche und der Wettbewerbsstärke der Einheit in dieser Branche. Abhängig von ihrer Position in der Matrix können Unternehmen verschiedene *Standardstrategien* verfolgen (Abb. 20; Kaufmann, 2021):

Zone 1 – Investieren und wachsen (Mittelbindung/grüne Felder): Wettbewerbsstarke Geschäftsfelder in attraktiven Branchen müssen investieren, um ihre Marktposition zu sichern. Marktführer sollten Ressourcen konzentrieren, um ihre Stellung zu verteidigen. Geschäftsfelder mit mittlerer Wettbewerbsstellung in attraktiven Branchen sollten ihre Marktstellung verbessern, indem sie ihre Stärken ausspielen. In Branchen mit mittlerer Attraktivität und starker Wettbewerbsstellung ist ein ausgeglichener Mitteleinsatz wichtig. Hier kann eine Marktführerschaft erstrebenswert sein, wenn die Kosten vertretbar sind.

Zone 2 – Selektives Investieren (gelbe Felder): Die Strategien variieren je nach Ausgangslage. Möglich sind Verteidigungsstrategien mit Mittelbindung oder Selektiv- bzw. Konzentrationsstrategien mit Mittelfreisetzung.

Zone 3 – Ernten oder abstoßen (Mittelfreisetzung/rote Felder): Geschäftsfelder in dieser Zone weisen entweder geringe Wettbewerbsstärke oder mittelmäßige Branchenattraktivität auf, was bedeutet, dass das Zukunftspotenzial begrenzt ist. Rationalisierung und Mittelfreisetzung sind hier angebracht. Geschäftsfelder in Branchen mit geringer Attraktivität und schwacher Wettbewerbsstellung sind potenzielle Desinvestitionskandidaten. Sie sollten nur weitergeführt werden, wenn sie über ihre Vollkosten hinaus Gewinn erzielen. Investitionen, insbesondere in Marketing, sind zu vermeiden. Geschäftsfelder mit schwacher Wettbewerbsstellung in mittelmäßig attraktiven Branchen sollten risikoarme Expansionen erwägen und auf Rationalisierung und Kostensenkung setzen. In »Commodity«-Märkten ist die Kostensenkung durch Skaleneffekte entscheidend. Ist der Wettbewerber mit höheren Marktanteilen effizienter, wird der Kampf um Marktanteile aussichtslos.

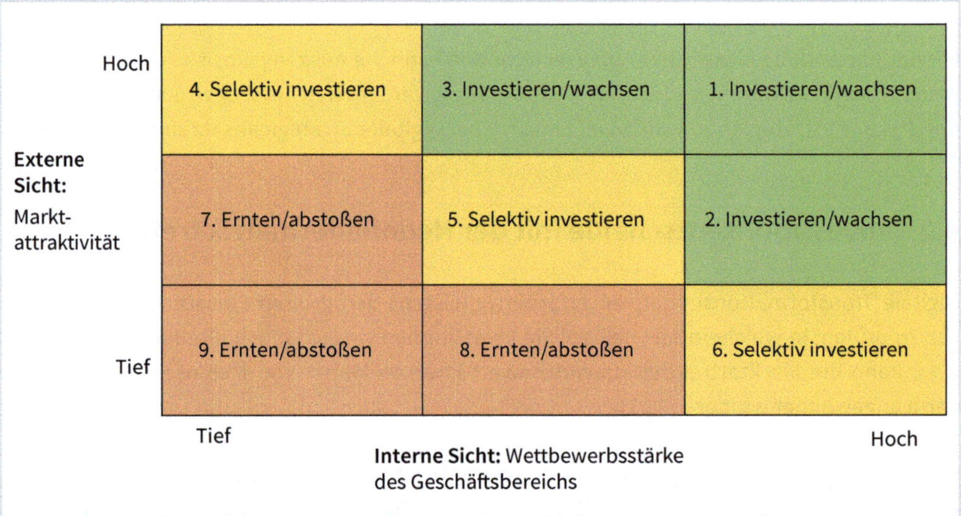

Externe Sicht: Marktattraktivität	Tief		Hoch
Hoch	4. Selektiv investieren	3. Investieren/wachsen	1. Investieren/wachsen
	7. Ernten/abstoßen	5. Selektiv investieren	2. Investieren/wachsen
Tief	9. Ernten/abstoßen	8. Ernten/abstoßen	6. Selektiv investieren

Interne Sicht: Wettbewerbsstärke des Geschäftsbereichs

Abb. 20: Investitionsentscheide mit der McKinsey-Matrix treffen (Kaufmann, 2021)

4.3 Marktattraktivität

Eine der zentralen Sichtweisen, die es zur Auswahl einer digitalen Basisstrategie braucht, ist der Blick auf den vom Geschäftsfeld bearbeiteten Markt. Je nachdem, welches Wachstum und insbesondere welche Profitabilität mittelfristig zu erwarten ist, sind unterschiedliche digitale Innovationspfade zu beschreiten und Investitionsentscheidungen zu treffen.

Geschäftsbereiche und ganze Branchen durchlaufen im Laufe der Zeit vier typische Phasen, die jeweils durch charakteristische Herausforderungen geprägt sind. Tab. 1 erläutert diese Phasen und gibt Hinweise, welche digitale Basisstrategien dabei relevant sein können.

Phasen im Branchenlebenszyklus	Digitale Basisstrategie, die diese Phase unterstützt
In der **Entstehungsphase** steht die Entwicklung einer soliden Geschäftsidee im Vordergrund, begleitet von der Herausforderung, die richtigen Talente zu gewinnen und finanzielle Ressourcen zu sichern.	Digitale Start-ups mit der Ambition, einen neuen Markt aufzubauen, wählen implizit eine Strategie des **New Digital Business**.
In der **Wachstumsphase** werden die Herausforderungen vielfältiger: Marktexpansion, Wettbewerbsdruck und das Management von Skaleneffekten sind zentrale Themen.	Unternehmen in dieser Phase wählen je nach priorisierter Herausforderung eine Strategie des **Digitally Enhanced Business**, um ihre Prozesse skalierbar und damit auch bei steigender Nachfrage effizient und in hoher Qualität bewältigen und gleichzeitig Dienstleistungsprozesse für Kunden verbessern zu können. Mittels einer Strategie des **Digitally Expanded Business** kann für spezifische Kundengruppen zusätzlicher Nutzen gestiftet und das Wachstum beschleunigt werden. Um neue geografische Märkte bearbeiten oder sich als Teil von Wertschöpfungssystemen positionieren zu können, sind auch Strategien des **New Digital Business** zweckmäßig.
In der **Reifephase** muss das Unternehmen Innovationen vorantreiben, um seine Marktposition zu festigen und zu erweitern, während es gleichzeitig effiziente Prozesse und Kundenbindungsstrategien entwickelt.	Um in dieser kritischen Phase noch Marktanteile gewinnen zu können, kann das Geschäftsmodell mit einer Strategie des **Digitally Expanded Business** erneuert und so eine differenzierende Position am Markt aufgebaut werden. Falls erforderlich, sind durch Maßnahmen des **Digitally Enhanced Business** Prozesse weiter zu automatisieren und Kunden zu binden.
Schließlich kommt die **Erneuerungs- oder Rückzugsphase**, in der Unternehmen vor der Entscheidung stehen, Geschäftsbereiche neu zu erfinden, mit anderen zu fusionieren oder sich aus dem Markt zurückzuziehen.	Hier kann zum Beispiel mit einer Strategie des **New Digital Business** die Geschäftstätigkeit in neuen Bereichen aufgebaut werden, falls die Eigentümerstrategie dies zulässt. In hoch standardisierten Märkten können mit einer Strategie des **Digitally Enhanced Business** zusätzliche Kostenvorteile angestrebt werden, sofern sich diese rasch rechnen.

Tab. 1: Phasen im Branchenlebenszyklus und dazu passende digitale Basisstrategien

Ergänzend zur Analyse der Position des Geschäftsbereichs im Branchenzyklus kann zur Bestimmung der mittelfristigen Marktattraktivität eine PESTEL- oder »Five-Forces-Analyse« durchgeführt werden. Dabei ist auch abzuschätzen, inwiefern digital geprägte Veränderungen der kundenorientierten Wettbewerbsfaktoren (Werte auf x-Achse des »Strategy Canvas«, Abb. 11; vgl. Kap. 2.2) zu erwarten sind und ob sich so neue Chancen oder Gefahren eröffnen.

4.4 Wettbewerbsstärke

Neben dem Blick nach außen ist auch eine Prüfung der Situation des Geschäftsbereichs in seinem Marktkontext erforderlich. Die drei digitalen Basisstrategien weisen sehr unterschiedliche Ansprüche und Risikoprofile auf. Daher ist ein sinnvoll, seine realistisch mögliche »Sprunghöhe« bei der Planung der Zukunft vor Augen zu halten.

4.4.1 Relative Marktposition

Auf der Grundlage der Überlegungen zum Branchenlebenszyklus ist die Position des Geschäftsbereichs auf der Wachstumskurve der aktuellen Branchenlogik zu bestimmen. Gleichzeitig ist die Frage zu beantworten, inwiefern eine Erneuerung der Branche bereits initiiert wurde und wo auf dieser neuen Wachstumskurve der Innovations- und Technologiechampion der Branche steht. Der Vergleich der eigenen Position mit jener der Vorreiter gibt Aufschluss, wo der Geschäftsbereich in der Entwicklung des eigenen Sektors steht (Abb. 21).

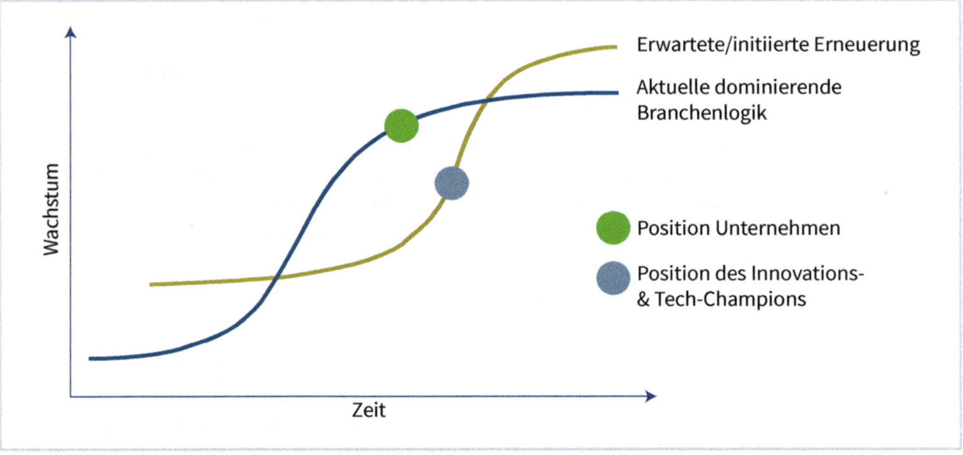

Abb. 21: Wo steht das Unternehmen in der Entwicklung (in Anlehnung an Frankenberger et al., 2021)?

Ergänzend kann mit dem »Strategy Canvas« (Kap. 2.2; Abb. 11) die eigene Position aus Sicht der Kunden reflektiert und festgestellt werden, inwiefern der Geschäftsbereich sich am Markt heute differenziert.

4.4.2 Relatives Ressourcenpotenzial

Neben dem Blick nach außen muss bei der Überprüfung der Position des Geschäftsbereichs natürlich auch die interne Verfassung reflektiert werden, um so das digitale Transformationspotenzial abschätzen zu können.

Folgende Ressourcenbereiche sind hinsichtlich der digitalen Reife des Geschäftsbereichs besonders zu überprüfen:

- Innovationskraft, speziell auch im Zusammenhang mit digitalen Lösungen,
- Digitalisierungs- bzw. Automatisierungsgrad der repetitiven Prozesse,
- digitale Integration der Lieferanten,
- Verfügbarkeit digitaler Kommunikations- und Vertriebskanäle,
- Architektur, Zugänglichkeit und Qualität der Daten,
- IT- und Softwarearchitektur, Cybersicherheit,
- digitale Skills,
- digitale Unternehmens- und Führungskultur, Kundenorientierung,
- Veränderungsbereitschaft der Mitarbeitenden und des Kaders,
- Kooperationsnetzwerke mit Hochschulen und Start-ups,
- Kompetenzen im Bereich des strategischen Transformationsmanagements.

Um die digitale Reife des Unternehmens fundiert zu erheben, bietet sich der Einsatz eines sogenannten Digital Maturity Assessment Tools an. swissICT, der führende ICT-Fachverband der Schweiz, bietet mit dem »Digital Excellence Check-up« eine unabhängige, neutrale und kostengünstige Lösung für die strategische Standortbestimmung im digitalen Zeitalter an (swissICT, 2020).

4.5 Auswahl der digitalen Basisstrategie

Auf der Grundlage der Analysen von Marktattraktivität und Wettbewerbsstärke kann nun der Fokus der digitalen Aktivitäten des Geschäftsbereichs in der kommenden Strategiephase bestimmt werden.

Wie in Kap. 3.3 eingeführt, stehen dafür drei Basisansätze zur Auswahl:

1. **Digitally Enhanced Business:** Mit digitalen Maßnahmen den bestehen bestehenden Geschäftsbereich effizienter machen sowie Produkte und Dienstleistungen verbessern
2. **Digitally Expanded Business:** Mit neuem digitalen Geschäftsmodell Kundennutzen im bestehenden Markt steigern, sich zusätzlich differenzieren und so neues Wachstum generieren
3. **New Digital Business:** Mit digitalen Lösungsansätzen neue Märkte erschließen und neues Wachstum generieren

Um die Vielzahl der Kombinationen aus den Ergebnissen der verschiedenen Analysen zu reduzieren und so die Entscheidungsfindung zu vereinfachen, schlagen die Autoren für die beiden Achsen der Neunfeldermatrix je drei idealtypische Zustände des Marktes bzw. des Geschäftsbereichs vor. Abb. 22 zeigt diese Ausprägungen und gleichzeitig die Strategieempfehlungen für die neun Felder auf.

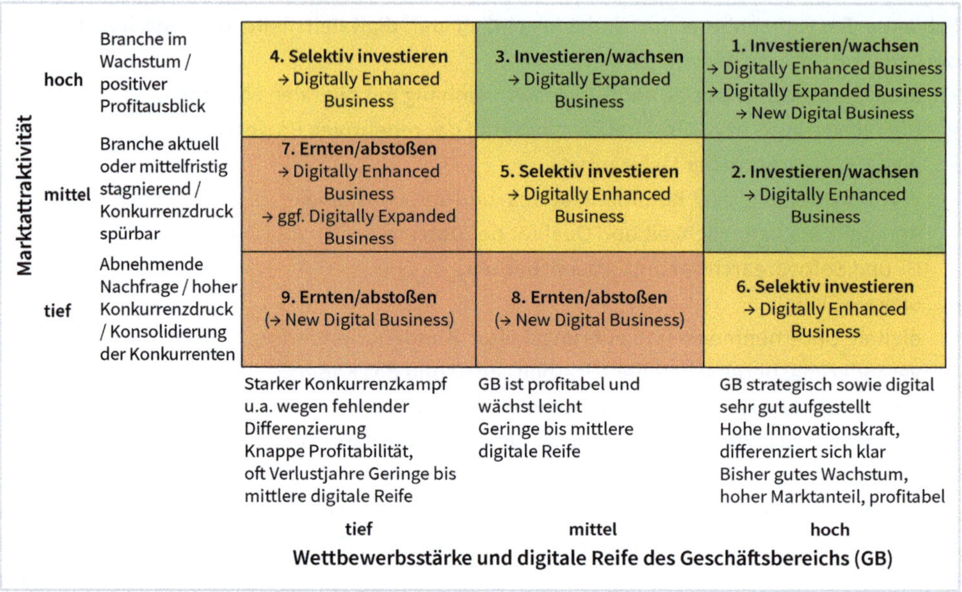

Marktattraktivität				
hoch	Branche im Wachstum / positiver Profitausblick	**4. Selektiv investieren** → Digitally Enhanced Business	**3. Investieren/wachsen** → Digitally Expanded Business	**1. Investieren/wachsen** → Digitally Enhanced Business → Digitally Expanded Business → New Digital Business
mittel	Branche aktuell oder mittelfristig stagnierend / Konkurrenzdruck spürbar	**7. Ernten/abstoßen** → Digitally Enhanced Business → ggf. Digitally Expanded Business	**5. Selektiv investieren** → Digitally Enhanced Business	**2. Investieren/wachsen** → Digitally Enhanced Business
tief	Abnehmende Nachfrage / hoher Konkurrenzdruck / Konsolidierung der Konkurrenten	**9. Ernten/abstoßen** (→ New Digital Business)	**8. Ernten/abstoßen** (→ New Digital Business)	**6. Selektiv investieren** → Digitally Enhanced Business
		Starker Konkurrenzkampf u.a. wegen fehlender Differenzierung Knappe Profitabilität, oft Verlustjahre Geringe bis mittlere digitale Reife	GB ist profitabel und wächst leicht Geringe bis mittlere digitale Reife	GB strategisch sowie digital sehr gut aufgestellt Hohe Innovationskraft, differenziert sich klar Bisher gutes Wachstum, hoher Marktanteil, profitabel
		tief	**mittel**	**hoch**
		Wettbewerbsstärke und digitale Reife des Geschäftsbereichs (GB)		

Abb. 22: Digitale Basisstrategie wählen (Kaltenrieder, 2023)

Tab. 2 erläutert die Empfehlungen für die verschiedenen Felder. In allen Szenarien ist bei der Entscheidungsfindung die Eigentümerstrategie zur berücksichtigen.

Feld	Empfehlung
1. **Investieren/ wachsen**	→ *Digitally Enhanced Business:* Stark investieren in Prozesse hinsichtlich weiterer Skalierbarkeit des Business sowie in Angebote, Dienstleistungen und Marketing zur Sicherstellung der Position → *Digitally Expanded Business:* Mit einem zusätzlichen Geschäftsmodell kann ggf. einer spezifischen Kundengruppe zusätzlicher Nutzen gestiftet und das Wachstum beschleunigt werden → *New Digital Business:* Um neue geografische Märkte bearbeiten oder sich als Teil von Wertschöpfungssystemen positionieren zu können, können Diversifikationen zweckmäßig sein
2. **Investieren/ wachsen**	→ *Digitally Enhanced Business:* Wachstumssegmente identifizieren und stark in Angebot und Marketing investieren. Negativen Cash-Flow ggf. in Kauf nehmen
3. **Investieren/ wachsen**	→ *Digitally Expanded Business:* Vor dem Hintergrund vorhandener Stärken attraktive Positionen auf Angebots- oder Geschäftsmodellebene explorieren, bewerten und erschließen
4. **Selektiv investieren**	→ *Digitally Enhanced Business:* Nischen suchen und spezialisiertes Angebot entwickeln. Falls nicht möglich: Akquisition oder Verkauf prüfen
5. **Selektiv investieren**	→ *Digitally Enhanced Business:* Wachstumsnischen suchen und spezialisiertes Angebot entwickeln. Falls nicht möglich, Verkauf prüfen

Feld	Empfehlung
6. **Selektiv investieren**	→ *Digitally Enhanced Business:* Abschöpfen und in Marketing investieren, um Position zu halten
7. **Ernten/ abstoßen**	→ *Digitally Enhanced Business:* Auf Rationalisierung und Kostensenkung setzen → *New Digital Business:* Risikoarme Expansionen (organisch oder über M&A) prüfen
8. **Ernten/ abstoßen**	Nur weiterführen, wenn über Vollkosten hinaus Gewinn erzielt werden kann. Angebot straffen. Investitionen, insbesondere in Marketing, vermeiden. Verkauf vorbereiten → *New Digital Business:* Nach Verkauf freie Mittel ggf. in neuen Geschäftsbereich investieren
9. **Ernten/ abstoßen**	Verkauf oder Marktaustritt einleiten → *New Digital Business*: Nach Verkauf freie Mittel ggf. in neuen Geschäftsbereich investieren

Tab. 2: Szenarien aus Überprüfung Marktattraktivität und Wettbewerbsstärke

Eigentümerstrategie

Eine Eigentümerstrategie bezieht sich auf die langfristigen Ziele und Absichten der Eigentümer oder Aktionäre eines Unternehmens. Sie legt fest, welchen Wert die Eigner aus ihrer Investition ins Unternehmen erzielen möchten und wie sie diesen Wert im Laufe der Zeit maximieren können.

Einige Eigentümer legen Wert auf kurzfristige Profitabilität – speziell, wenn der mittelfristige Verkauf des Unternehmens ein Thema ist. In diesem Fall werden eher konservative Investitionen getätigt, bewährte Geschäftsmodelle und Märkte stehen im Fokus.

Andere Anleger streben ein langfristiges Wachstum an. Entsprechend besteht Offenheit für zum Teil auch substanzielle Investitionen in Forschung&Entwicklung oder in den Erwerb anderer Unternehmen.

Eine dritte Gruppe von Eigentümern legt den Schwerpunkt auf die soziale oder ökologische Entwicklung ihrer Organisation.

5 Dokumentationsansatz wählen

Wie in jedem ordentlichen Strategieprozess sollte auch im Zusammenhang mit der Herleitung und Formulierung digitaler Ambitionen in der Initialisierungsphase entschieden werden, wie diese dokumentiert werden. Bei der Digitalisierung stehen zwei Alternativen zur Wahl: die Entwicklung einer Digitalstrategie oder die Überarbeitung der »klassischen« Strategien.

5.1 Digitalstrategie

Unter einer Digitalstrategie wird eine Strategie verstanden, die übergreifend über das ganze Unternehmen die beiden Fragen beantwortet, welche Chancen die Organisation aus digitalen Entwicklungen im aktuellen und neuen Geschäftsfeldern und -modellen erschließen und welche Ziele sie erreichen will. Zudem wird darin aufgezeigt, welche Voraussetzungen bezüglich Infrastruktur und Ressourcen als Grundlage aufgebaut werden müssen (Abb. 23).

15% der Schweizer Unternehmen, die das Thema »Digital« explizit in einer Strategie behandeln, setzen dies als Digitalstrategie um (Peter, 2021).

Die Vorteile des Ansatzes »Digitalstrategie« sind:

- Das Thema »Digital« wird übergreifend behandelt, es können Synergien erzielt werden.
- Da in diesem Ansatz zwangsweise eine gewisse Distanz zum aktuellen Geschäft vorherrscht, können mögliche und nötige fundamentale Neuerungen gut erkannt werden.
- Dieser Ansatz eignet sich insbesondere für Unternehmen, die eine geringe bis mittlere digitale Reife aufweisen: Eine Digitalstrategie lenkt in dieser Situation den strategischen Fokus des Unternehmens auf das Thema »Digital«. In der Folge können schnellere Fortschritte erzielt werden.

Abb. 23: Die Digitalstrategie ergänzt bestehende Strategien (Kaltenrieder, 2021)

5.2 Überarbeitung der »klassischen« Strategien

In dieser Variante werden je nach ausgewählter digitaler Basisstrategie die relevanten Strategieebenen (von normativer bis funktionaler Strategie) überarbeitet. Dabei werden die neuen digitalen Fragestellungen in den unterschiedlichen Strategiedokumenten beantwortet (Abb. 24).

24% der Schweizer Unternehmen, die das Thema »Digital« explizit in einer Strategie behandeln, setzen dies als Teil der IT-Strategie um, 61% davon im Rahmen ihrer Unternehmensstrategie (Peter, 2021).

Die Vorteile des Ansatzes »Integration des Themas ›Digital‹ in klassischen Strategien« sind:

- Die Gefahr widersprüchlicher Aussagen ist geringer, da kein zusätzliches Strategiedokument erarbeitet wird.
- Vor dem Hintergrund, dass das Thema »Digital« in allen relevanten Strategieebenen verankert wird, erfolgt hier eine vertiefte und konkretere Auseinandersetzung mit ihm.
- Dieser Ansatz eignet sich insbesondere für Unternehmen, die im Vergleich zu ihren Branchenkollegen eine gute bis sehr gute digitale Reife aufweisen: Eine Digitalstrategie würde ihnen keinen Zusatznutzen stiften.

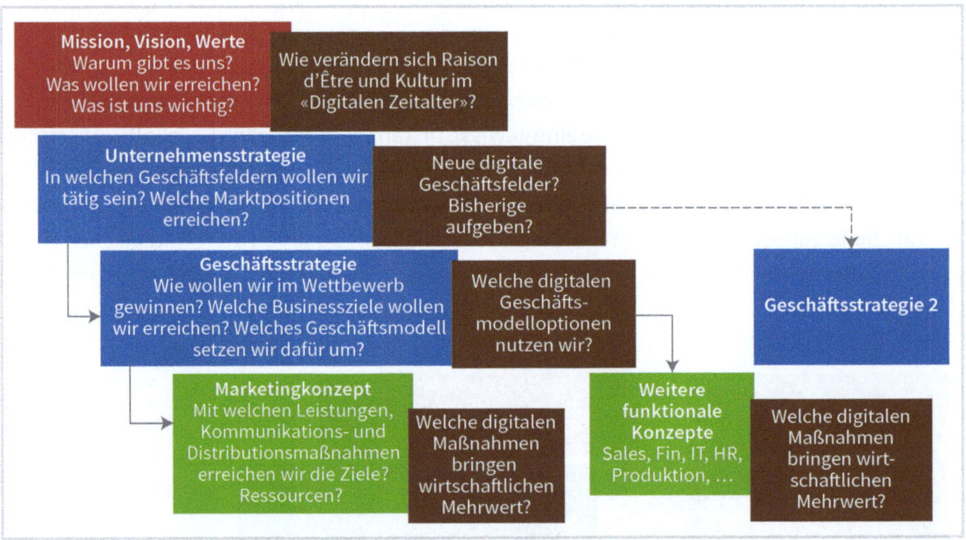

Abb. 24: Das Thema »Digital« integriert in »klassische« Strategien (Kaltenrieder, 2021)

5.3 Wahl des Strategiedokumentation

Ob die Ausformulierung und Dokumentation der gewählten digitalen Basisstrategie als Digitalstrategie oder im Rahmen einer Überarbeitung der bestehenden klassischen Strategiedokumente umgesetzt werden, hängt von wenigen Entscheidungsfaktoren ab:

Bei der Optimierung eines bestehenden Geschäftsbereichs (Digitally Enhanced Business) hängt die Wahl maßgeblich vom digitalen Reifegrad ob: Weist das Unternehmen bzw. der Geschäftsbereich eine tiefe bis mittlere digitale Reife auf, unterstützt ein Digitalstrategieansatz die Fokussierung und ermöglicht raschere Schritte. Ist der Reifegrad mittel bis hoch, hat die Umsetzung über die Überarbeitung der klassischen Strategien klare Vorteile, da so keine Widersprüche entstehen und effizient gearbeitet werden kann.

Soll neues Wachstum und Differenzierung über ein neues oder modifiziertes Geschäftsmodell realisiert werden (Digitally Expanded Business), ist der Weg über eine Aktualisierung der bestehenden Geschäftsstrategie zu empfehlen.

Im Falle einer Diversifikation (New Digital Business) ist die Aktualisierung der Unternehmensstrategie und die spätere Entwicklung einer Geschäftsstrategie für den neuen Geschäftsbereich sinnvoll.

Checkliste »Strategische Weichenstellung«

Kontext: Zu untersuchender Geschäftsbereich

- ☐ Welchen Markt fokussiert der Geschäftsbereich?
- ☐ Welche Kundensegmente bedienen Sie prioritär?
- ☐ Zu welcher Branche gehören Ihr Geschäftsbereich und die Mitbewerber?

Marktattraktivität

- ☐ In welcher Phase des Lebenszyklus befindet sich die Branche?
- ☐ Welche Faktoren aus dem Makroumfeld beeinflussen jede Branche stark (PESTEL-Analyse)?
- ☐ Wie entwickeln sich Umsatz und Profitpotenzial in Ihrer Branche (»Five-Forces-Analyse«)?

Wettbewerbsstärke

- ☐ Wo stehen Sie auf der Wachstumskurve der aktuellen Branchenlogik?
- ☐ Existiert im Zusammenhang mit einer erwarteten Erneuerung der Branche bereits eine neue Wachstumskurve? Und wo stehen Innovations- und Technologiechampions Ihrer Branche?
- ☐ In welchen kundenzentrierten Wettbewerbsfaktoren verfügen Sie über einen differenzierenden Vorteil im Vergleich mit dem Wettbewerb (Strategy Canvas)?
- ☐ Was ist die Innovationskraft Ihres Geschäftsbereichs respektive der Mitarbeitenden?
- ☐ Wie digital reif ist Ihr Geschäftsbereich (Analyse des digitalen Reifegrades)?

Wahl der digitalen Basisstrategie

- ☐ Was ist die Investitionspolitik Ihres Unternehmens, respektive wie sind die innovations- und investitionsrelevanten Rahmenbedingungen der Eigentümerstrategie?
- ☐ Auf Basis der vorausgehenden Analyse und der Investitionsrahmenbedingungen: Für welche digitale Basisstrategie entscheiden Sie sich (Neunfeldermatrix)? Warum?
- ☐ Dokumentieren Sie die anschließenden Strategieentscheide (Ziele, Maßnahmen) als Digitalstrategie, oder überarbeiten Sie die existierenden klassischen Strategien?

Teil B: Erarbeitung einer Strategie des Digitally Enhanced Business

Management Summary

Im »Digitally Enhanced Business« (Abb. 25) werden vier Handlungsfelder gestaltet und aktiv genutzt, um das Bestehende effizienter und kundenfreundlicher zu gestalten. Gleichzeitig können hier bereits Potenziale für digital umfassendere Strategieoptionen für ein »Digitally Expanded Business« oder »New Digital Business« identifiziert und beschrieben werden.

Automatisierte und digitalisierte Prozesse erhöhen die Qualität und Rentabilität. Die Digitalisierung kann digitales Potenzial sowohl firmenintern mit Fokus auf die eigenen Prozesse als auch extern im Hinblick auf die gesamte Wertschöpfungskette des Unternehmens oder der Branche identifizieren. Je nach Ausgestaltung der digitalen Potenziale führt dies auch zu weiteren strategischen Optionen.

Die Customer Experience hat zum Ziel, das Kundenerlebnis zu optimieren sowie rentable und loyale Kunden ans Unternehmen zu binden. Verschiedene Hilfsmittel stehen Unternehmen zur Verfügung, um die Customer Experience zu erhöhen. Wichtige Erfolgsfaktoren für die Schaffung eines positiven Kundenerlebnisses im digitalen Zeitalter ist das digitale Mindset innerhalb des Unternehmens.

Zur Entwicklung kultureller Werte, welche die Planung und Umsetzung digitaler Wettbewerbsvorteile positiv befähigen, investieren Unternehmen in Weiterbildungsmaßnahmen zur Entwicklung sowohl sozialer als auch technisch-digitaler Kompetenzen und Fähigkeiten. Die Umsetzung digitaler Strategien bedarf vielfach eines Change-Prozesses zur Unterstützung der kulturellen und technischen Neuerungen.

Zur Aktualisierung der Unternehmensstrategie und zur Schaffung digitaler Wettbewerbsvorteile identifizieren Unternehmen digitale Technologien und Technologietrends und versuchen, die daraus möglichen Potenziale zu identifizieren. Mittels verschiedener Methoden werden die digitalen Technologien in neuen Produkten und Dienstleistungen getestet. Auch hier entstehend teilweise bereits weitere Strategieoptionen. Durch die Intensivierung des Technologieeinsatzes steigt der Bedarf nach einer hohen Cybersicherheit, um digitale Wettbewerbsvorteile zu bewahren.

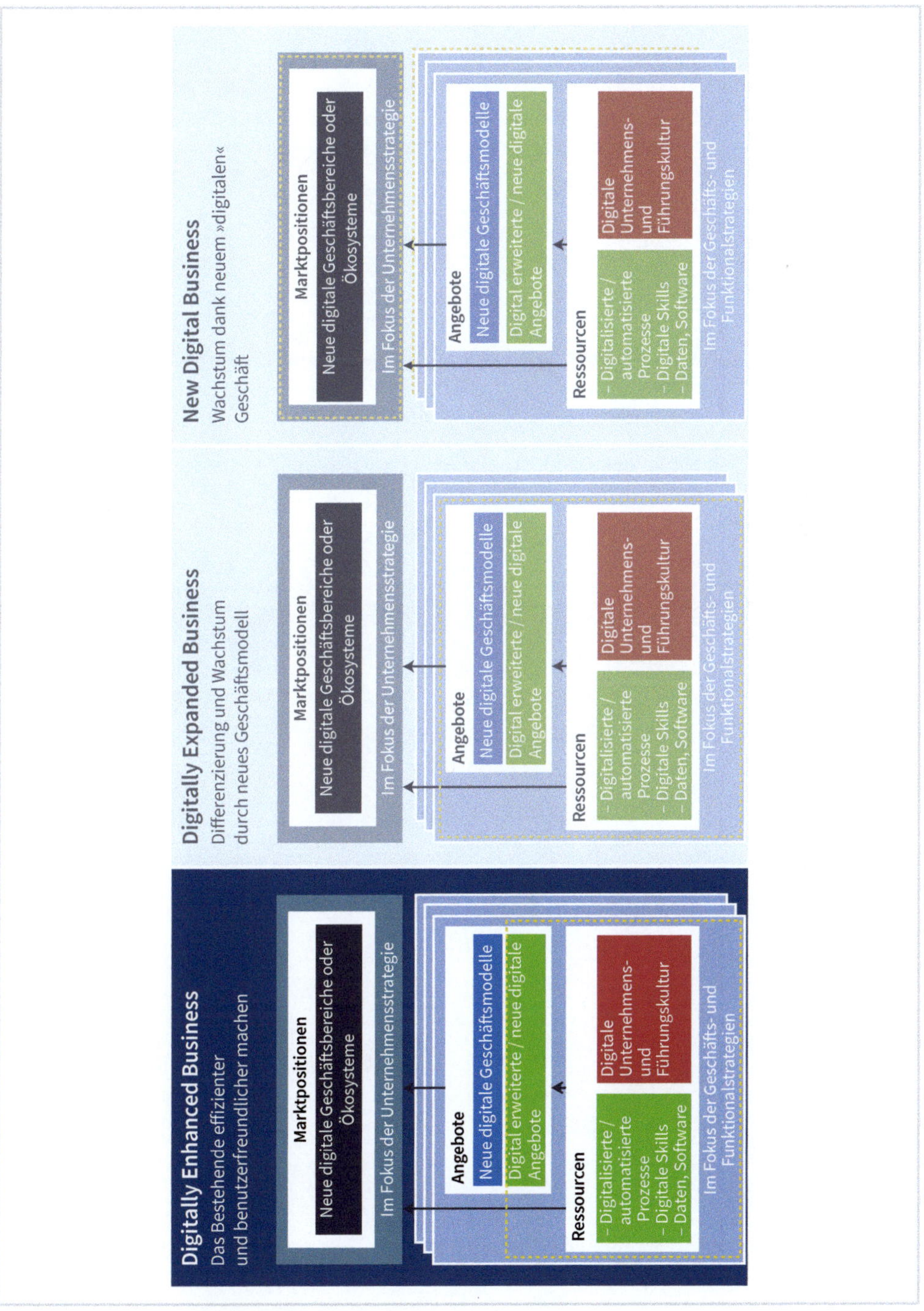

Abb. 25: Basisstrategie 1: Digitally Enhanced Business

6 Digital unterstützte Prozesse & Wertschöpfungsketten

6.1 Einleitung Prozessmanagement

Ein **Prozess** besteht aus der Zusammenarbeit von Menschen mit Maschinen und Material, um ein bestimmtes Produkt oder eine Dienstleistung hervorzubringen. Das Prozessmanagement beschäftigt sich mit der Lenkung, Steuerung, Führung sowie Verbesserung von Prozessen in Unternehmen. Das Ziel dabei ist primär eine Steigerung der Effizienz und dadurch ergeben sich als sekundäre Ziele Profitabilitätssteigerungen, eine erhöhte Kundenzufriedenheit, bessere Qualität und Kosteneinsparungen.

Prozessmanagement ist in allen Unternehmensbereichen anwendbar, von der Beschaffung über die Produktion bis hin zu Verkauf und Verwaltung. Um Prozesse zu lenken, sind organisatorische, planerische und beaufsichtigende Maßnahmen nötig. Zu den organisatorischen Maßnahmen gehört die systematische Gestaltung der Abläufe; bei der Planung geht es darum, den aktuellen Zustand und das zu erreichende Qualitätsziel zu definieren; die entsprechende Umsetzung wird begleitet, geprüft und beaufsichtigt.

Durch die Optimierungen während jeder industriellen Revolution und zuletzt durch die digitalen Technologien entstanden Möglichkeiten, um Prozesse zu digitalisieren und vermehrt auch zu automatisieren.

6.2 Geschichtlicher Hintergrund

Nach der zweiten industriellen Revolution durch die Elektrifizierung war die Arbeit in Unternehmen vom Gedanken der Spezialisierung geleitet. In Henry Fords Automobilfabriken wurden einzelne eng begrenzte Aufgaben an Spezialisten übertragen. Mithilfe des »Scientific Managements« wurden die Arbeitsabläufe und die einzelnen Aktivitäten detailliert vorgegeben, woraufhin der schnellste und effizienteste Weg zur Zielerreichung definiert wurde. Damit einher gingen strenge Hierarchien. Die Mitarbeitenden verrichteten oft Einzelarbeit ohne Verständnis für die größeren Zusammenhänge.

Mit der steigenden Komplexität der Produktionsprozesse zeigten sich jedoch die Grenzen dieser als **Taylorismus** bekannten Managementschule. Insbesondere im Dienstleistungssektor erwies sich die Methode mit der Zeit als unzulänglich. Dort wechselten deshalb in den 1970er- und 1980er-Jahren mit der dritten industriellen Revolution (getrieben durch die neuen Informations- und Kommunikationstechnologien) viele Organisationen zu einem aus Japan stammenden Managementansatz, der als **Lean Management** bekannt ist. Darin bilden Mitarbeiterteams die zentralen ausführenden Einheiten. Sie erledigen die ihnen übertragenen Aufgaben weitgehend autonom. Eigenverantwortung ermöglicht es dem Team, in seinem Arbeitsgebiet permanent kleine Verbesserungen (Continuous Improvement; Kai Zen) vorzunehmen und damit den Arbeitsplatz und die Arbeitsabläufe stetig weiterzuentwickeln.

Parallel dazu gab es aber auch eine Tendenz hin zu stärker sich wiederholenden und damit standardisierbaren Abfolgen von Tätigkeiten bis hin zur Automatisierung. Möglichst alle Vorgänge innerhalb eines Unternehmens wurden dabei als Geschäftsprozesse bezeichnet und in klar definierte Arbeitsabläufe unterteilt. Der zugehörige Managementansatz ist das **Geschäftsprozessmanagement** (GPM) oder **Business Process Management** (BPM).

Für die operative Umsetzung des BPM wird ein Konzept des Process Owner oder Prozesseigners erstellt, das die Verantwortlichkeiten für die Prozesse und die damit verbundenen Befugnisse definiert. Process Owners tragen dabei die Verantwortung für Korrektheit und Effizienz des jeweiligen Geschäftsablaufs sowie für die Verteilung der mit dem Prozess verbundenen Aufgaben. Sie sind für die Ablaufgestaltung und das Einhalten aller Vorgaben sowie für das Erreichen der Ziele des Prozesses verantwortlich.

Mit der vierten und nun anlaufenden fünften industriellen Revolution spielt die künstliche Intelligenz (KI) eine entscheidende Rolle bei der Verbesserung der Prozessautomatisierung und hin zur intelligenten Automatisierung (IA).

6.3 Business Process (Re-)Engineering

Business Process Engineering (BPE), manchmal auch Business Process Reengineering (BPR) genannt, bezeichnet die Reorganisation bzw. Neugestaltung der Geschäftsabläufe in einer Organisation. Ziel ist dabei eine allgemeine Steigerung der Qualität und Profitabilität.

Dazu werden die Ablauf- und Aufbauorganisation hinsichtlich ihrer Orientierung an den Geschäftsprozessen analysiert. Insbesondere werden dabei digitale Technologien dazu genutzt, um die Geschäftsprozesse neu zu organisieren und umfassende organisatorische Änderungen vorzunehmen. Das Ziel dabei ist es, die Anzahl der organisatorischen Schnittstellen zu minimieren. Der Geschäftsprozess (Kernprozess) wird zur zentralen Strukturierungseinheit der Organisation.

Es genügt dabei jedoch nicht, die Abteilungen zu reorganisieren und überkommene Abläufe zu optimieren. Vielmehr ist ein radikales Neugestalten der bestehenden Prozesse notwendig. Der Fokus liegt dabei auf denjenigen Tätigkeiten, die im Zusammenspiel einen Wert für die Kundschaft schaffen. Grundlage von BPR ist also eine konsequente Kundenorientierung.

Was sind digital unterstützte Prozesse?

Prozesse sollten standardisierter, schneller und effizienter gestaltet werden. Durch die Automatisierung bzw. Digitalisierung der Prozesse können Prozessschritte ohne Medienbrüche vernetzt werden. Durch die neuen Möglichkeiten digitaler Technologien ist das Potenzial zur Digitalisierung von Prozessen sehr hoch. So lassen sich nicht nur einzelne Prozesse digitalisieren, sondern das ganze Unternehmen bis hin zur gesamten Wertschöpfungskette im Ökosystem des Unternehmens.

6.4 Prozessautomatisierung und Robotic Process Automation (RPA)

Die durch BPE/BPR angetriebene Prozessautomatisierung bezeichnet die gezielte Überführung manuell und teilweise physisch ausgeführter Prozesse und Dienstleistungen in automatisierte, digitalisierte Prozesse, sogenannte Workflows. Prozessautomatisierung wird zunehmend eingesetzt, um Kosten und Zeit für die manuelle Verwaltung und Durchführung von Prozessen einzusparen und bestenfalls ganz zu vermeiden. Im Gegensatz zum Geschäftsprozessmanagement geht es bei der Prozessautomatisierung nicht nur um die Optimierung von Prozessen, sondern auch um deren reine Automatisierung durch digitale Technologien.

Unter Robotic Process Automation (RPA) wird die automatisierte Bearbeitung von strukturierten Geschäftsprozessen durch digitale Softwareroboter verstanden. Diese Technologie lässt sich insbesondere bei eindeutig strukturierten, sich wiederholenden und regelbasierten Prozessen und Aufgaben einsetzen, die sonst von Menschen ausgeführt werden müssen. Da die Softwareroboter (RPA-Bots) auf der Ebene einer grafischen Benutzeroberfläche (Graphic User Interface, GUI) arbeiten und nahezu jeden Prozess ausführen können, sind für den Einsatz weder Prozessänderungen noch spezialisierte Schnittstellen erforderlich. Bei der robotergesteuerten Prozessautomatisierung übernehmen die Bots die Rollen und Aufgaben von Anwendern und interagieren mit anderen Softwaresystemen.

Bei Softwarerobotern handelt es sich nicht um physisch existente Maschinen, sondern um Softwareanwendungen, die eine menschliche Interaktion mit Benutzerschnittstellen von Softwaresystemen nachahmen und monotone Arbeitsschritte in der Softwarebedienung übernehmen. Hier werden Anwendungen aus dem Umfeld der künstlichen Intelligenz (KI) weitere Potenziale für die Prozessautomatisierung und -digitalisierung (RPA) freisetzen und so unter Umständen die fünfte industrielle Revolution einleiten.

PRAXISBEISPIELE: DIGITALISIERUNG (PROZESSAUTOMATISIERUNG/ PROZESSDIGITALISIERUNG)

Die Prozesseffizienz lässt sich verbessern und automatisieren, indem die Prozesse analysiert und an den aktuellen Stand der digitalen Technologien angepasst werden. Die folgenden Beispiele zeigen die mögliche Integration von Technologie zu diesem Zweck.

Industrial Smartwatch-Logistik

Das Münchner Unternehmen NIMMSTA entwickelte in Zusammenarbeit mit einem Softwareentwickler eine industrielle Smartwatch als Logistiklösung. Diese beinhaltet einen Industriescanner und ein Touchdisplay und kommuniziert direkt mit dem Workflow-Management bzw. der ERP-Lösung (Enterprise Resource Planning). Die dadurch nun freihändig möglichen Logistikabläufe sind damit vollständig digitalisiert und wesentlich effizienter. Die Smartwatch wird unter anderem von Mercedes Benz und im Einzelhandel eingesetzt. Weitere Informationen: https://nimmsta.com.

Digitaler Schiffsbau

Die auf den Bau von Kreuzfahrtschiffen spezialisierte Firma Meyer Werft nutzt bei der Planung und Produktion neuer Teile einen digitalen Zwilling des Schiffes im Product-Lifecycle-Management-System zusätzlich zum realen Bau in der Schiffshalle. Digital können viel mehr Informationen verarbeitet werden (es geht hier um mehr als 16 Mio. Einzelteile), was Umbauten effizienter macht; die Auswirkungen von Änderungen auf das Gesamtdesign können zudem virtuell besichtigt werden. Weitere Informationen: https://www.meyerwerft.de.

Optimierte Fließbandarbeit mit Roboter

Die Firma Neolog entwickelte in Zusammenarbeit mit der Hochschule Landshut die sogenannte O-Zelle. Dabei handelt es sich um einen kreisförmigen Montagearbeitsplatz, in dessen Zentrum ein Industrieroboter installiert ist, der die darum herum angeordneten Arbeitsplätze mit Teilen und Waren versorgt. Die Arbeitenden können sich dadurch effizienter auf ihre handwerklich-kognitiven Fähigkeiten konzentrieren, während der Roboter monotonere Arbeitsschritte wie das Bereitstellen des Materials oder Nachfüllen für alle übernimmt. Weitere Informationen: https://neolog.info/showroom/o-zelle/.

6.5 Intelligente Automatisierung (IA)

Die intelligente Automatisierung (IA) kombiniert RPA mit KI-Technologien und schafft so neue Möglichkeiten der Digitalisierung. In diesem Zusammenspiel simuliert KI menschliche Intelligenz in Maschinen und steuert bzw. optimiert dadurch strukturierten Geschäftsprozesse durch digitale Softwareroboter. Zusammen bilden sie IA und bieten viele Vorteile:

- **Process Discovery:** IA hilft bei der Identifikation von Potenzialen zur Automatisierung von Prozessen. Die KI analysiert bestehende Prozesse, um Automatisierungsmöglichkeiten zu identifizieren. Sie beobachtet beispielsweise Benutzerinteraktionen, protokolliert Daten und schlägt Verbesserungsmöglichkeiten vor.
- **Intelligente Dokumentenverarbeitung (IDP):** IA-Tools extrahieren, validieren und verarbeiten unstrukturierte Geschäftsdaten (Bilder, E-Mails), zum Beispiel zur Qualitätsstei-

gerung in der Fabrikation. Dies rationalisiert dokumentenbasierte Prozesse und reduziert den manuellen Aufwand.

- **Prozessoptimierung:** IA nutzt Daten aus dem IDP-Prozess, um Arbeitsabläufe zu automatisieren und Prozesse schneller und effizienter zu gestalten. Unter Umständen können RPA-Bots eingesetzt werden, um diese Prozesse zu automatisieren, oder Arbeitsabläufe werden optimiert, indem RPA-Bots effiziente Pfade vorschlagen und Entscheidungspunkte automatisieren.
- **Produktions- und Supply-Chain-Management:** IA prognostiziert und passt die Produktion basierend auf Angebots- und Nachfrageänderungen an. So können beispielsweise Nachfrageschwankungen identifiziert und dem Management proaktiv gemeldet werden.

Während sich RPA auf die Automatisierung sich wiederholender, regelbasierter Aufgaben konzentriert, bringt KI kognitive Fähigkeiten mit ein. Zusammen unterstützen sie die Digitalisierung mittels IA. Zu den Vorteilen gehören eine höhere Genauigkeit (KI reduziert Fehler durch einen effektiveren Umgang mit den Prozessdaten) sowie erhöhte Effizienz (IA beschleunigt Prozesse und setzt Mitarbeiterressourcen beispielsweise für kreative Aufgaben frei) und erhöhte Skalierbarkeit (RPA-Bots lassen sich problemlos skalieren, und KI-Modelle passen sich ändernden Anforderungen an).

6.6 Digitale Potenziale in Wertschöpfungsketten identifizieren

Die Idee der Wertschöpfungskette nach Michael E. Porter basiert auf der Prozesssicht von Organisationen mit dem Ziel, das Unternehmen als System zu betrachten, das aus Subsystemen (einzelnen Wertschöpfungen) mit jeweiligen Inputs, Prozessaktivitäten und Outputs besteht. Inputs, Prozessaktivitäten und Outputs beinhalten den Erwerb und Verbrauch von Ressourcen. Die Art und Weise, wie Wertschöpfungsketten geplant und umgesetzt werden, können zu strategischen Wettbewerbsvorteilen führen.

In der klassischen Entwicklung bzw. Optimierung von Wertschöpfungsketten werden Daten/Informationen als wichtiges Element in der Wertschöpfung betrachtet (als Input, Prozessaktivität oder Output, z. B. ein Lagerbestand oder die Qualitätsdaten eines produzierten Produkts), aber nicht als Wertquelle an sich.

Um mit Daten/Informationen Werte zu schaffen, müssen Unternehmen sowohl die klassische Wertschöpfungskette als auch den Markt mit den Interaktionen zwischen den Marktteilnehmern analysieren und strategische Potenziale zur Schaffung neuer Werte im Hinblick auf digitale Technologien und neue Bedürfnisse im digitalen Zeitalter identifizieren. So entsteht eine digitale Wertschöpfungskette, welche das bestehende Geschäft digitalisiert (Digitally Enhanced Business) oder neue strategische Geschäftspotenziale freisetzt (New Digital Business) (Abb. 26).

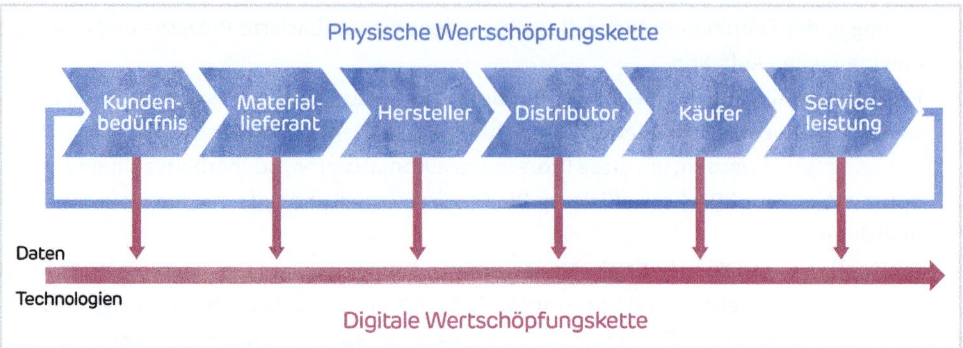

Abb. 26: Von der traditionellen physischen zur digitalen Wertschöpfungskette (Peter, 2024)

Durch die Analyse und Gestaltung digitaler Wertschöpfungsketten entstehen neue (digitale) Wertschöpfungsprozesse, in denen Daten/Informationen unter Einbezug digitaler Technologien in neuen Markleistungen (Produkte und Dienstleistungen) resultieren.

6.7 Vorgehen: Prozesse und Wertschöpfungsketten in der Strategieentwicklung

Verschaffen Sie sich eine Übersicht über alle Ihre Prozesse, dokumentieren Sie diese und erstellen eine Prozesslandkarte. Unterteilen Sie Ihre Prozesslandkarte in Managementprozesse (Unternehmensführung), Kernprozesse (Wertgenerierung im Sinne der Wertschöpfungskette) und Supportprozesse (unterstützende Arbeiten).

Analysieren Sie anschließend Ihre Prozesslandkarte nach den Kriterien der Effizienz, der genutzten Daten/Informationen, der Schnittstellen, möglicher Medienbrüche und der genutzten bzw. verfügbaren digitalen Technologien (Abb. 27).

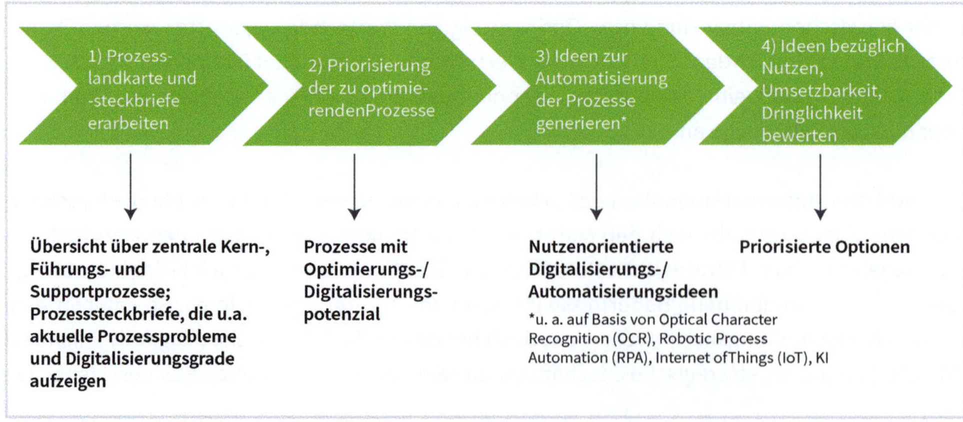

Abb. 27: Vorgehen bei der Prozessexploration (Kaltenrieder, 2019b)

Erkennen Sie Zusammenhänge und Abhängigkeiten, die mittels digitalisierter Prozesse effizienter und effektiver gestaltet werden können, und erstellen Sie eine Liste der Prozesse, die zu optimieren und zu digitalisieren sind. Entwickeln Sie einen Maßnahmenplan inklusive Lösungsansatz, Technologieeinsatz, Meilensteine und Verantwortungen, welche in Ihre digitale Strategie fließen.

Checkliste »Digital unterstützte Prozesse & Wertschöpfungsketten«

Prozesse

- ☐ Welche Prozesse gibt es im Unternehmen? Sind diese dokumentiert? Die Übersicht hilft bei der Vorbereitung und Durchführung der Prozessautomatisierungsworkshops.
- ☐ Wie sind die Prozesse zu kategorisieren (Management-, Kern- und Supportprozesse), damit unter anderem die Prioritäten und Zuständigen klarer sind?

Daten/Informationen

- ☐ Welche Daten und Informationen existieren pro Prozess bzw. könnten erfasst/genutzt werden? Diese Daten könnten einerseits digitalisiert werden, sind aber auch die Grundlage für die Entwicklung von KI-Modellen und intelligenter Automatisierung (IA).
- ☐ Wie erfolgt der Daten- und Informationsaustausch zwischen den verschiedenen Partnern bzw. mit den Kunden?
- ☐ Wie werden Informationen und Daten gespeichert?

Schnittstellen

- ☐ Wie sind die Schnittstellen intern und extern geregelt? Interoperabilität – der Austausch und die Durchgängigkeit der Daten im Ökosystem des Unternehmens – ist Voraussetzung für (intelligente) Automatisierungen.
- ☐ Können die Kunden und Lieferanten auf bestimmte Daten zugreifen?
- ☐ Haben alle Partner/Bereiche den erlaubten/gesicherten Zugriff auf alle notwendigen Daten und Informationen?

Digitale Technologien

- ☐ Wie sind die einzelnen Geschäftsprozesse technologisch miteinander verknüpft?
- ☐ Welche digitalen Technologien werden genutzt bzw. sind ggf. auf dem Markt verfügbar?

Wertschöpfungskette

- ☐ Wie kann die bestehende Wertschöpfungskette mittels aktiver(er) Nutzung der Daten/Informationen hin zu einer digitalen Wertschöpfungskette erweitert werden?
- ☐ Welche neue digitalen Ökosysteme und Strategieoptionen gestalten sich daraus?

6.8 Unternehmensprozesse auf die Markt- und Kundenbedürfnisse abstimmen

Bei aller Optimierung, Automatisierung und Digitalisierung darf nie vergessen werden, dass bei allen Prozessen die Kunden im Zentrum stehen. Deshalb ist es wichtig, ihre Perspektive bei der Prozessentwicklung stets zu berücksichtigen. Um zu verstehen, wie die Kundenerfahrung mit den alltäglichen Abläufen im Unternehmen verknüpft ist, wird die Customer Journey (Kundenreise; Kap. 7.2) mit den einzelnen internen Prozessen abgeglichen.

Für jeden Kontaktpunkt von Kunden mit dem Unternehmen ist dabei eine Verbindung zum jeweiligen Geschäftsprozess, zur jeweiligen Mitarbeiterrolle und zum involvierten IT-System herzustellen. Das Ziel ist es, alle Kontaktpunkte eindeutig zu modellieren. Dadurch kann ein Unternehmen später sehen, wie einzelne Anpassungen der Customer Journey die gesamte Prozesslandschaft verändern. Auf dieser Basis lassen sich die nötigen Schritte zur Optimierung der internen Prozesse entlang der Customer Journey umsetzen. Ziel ist dabei immer eine bessere Kundenerfahrung und somit loyale und rentablere Kunden.

7 Customer Experience

7.1 Einleitung: Customer Experience und Kundenorientierung

Customer Experience (CX) beschreibt das gesamte Erlebnis der Kunden bei der Nutzung einer Dienstleistung oder von Produkten. Sie umfasst alle Kontakte mit einer Marke, vom ersten Eindruck, zum Beispiel über Werbung oder eine Website, bis zum Kauf und auch danach. Beim **Customer Experience Management** (CMX, CEM) handelt es sich um die Steuerung positiver Kundenerfahrungen durch verschiedene Content-Marketing- und Servicemaßnahmen sowie durch die Qualitätskontrolle angebotener Produkte und Dienstleistungen.

Die Kunden mit ihren Bedürfnissen stehen im Zentrum dieser Maßnahmen. Im Idealfall werden die Erwartungen an die Leistung eines Unternehmens, die durch Werbeversprechen oder Empfehlungen zufriedener anderer Kunden geweckt wurden, nicht nur erfüllt, sondern übertroffen.

Heute werden Kunden kaum noch durch konventionelle Werbemaßnahmen wie Plakate, TV-Spots oder Rundfunkwerbung angesprochen. Vielmehr suchen sie sich selbst ihren Weg zum Anbieter ihres Vertrauens. Kunden(erlebnis)reisen verlaufen also sehr individuell. Die Herausforderung des CEM besteht darin, dafür zu sorgen, dass all diese individuellen Erlebnisse als positiv empfunden werden.

Ziel des CEM ist es also, Kunden zu ermöglichen, den maximalen Nutzen aus jeder Begegnung und an allen Berührungspunkten mit dem Unternehmen zu ziehen. Das bedeutet unter anderem, den Kunden jederzeit Zugriff auf alle benötigten Informationen, Dienstleistungen und Angebote zu ermöglichen.

Customer Experience

Erfolgreiche Kundenerlebnisse (Customer Experience) entstehen, wenn Ihr Unternehmen darauf ausgerichtet ist, Kunden zu begeistern. In vielen Märkten, in welchen die Produkte, Dienstleistungen und Preise ähnlich sind, ist das Kundenerlebnis die einzige Wettbewerbsdimension, um sich im Markt von der Konkurrenz abzuheben.

7.2 Die Customer Journey

Als Kundenreise oder Kundenerlebnisreise (Customer Journey) wird der Weg bezeichnet, dem Kunden entlang sogenannten Berührungspunkten (Touchpoints) mit dem Anbieter eines Produkts oder einer Dienstleistung folgen, bevor sie eine Kaufentscheidung treffen. Dieser Weg lässt sich aufzeichnen auf einer Art Karte, die sogenannte Customer Journey Map (Abb. 28).

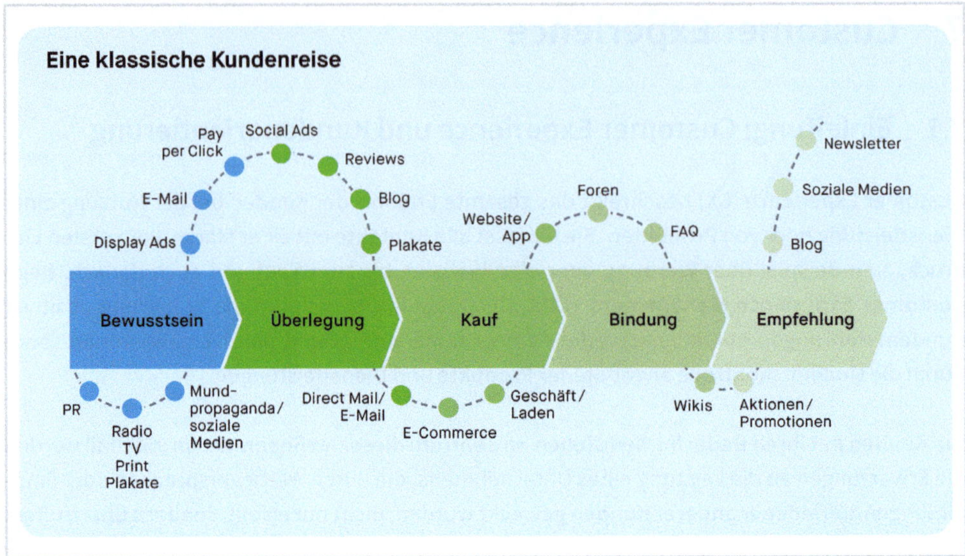

Abb. 28: Klassische Kundenreise (Customer Journey) mit ihren Berührungspunkten (Touchpoints) (Peter, 2021, S. 152)

Kaufentscheidung werden nicht sofort getroffen: Zuerst muss die Zielgruppe auf das Produkt aufmerksam gemacht werden. Im nächsten Schritt wird das Interesse geweckt. Erst später, nachdem einige Informationen aufgenommen wurden, bildet sich der Wunsch nach dem Produkt, der im Idealfall zur Handlung, zum Kauf oder Geschäftsabschluss führt. Man spricht in diesem Fall von Conversion.

Dieser Ablauf ist vergleichbar mit dem aus dem klassischen Marketing bekannten AIDA-Modell (Attention – Interest – Desire – Action). Wie viele Phasen eine Customer Journey genau umfasst, kann nicht allgemeingültig festgelegt werden. In der Regel wird jedoch von einer mindestens fünfstufigen Reise ausgegangen:

1. **Awareness:** Potenzielle Kunden werden auf ein Produkt oder eine Dienstleistung aufmerksam.
2. **Consideration:** Sie wägen ab, ob sie es in Anspruch nehmen sollen.
3. **Conversion:** Potenzielle Kunden werden durch den Kauf oder Geschäftsabschluss zu Kunden.
4. **Retention:** Die Kunden erhalten das Produkt oder nutzen die Dienstleistung und sind damit im besten Fall zufrieden, nutzen das Produkt / die Dienstleistung und werden es bei Bedarf wieder kaufen.
5. **Advocacy:** Die Kunden teilen die gemachte Erfahrung (Customer Experience) mit anderen und werden so zu Promotoren.

Sogenannte **Touchpoints** sind Berührungspunkte zwischen Unternehmen und (potenziellen) Kunden vor, während und nach dem Kauf – also entlang der gesamten Customer Journey. Beispiele sind Radiospots, Meinungen und Erfahrungsberichte aus den sozialen Medien oder von Bekannten, ein Geschäfts- oder Webseitenbesuch oder Kontakt über E-Mail (Abb. 28).

Für Unternehmen ist es wichtig, jeden Touchpoint, an denen potenzielle Kunden mit ihnen in Kontakt kommen können, zu identifizieren und das Feedback der Konsumenten einzuholen. Dazu gehören beispielsweise folgende Fragen:

- Warum bricht der Kunde den Kaufprozess ab?
- An welchen Punkten zögert er?
- Gelingt es, den jeweiligen Touchpoint entsprechend zu analysieren und das Marketing zielgerichtet zu optimieren?
- Wirkt sich das positiv auf den Umsatz des Unternehmens aus, da weniger Kundenerlebnisreisen abgebrochen werden?

7.3 Kundenbefragungen, Net Promotor Score, Design Thinking und Personas

Es gibt verschiedene Möglichkeiten, um die Kundenerfahrung zu messen und zu steuern. Um eine ganzheitliche Optimierung des Kundenerlebnisses zu ermöglichen, sollten die Kunden selbst im Zentrum stehen.

Eine Möglichkeit sind **Kundenworkshops** oder **qualitative Interviews** mit einigen Kunden, in denen sie detailliert über ihre Erfahrungen berichten. Dadurch können auch in viele Unterpunkte aufgefächerte Touchpoints genau analysiert und bewertet werden. Ein Nachteil hierbei ist die kleine Stichprobe, denn eventuell kann die durchschnittliche Kundenmeinung durch die gewählten Interviewpartner nicht ausreichend repräsentiert werden.

Eine Alternative dazu sind **quantitative Befragungen**. Dabei wird jeder Kunde nach einer Interaktion entweder online, telefonisch, postalisch oder direkt vor Ort im Laden zur Zufriedenheit befragt. Ein beliebtes Tool hierfür ist der **Net Promoter Score** (NPS). Mittels einer einzigen Frage (Würde der Kunde das Unternehmen weiterempfehlen?) wird dabei die Kundenzufriedenheit auf einer Skala von 1 bis 10 ermittelt. Allerdings ist es sehr aufwendig, jeden einzelnen Berührungspunkt mit dem Unternehmen zu bewerten, und die Rücklaufquote von Befragungen ist oft zu gering. Wird der quantitative Ansatz gewählt, können folglich nur wenige Touchpoints grob untersucht werden, wenn eine Mindestrücklaufquote und damit ein repräsentatives Ergebnis erreicht werden soll.

Mit **Design Thinking** lassen sich Herausforderungen und Probleme von Touchpoints aus Kundensicht betrachten. Diese Methode ermöglicht es, innovative Lösungen zu finden, um Touchpoints zu optimieren und damit die Kundenerfahrung zu verbessern. Es handelt sich um eine spezifische Denkhaltung und Arbeitsweise, die sich am Vorgehen in kreativen und innovativen Berufen orientiert. Probleme werden mit Design Thinking aus Sichtweise des Anwenders betrachtet; im Fokus stehen also immer der Mensch und seine Bedürfnisse. Das Ziel ist die Lösung komplexer Probleme – bei Produktentwicklung, Strategieplanung oder auch der Anpassung an Veränderungen.

Der Erfolg dieser Methode beruht auf drei entscheidenden Komponenten: multidisziplinäre Teams, variable Räume und schrittweises Vorgehen. Zentral ist dabei die Iteration; immer wieder werden Ideen und Entwicklungen hinterfragt, verworfen oder überarbeitet; der Prozess ist von Phasen konvergenter und divergenter Denkbewegungen geprägt. Damit lassen sich also auch die Kundenerfahrungen Schritt für Schritt durchspielen und verbessern.

Personas vereinen die wichtigsten Gemeinsamkeiten und Verhaltensmuster einer bestimmten Zielgruppe. Sie basieren auf Recherche, Interviews und Fakten. Personas sind gewissermaßen das Gesicht ihrer »Wunschkunden« (Abb. 29). Personas werden benutzt, um die Erlebnisreise und Berührungspunkte eines Unternehmens auf ihre Zielerreichung hin zu testen. Unternehmen stellen sich die Frage, ob die Persona X (z. B. eine Unternehmensinhaberin, die eine Versicherung abschließen möchte) effizient ihre Produktinformationen findet, vom Angebot überzeugt wird und die Versicherung gleich online abschließt und ob der ganze Prozess zu einem positiven Kundenerlebnis führte. Personas werden genutzt, um die Inhalte besser auf die Bedürfnisse, Erwartungen und Gewohnheiten der Kunden auszurichten.

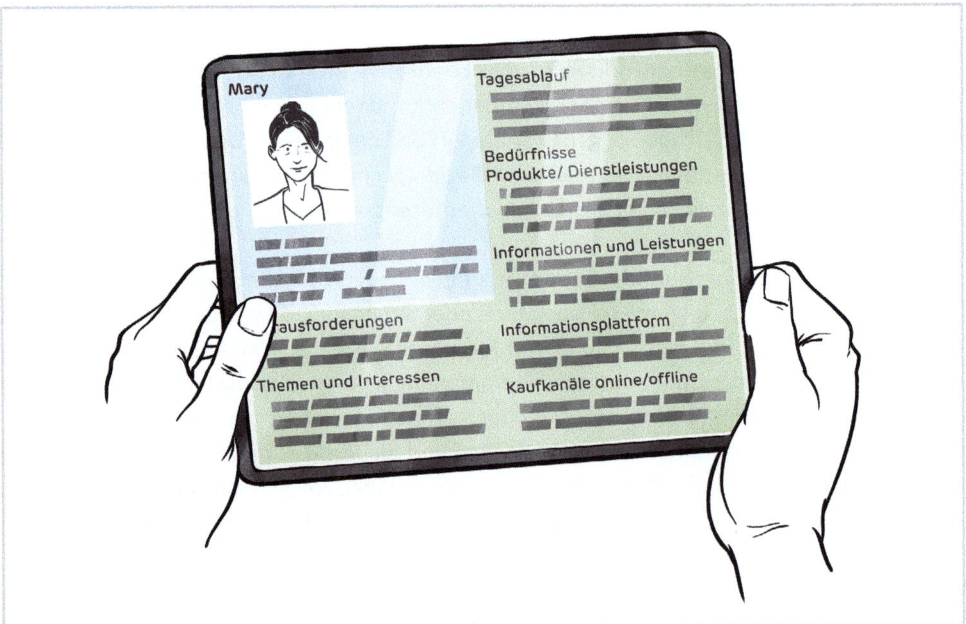

Abb. 29: Personas helfen dabei, die Kundschaft/Segmente besser zu verstehen, um Strategiepotenziale zu identifizieren (Peter, 2023, S. 86).

PRAXISBEISPIELE: KUNDENZENTRIERTER UNTERNEHMEN

Nachfolgende Beispiele erläutern kundenorientierte Produkte und Dienstleistungen:

Radikale Vereinfachung

Die Webseite bett1.de löst das Problem von Kunden, von einem zu großen Angebot überfordert zu sein und deshalb nicht zu einem Geschäftsabschluss zu kommen, weil sie sich nicht entschließen können. Angeboten wird bloß ein einziger Typ Matratze, und dieser hat sich gemäß eigenen Angaben bereits 4 Mio. Mal verkauft. Weitere Informationen: https://www.bett1.de.

Schuhe aus Meeresmüll

Der Sportschuhhersteller Adidas wertete systematisch das Feedback seiner Kunden aus und erkannte früh den Wunsch nach nachhaltigeren Waren. Aus dieser Erkenntnis begann er, Schuhe aus Meeresmüll zu produzieren, und verkaufte in nur einem Jahr (2017) über 1 Mio. Paare. Weitere Informationen: https://www.adidas.de/blog/361041-kreativer-umgang-mit-plastik.

App und Selfservicekassen

Damit die Wartezeit an den Kassen kürzer wird, bietet IKEA seit 2008 eine App mit Selfservicekassen an. Die Waren werden in der Filiale mittels App und Smartphone gescannt, und via Selfservicekasse wird bezahlt. Um Chaos und im schlimmsten Fall sogar noch längere Warteschlangen zu verhindern, unterstützen Mitarbeitende vor Ort diesen Prozess und greifen den Kunden unter die Arme. Denn viele sind mit dem Selfservice noch überfordert, wollen sie aber trotzdem nutzen, um Zeit zu gewinnen. Freundlich und kompetent leisten die Servicekräfte proaktiv Hilfe und gestalten den Einkauf noch angenehmer. Die Customer Experience wird durch den kleinen zusätzlichen Aufwand deutlich positiver. Weitere Informationen: https://www.ikea.com/de/de/customer-service/mobile-apps.

7.4 Vorgehen: Kundenfokussierung strategisch verankern

Die Identifikation der Kundenerwartungen (z. B. mittels Persona) ist der erste Schritt zur Gestaltung von positiven Kundenerlebnissen. Anschließend definieren Unternehmen eine Vision ihres Kundenversprechens, welche die Ansprüche an das zu liefernde Kundenerlebnis beschreibt.

Anhand der Kundenreise (Customer Journey) wird der Ist-Zustand aufgenommen, und die Maßnahmen zur Stärkung der Kundenerlebnisse werden definiert. Im besten Fall wird so der ideale Kundenprozess beschrieben, Verbesserungspotenziale gegenüber dem Ist-Zustand werden beschrieben und Verantwortlichkeiten je Prozessschritt definiert. (In größeren Unternehmen wird ein Team gebildet, um die Kundenerlebnisse positiver zu gestalten.)

Zur fortlaufenden Erfolgskontrolle und Optimierung werden die gestalteten Kundenerlebnisse mittels Kundenbefragungen (z. B. Kundenworkshops oder Net-Promotor-Score-Umfragen) laufend gemessen.

Checkliste »Customer Experience«

Identifikation der Kundenerwartungen

- ☐ Was wird vom Markt bzw. den Kunden verlangt? Eine Übersicht der aktuellen Anforderungen an das Unternehmen ist Ausganglage für die Verbesserung der Kundenerlebnisse.
- ☐ Kennen wir die Bedürfnisse und Anforderungen der Kundschaft? Mittels Umfragen und Kundenworkshops sollen diese erhoben werden.
- ☐ Wo besteht das größte Verbesserungspotenzial?

Definition/Vision des Kundenversprechens

- ☐ Welches Kundenversprechen geben wir als Unternehmen ab? So werden auch Anforderungen an die Digitalstrategie formuliert.
- ☐ Welche Anforderungen setzen wir an uns selbst?

Gestaltung der Kundenreise

- ☐ Wie gestalten wir die Kundenreise, um ein positives Kundenerlebnis zu gestalten?
- ☐ Welche Verbesserungen an Produkte/Dienstleistungen sowie Marketing- und Kommunikationsmaßnahmen sind im Hinblick auf die Kundenreise notwendig?
- ☐ Welche Rollen spielen unsere Partner (z. B. der Handel) für die Optimierung der Kundenerlebnisse?

Bestimmung der Maßnahmen zur Stärkung der Kundenerlebnisse

- ☐ Welche Projekte/Maßnahmen sind notwendig, um das Kundenerlebnis zu verbessern?
- ☐ Wer ist dafür verantwortlich? Muss ggf. ein separates Team aufgebaut werden?
- ☐ Welche Ziele sollen erreicht werden? Welche Investitionen sind dafür notwendig?

Umsetzung und Optimierung der Customer-Experience-Strategie

- ☐ Wie kontrollieren wir den Erfolg der definierten Maßnahmen?
- ☐ Wird die Customer Experience als Erfolgsfaktor für die Auszahlung von Incentives / in Bonusprogrammen geführt?
- ☐ Wer übernimmt die Verantwortung für die laufende Optimierung der Customer Experience?

7.5 Neue Kompetenzen und Fähigkeiten in Unternehmen

Arbeitsabläufe und Aufgaben, die sich regelmäßig wiederholen, können heute durch digitale Technologien und Prozessautomatisierungen schnell und zuverlässig erledigt werden. Passende Tools ermöglichen es Mitarbeitenden, unabhängig von ihrem Kenntnisstand mit wenigen Klicks individuelle Automatisierungen einzurichten. In jedem Unternehmen schlummern versteckte Potenziale und Talente, die es zu entdecken und fördern gilt. Mitarbeitende können beispielsweise die IT-Teams entlasten, indem sie weitere Automatisierungen identifizieren und mit bestehenden Tools implementieren.

Mitarbeitende, die in Dialog oder Kontakt mit Kunden stehen, sind darauf zu sensibilisieren, stets die Optimierung der Customer Experience im Blick zu behalten. Aber auch Abteilungen und Teams, die interne Kunden bedienen, sollten auf die Marktleistung ausgerichtet sein und mit ihren Leistungen im Unternehmen schlussendlich ebenfalls ein positives Kundenerlebnis fördern. Mit den neuen digitalen Technologien, den neuen Marktmöglichkeiten und hierfür notwendigen Kompetenzen und Fähigkeiten investieren Unternehmen in die Kulturentwicklung und Weiterbildungsprogramme für ihre Mitarbeitenden.

7.5 Neue Kompetenzen und Fähigkeiten in Unternehmen

8 Digital Mindset: Kultur und Kompetenzen

8.1 Kulturentwicklung im digitalen Zeitalter

Customer Experience (CX) beschreibt das gesamte Erlebnis der Kunden bei der Nutzung einer Dienstleistung oder von Produkten. Sie umfasst alle Kontakte mit einer Marke, vom ersten Eindruck, zum Beispiel über Werbung oder eine Website, bis zum Kauf und danach. Beim Customer Experience Management (CMX, CEM) handelt es sich um die Steuerung positiver Kundenerfahrungen durch verschiedene Content-Marketing- und Servicemaßnahmen sowie durch die Qualitätskontrolle angebotener Produkte und Dienstleistungen.

Aufgebaut und geübt werden muss mehr als nur der Umgang mit neuen digitalen Technologien; zentral sind die Bereitschaft und die Fähigkeit, mit neuen Technologien bessere Ergebnisse zu erzielen und moderne (digitale) Arbeitsweisen zu etablieren. Dazu braucht es ein **digitales Mindset**.

Mit Blick auf die Erfordernisse der digitalen Transformation sind die folgenden **Einstellungen** von großer Nützlichkeit:

- **Kundenzentriertheit:** Verstehen, was die Kunden wollen, ihnen zuhören und auf ihre Wünsche eingehen
- **Proaktivität:** Fähigkeit, Entwicklungen vorwegzunehmen und dadurch frühzeitig zu reagieren
- **Offenheit und Agilität:** Fähigkeit, auf den Wandel zu reagieren und mit ihm umzugehen
- **Kreativität und Gestaltungsmotivation:** Bereitschaft, nach unkonventionellen Lösungen zu suchen und neue Wege zu gehen
- **Kritikfähigkeit:** Zu Fehlern stehen und aus ihnen lernen
- **Offener Umgang mit dem Scheitern:** Nicht alles kann auf Anhieb gelingen, oft braucht es mehrere Versuche.

Die Unternehmenskultur beruht auf gemeinsamen Werten, Normen und einem gemeinsamen Verständnis der Ziele und des Zwecks des Unternehmens. Unternehmenskulturentwicklung im digitalen Zeitalter beruht einerseits auf einem modernen Arbeitsweltkonzept, andererseits auf der Entwicklung digitaler Kompetenzen und Fähigkeiten.

Digital Mindset, Kultur- und Kompetenzentwicklung

Durch den digitalen Wandel wird ein Veränderungsprozess ausgelöst, der zu einer Anpassung der Führungsgrundsätze führt. Zur modernen Kulturentwicklung im digitalen Zeitalter gehören Arbeitsweltkonzepte mit digitalen und mobilen Arbeitsplätzen, digitale Kompetenzen und Fähigkeiten sowie neue Organisationsformen im Hinblick auf die Digitalisierung. Unternehmen haben damit die Chance, ihre Teams dynamischer zu gestalten. Mit einer modernen Führung und Zusammenarbeit können Innovation, Kreativität und Agilität in hohem Maß unterstützt werden; Faktoren, welche den Digital Mindset fördern und zur erfolgreichen Umsetzung digitaler Strategien notwendig sind.

8.2 Moderne Arbeitswelt

Customer Experience (Kap. 7.1) beschreibt das gesamte Erlebnis der Kunden bei der Nutzung einer Dienstleistung oder eines Produkts. Sie umfasst alle Kontakte mit einer Marke, vom ersten Eindruck, zum Beispiel über Werbung oder eine Website, bis zum Kauf oder auch danach. Beim **Customer Experience Management** (Kap. 7.1) handelt es sich um die Steuerung positiver Kundenerfahrungen durch verschiedene Content-Marketing- und Servicemaßnahmen sowie durch die Qualitätskontrolle angebotener Produkte und Dienstleistungen.

Im Zentrum der modernen Arbeitswelt 4.0 stehen die drei Erfolgsfaktoren/Dimensionen People (Mitarbeitende), Place (Arbeitsumfeld) und Technology (Technologien) (Abb. 30):

- **People (Mitarbeitende):** Hinführung, Begleitung und Weiterbildung der Mitarbeitenden zu digitaler Mentalität, basierend auf einer Unternehmenskultur, die kollaborationskonforme Denk-, Handlungs- und Arbeitsweisen fördert, welche die Potenziale der technischen, räumlichen und menschlichen Gegebenheiten bestmöglich einbeziehen.
- **Place (Arbeitsumfeld):** Gezielte räumliche Gestaltung und Ausstattung, abgestimmt auf den jeweiligen Arbeitscharakter (Arbeitsart/Einzelaufgaben/Teamwork), sorgen für verbesserte Arbeitsergebnisse (z. B. Effizienz, Effektivität, Innovationskraft, Verkaufserfolge).
- **Technology (Technologien):** Zeit- und ortsunabhängige Zusammenarbeit (Kollaboration) aller Beteiligten mit einer dem Menschen dienenden Technik. Dank dem Einsatz zukunftsgerichteter Hilfsmittel für die Informations- und Wissensarbeitenden lassen sich enorme Potenziale ausschöpfen.

Abb. 30: Die drei Erfolgsfaktoren für die Arbeitswelt 4.0 sind die Dimensionen Mitarbeitende, Arbeitsumfeld und Technologien (Peter, 2023, S. 144).

Die moderne Arbeitswelt wird zusammen mit den Mitarbeitenden gestaltet. Dabei werden die o. g. drei Dimensionen besprochen, aktuelle Barrieren und Potenziale identifiziert und aufgrund einer Abstimmung mit der Unternehmensvision und den Unternehmenszielen beschrieben. In vielen Fällen führt dies zu strategischen Maßnahmen und Projekten mit dem Ziel, das digitale Mindset in Kultur und Arbeitswelt zu fördern.

8.3 Digitale Kompetenzen und Fähigkeiten fördern

Im engeren Sinn umfassen digitale Kompetenzen die wesentlichen Fähigkeiten, die zur strategischen Nutzung von digitalen Daten und Technologien erforderlich sind. Digitale Kompetenzen werden jedoch oft auch in einem weiteren Sinn verstanden und schließen dann komplexere Fähigkeiten mit ein. Eine Umfrage bei Schweizer Unternehmen (Rozumowski et al., 2023) zeigte, dass die folgenden drei Kompetenzen im digitalen Zeitalter gefördert werden sollten:

- die Fähigkeit, komplexe Probleme und Herausforderungen zu lösen,
- organisatorische Fähigkeiten und die Fähigkeit, sich selbst zu führen,
- analytisches Denken, Planen und Handeln.

Es geht also nicht nur um technische Kompetenzen (Digitalkompetenzen), sondern auch um die Fähigkeit, im digitalen Zeitalter und im stetigen Wandel die eigenen sozialen Kompetenzen aufzufrischen. Dem **digitalen Mindset**, einem Grundinventar an Einstellungen bezüglich der Zusammenarbeit mit digitalen Technologien, kommt deshalb eine entscheidende Rolle bei der Entwicklung und Umsetzung digitaler Strategien zu. Nur wer bereit ist, sich immer wieder neu mit digitalen Technologien auseinanderzusetzen und auch offen ist für Veränderungsprozesse im Rahmen der digitalen Transformation, kann Digital- und Sozialkompetenzen aufbauen. Der wichtigste und erste Schritt, um im Unternehmen digitale Fähigkeiten aufzubauen, ist deshalb der Schritt hin zu einer digitalen Unternehmenskultur, die ein solches Mindset fördert.

8.4 Digital Human Resources Management

Der digitale Wandel bietet auch der Personalabteilung (dem HR-Management) die Chance, sich neu zu organisieren, neue Strategien und Programme zu entwickeln und Abläufe schneller und effizienter zu gestalten. Das ist für die Zukunftsfähigkeit eines Unternehmens unabdingbar. Die Digitalisierung des Personalmanagements hat folgende *Vorteile für das Unternehmen:*

- **Steigerung der Prozessqualität:** Vor allem langwierige Personalprozesse lassen sich durch Digitalisierung und Automatisierung effizienter und präziser ausführen.
- **Senkung der Kosten und des Zeitaufwands für Prozesse:** Administrative Arbeiten, Routineaufgaben mit Dokumenten und Daten laufen dadurch schnell und effizient ab.
- **Gewinnung wertvoller Zeit für strategische Personalaufgaben:** Für Personalplanung, Rekrutierung von Talenten und Personalentwicklung bleibt mehr Zeit, die für die Stärkung der Wettbewerbsfähigkeit des Unternehmens notwendig ist.

- **Beschäftigung von Angestellten im Ausland:** Es entstehen neue Möglichkeiten, dem Fachkräftemangel zu begegnen, wenn nicht ausschließlich Mitarbeitende vor Ort beschäftigt werden, sondern Remote-Arbeit und Homeoffice eine weltweite Suche und Beschäftigung von Talenten ermöglichen.
- **Gewinnung von Entscheidungshilfen:** Durch Datenanalysen lassen sich wertvolle Erkenntnisse erlangen und fundierte Personalentscheidungen treffen. Das spielt vor allem in der Rekrutierung und der Personalentwicklung eine wichtige Rolle.
- **Steigerung der Mitarbeiterzufriedenheit und -bindung:** Die optimale Nutzung von digitalen Technologien ermöglicht Homeoffice und mobiles Arbeiten. Das entspricht dem Bedürfnis heutiger Mitarbeitender. Die Teammitglieder lassen sich bei aktiver Führung an das Unternehmen binden. Die optimale Integration entsprechender Technologie schafft eine gute Arbeitsatmosphäre.

8.5 Den Veränderungsprozess aktiv gestalten (Change-Management)

Sind Ziel, Absicht und Nutzen der Kulturtransformation hin zum digitalen Mindset und zur »Arbeitswelt Zukunft« fürs Unternehmen definiert, gilt es, diese mittels Change-Prozess einzuführen, d. h. anhand einer Roadmap mit Teilprojekten, Verantwortlichkeiten und Budget. Die damit verbundenen Change-Management- und Kommunikationsmaßnahmen sind zu entwickeln und daraus konkrete Aktivitäten zu planen. Ziel ist, einen Zustand zu erreichen, der eine gewisse Beweglichkeit bezüglich der neuen Konstante, die im Wandel selbst besteht, erlaubt.

Neben den Kommunikationsmaßnahmen sollen auch digitale Kompetenzen gefördert werden. Denn die Gestaltung der Arbeitswelt 4.0 und der digitalen Transformation setzen neue Kenntnisse und Fähigkeiten der Führungskräfte und Mitarbeitenden voraus. Erst diese ermöglichen agiles, flexibles und schnelles Handeln. Im Zusammenhang mit der Einführung eines neuen Arbeitsumfelds stehen Unternehmen vor der Herausforderung, ihre Mitarbeitenden mit den dafür erforderlichen Kompetenzen und Fähigkeiten auszustatten und sie nachhaltig zu befähigen. Andererseits sind Mitarbeitende gefordert, ihre eigenen Zukunftsfähigkeiten zu überprüfen und auf der Grundlage des lebenslangen Lernens auf neue Anforderungen auszurichten. Somit sind Unternehmen herausgefordert, neue Weiterbildungsmodelle zu entwickeln.

AUS DER PRAXIS: KULTURENTWICKLUNG UND KOMPETENZEN IM DIGITALEN ZEITALTER

Nachfolgende Beispiele zeigen, wie mit digitalen Technologien Kulturentwicklung und Mitarbeiterkompetenzen gefördert werden

Mit gemeinsam mit den Mitarbeitenden definierten Maßnahmen digitale Kultur und Kompetenzen entwickeln

Das Schweizer Unternehmen Phoenix Mecano Komponenten AG hat in einer Mitarbeiterbefragung ermittelt, wie wichtig digitale Transformation und Industrie 4.0 für die Zukunft sind. Die Mitarbeitenden haben die Relevanz der Themen als hoch eingeschätzt und bemerkt, dass es deshalb Veränderungen geben wird und sie aktiv dazu beitragen wollen. Im Anschluss wurden diverse Maßnahmen zur Kultur- und Kompetenzentwicklung definiert, inklusive der beiden Initiativen »Weiterbildung für alle« (Mitarbeitenden wurde auf der Onlineplattform Udemy Zugang zu 50.000 Onlinekursen angeboten, sodass sie Themen nach eigener Präferenz wählen konnten) und »Kollektives Wissen erweitern« (um den Zugang zum kollektiven Wissen zu verbessern, wurde die gesamte Datensammlung aktualisiert und so eine gute Grundlage in Form von Prozess- und Kundenwissen geschaffen, um notwendige Informationen zu einer Aufgabe schnell zu erhalten). Weitere Informationen: www.phoenix-mecano.ch.

Enterprise Content Management

Das süddeutsche Unternehmen Schuler Präzisionstechnik fertigt Spezialbauteile für Medizinal- und Motorentechnik. Um den Aufwand der bisher manuellen Bearbeitung von Personalvorgängen zu reduzieren, wurde ein digitales Personalmanagementsystem auf der Basis einer Software für Enterprise Content Management (ECM) eingeführt. Sämtliche Personalprozesse wurden digitalisiert und in einem HR-System zusammengeführt, was ein übersichtliches Personalcontrolling inklusive Auswertungsmöglichkeiten ermöglicht. Heute stößt die ECM-Lösung für jede neu angelegte Personalakte automatisch einen Workflow an, um die mit dem Neueintritt verbundenen Dokumente zu generieren. Die Mitarbeitenden in der Personalabteilung können nun formularbasiert die entsprechenden Dokumente auswählen und beantragen. Der Personaleintrittsprozess wurde standardisiert und die damit einhergehenden Prozesskosten deutlich reduziert. Weitere Informationen: https://www.schuler-praezision.de.

Employee Self Service und Chatbot bei Lidl

Bei Employee Self Service (ESS; Mitarbeiterselbstbedienung) handelt es sich um eine digitale Form der Personalverwaltung, bei der Angestellte personenbezogene Daten selbst verwalten und sich eigenständig über HR-Themen informieren können. Routineanfragen, beispielsweise zum Urlaubsguthaben oder Arbeitsvertrag, werden damit automatisiert. Ergänzend kann beispielsweise ein Chatbot eingesetzt werden. Die Beschäftigten können selbstverantwortlich Lösungen für ihre Probleme finden. Systeme des Employee Self Service ermöglichen einen zeit- und ortsunabhängigen Austausch zwischen Beschäftigten, Personalabteilung und Arbeitgeber. Eine solche Lösung inklusive Chatbot ist beispielsweise bei der Supermarktkette Lidl im Einsatz. Weitere Informationen: https://www.lidl.de.

8.6 Vorgehen: Digitales Mindset und digitale Kultur nachhaltig stärken

In einem Workshop ermitteln Unternehmen gemeinsam mit ihren Mitarbeitenden Ziel, Absicht und Nutzen der »Arbeitswelt der Zukunft« mit einem gemeinsamen Verständnis von digitalem Mindset, digitaler Kultur und den dazu notwendigen Kompetenzen.

Unter Berücksichtigung der Vorgaben seitens HR, IT und Finanzen formulieren auf diese Weise Unternehmen in Anlehnung an bestehende Strategien konkrete Erfolgsfaktoren und legen diese als verbindliche Leitplanken fest. Annahmen und Bedürfnisse werden mit Mitarbeiterumfragen getestet und definiert.

Mit dieser Standortbestimmung erhält das Unternehmen einen Überblick über die Ist-Situation und entwickelt erste konkrete Projektideen und Umsetzungsempfehlungen innerhalb der Arbeitsweltdimensionen »People«, »Place« und »Technology« (Kap. 8.2). Die Auswertungen der Umfragen, die Ergebnisse erster Diskussionen sowie die Festlegung der Prioritäten werden in einem Arbeitsweltkonzept zusammengetragen, das die strategische Stoßrichtung der Arbeitswelt 4.0 für das Unternehmen beschreibt.

Anhand der modernen digitalen Arbeitsweltstrategie wird eine Roadmap erstellt, welche die neuen, erfolgskritischen Veränderungen identifiziert, die Führungskräfte und Mitarbeitende in Zukunft meistern müssen. Daraus werden Themenbereiche wie Technik- und Medienanwendung, Nutzung neuer Arbeitswelten, Sozial- und Führungskompetenzen etc. für die Personalentwicklung definiert. Mittels konkreter Maßnahmen wird das digitale Mindset in der Kultur verankert, und Teams sowie Mitarbeitende werden befähigt, digitale Strategien erfolgreich umzusetzen.

Checkliste »Digital Mindset: Kultur und Kompetenzen«

Strategie & Kultur

- ☐ Welche strategischen Ziele möchte das Unternehmen mit der Entwicklung der Arbeitswelt 4.0 erreichen? Diese Ziele geben Input für die Digitalstrategie und definieren Anforderungen an die IT.
- ☐ Wie sieht die aktuelle Kultur aus, und wie ist sie für die »Arbeitswelt Zukunft« zu entwickeln? Ist das Unternehmen für die digitale Transformation bereit?

Potenziale für ein digitales Mindset in Kultur, Arbeitswelt und Kompetenzen

- ☐ Haben Sie Ihre Mitarbeitenden befragt, wo sie aktuell Barrieren bzw. Herausforderungen in der Zusammenarbeit und bei den Kompetenzen sehen? Auf diese Weise kann eine Digitalstrategie »bottom-up« mit dem Input der Mitarbeitenden entwickelt werden.
- ☐ Welche Potenziale sehen die Mitarbeitenden in den Dimensionen »People« (Mitarbeitende), »Place« (Arbeitsumfeld) und »Technology« (Technologien) für die zukünftige Zusammenarbeit?
- ☐ People: Welche Führungsgrundsätze sind für ein mobil flexibles Arbeitsumfeld zu entwickeln; wie sollen die Teams in der »Arbeitswelt Zukunft« arbeiten?
- ☐ Place: Wo und wie soll in Zukunft gearbeitet werden?
- ☐ Technology: Welche digitalen Technologien sind für die »Arbeitswelt Zukunft« einzuführen?

Veränderungsprozess (Change-Management)

- ☐ Wie soll der Veränderungsprozess hin zum digitalen Mindset gestaltet werden? Dies hat unter Umständen auch Auswirkungen auf den aktuellen Führungsstil des Managementteams.
- ☐ Welche Kommunikationsmaßnahmen müssen geplant und umgesetzt werden?
- ☐ Welche unterstützenden Maßnahmen (z. B. Anpassung von Unternehmens- oder Führungsstruktur, Coaching und Weiterbildung) sind notwendig?

HR-Management

- ☐ Welche Arbeitsrichtlinien und -bedingungen sind für die Einführung der »Arbeitswelt Zukunft« anzupassen / zu ergänzen?
- ☐ Welche neuen Prozesse und Tools / digitale Technologien sind im HR-Management notwendig?

Kompetenz und Fähigkeiten entwickeln

- ☐ Welche Kompetenzen Ihrer Führungskräfte und Mitarbeitenden sind für die Arbeitswelt 4.0 zu entwickeln?
- ☐ Welche Schulungen und Trainings bieten Sie Ihren Führungskräften und Mitarbeitenden an?

»Make or buy« der Weiterbildungsmaßnahmen

- ☐ Werden die Weiterbildungsmaßnahmen selbst entwickelt (»make«) oder extern entwickelt bzw. beschafft (»buy«)?
- ☐ Welche Weiterbildungsmaßnahmen werden intern und welche von externen Experten durchgeführt?
- ☐ Welche Weiterbildungsmaßnahmen werden extern in Bildungsinstituten besucht?

8.7 Digitale Technologien und Cybersicherheit als Erfolgsfaktoren in der Kultur- und Kompetenzentwicklung

Die IT bzw. digitalen Technologien sind beim Aufbau einer digitalen Kultur und bei der Entwicklung von digitalen Kompetenzen einerseits der Anlass, der Grund, weshalb sie (die IT) überhaupt aufgebaut werden müssen. Andererseits ist sie ein nicht unwesentliches Mittel dazu: Mit E-Learning-Systemen lassen sich beispielsweise die entsprechenden Fertigkeiten eigenständig trainieren. In digitalen Wissensdatenbanken finden sich Lösungen und Anleitungen. Und mit den entsprechenden Tools ist es möglich, digital zu führen und zusammenzuarbeiten.

Entsprechend kommt der IT-Infrastruktur gleich in mehrfacher Hinsicht eine zentrale Bedeutung zu. Gleichzeitig werden mit der Entwicklung neuer IT-Lösungen und digitaler Technologien Schwachstellen und Angriffsflächen geschaffen, welche von Cyberkriminellen ausgenutzt werden können. So wird die IT für die Umsetzung digitaler Strategien sowie die Cybersicherheit für die Wahrung der digitalen Wettbewerbsvorteile zu Erfolgsfaktoren im digitalen Zeitalter.

9 Digitale Technologien und Cybersicherheit

9.1 Digitale Technologien – Weshalb sind sie so dominant?

In der Industrie 4.0 bzw. in der vierten/fünften industriellen Revolution wird die Fertigung von Industrieprodukten dezentral über den Kundenauftrag ausgelöst oder mit dem Produkt selbst gesteuert. Die dazu notwendigen Technologien sind sehr anspruchsvoll, denn es wird eine große Menge an Informationen ausgetauscht und verarbeitet. Sogenannte intelligente Produkte kommunizieren mit Maschinen und deren Bedienern. Sie übermitteln Auftrags-, Material und Produktionsdaten und beeinflussen damit die Herstellung. Die kommunizierende Maschine ist ein cyberphysisches System, das mit dem intelligenten Produkt interagiert. Die menschlichen Bediener werden vom Produkt über aktuelle Ereignisse informiert oder können den Status der Systeme abrufen.

Die Basistechnologie hinter der Industrie 4.0 sind neue digitale Technologien und das Internet der Dinge (Internet of Things, IoT), ein Netzwerk aus Geräten unterschiedlicher Art, die mit dem Internet und miteinander verbunden sind. Im Rahmen einer integrierten Produktion kommunizieren sämtliche an der Herstellung und Lieferung beteiligten Geräte selbsttätig miteinander. Nicht nur in der Industrie 4.0, sondern in jedem Wirtschaftszweig dominieren heute die digitalen Technologien die Unternehmensstrategien. Sie sind Treiber und Befähiger (Enabler) für digitale Strategien

Die durch digitale Technologien gestiegene Konnektivität, die Verwendung von mobilen und applikationsbasierten Anwendungen sowie der zunehmende Rückgriff auf Cloudtechnologien haben weitreichende Auswirkungen auf die externen Unternehmensdimensionen (die digitale Strategie mit ihren Produkten und Dienstleistungen), aber auch auf die interne Unternehmensdimension wie die eigene IT, zum Beispiel bezüglich Technologiekompetenz, Datenmanagement, Daten- und Cybersicherheit. Während sich die IT in den Unternehmen früher eher mit einfachen Strukturen befassen musste und sich um die Konfiguration einzelner Geräte kümmerte, hat sie sich heute in alle Unternehmensbereiche ausgebreitet. IT-Infrastruktur und digitale Technologien bilden die Basis für Produkte, Dienstleistungen, operative Prozesse und Nutzerinteraktionen und eignen sich hervorragend für Innovationen. In vielen Fällen sind sie nicht nur die Grundlage dafür, sondern gleichsam der Ort der Innovation.

Digitale Technologien und Cybersicherheit

Die digitalen Technologien beinhalten Software wie Plattformen und Apps, aber auch Hardware wie leistungsfähige Rechner und Sensoren als Bestandteil der Industrie 4.0 bzw. des Internets der Dinge. Digitale Technologien ermöglichen es, neue Ideen zu verwirklichen, neue Anwendungen zu integrieren und neue Marktchancen zu nutzen. Die Herausforderung liegt darin, die digitalen Technologien zu identifizieren und zu verstehen. Mit der zunehmenden Komplexität und angesichts von Cyberangriffen müssen Investitionen auch in die Cybersicherheit erfolgen, um die Wettbewerbsfähigkeit im digitalen Zeitalter zu erhalten.

9.2 Vom Anforderungsempfänger zum Business Enabler: Erkennen wichtiger Technologien

Mitarbeitende wie Führungskräfte benötigen die innovativen Technologien im Unternehmen gleichermaßen. Den Chief Information Officers (CIOs) fällt entsprechend eine veränderte Rolle zu, denn die meisten Innovationen fallen unmittelbar in ihren Arbeitsbereich. CIOs müssen im Unternehmen den Wandel teilweise anstoßen und die Umsetzung ermöglichen. Sie müssen die Funktionalität von traditionellen Systemen sicherstellen, mit Anbietern verhandeln, Verbesserung in der Prozessautomatisierung/Digitalisierung initiieren und die digitale Transformation im Unternehmen vorantreiben. Die IT nimmt immer mehr wichtige Tätigkeiten in den Bereichen Business Innovation und Wettbewerbsfähigkeit wahr: Die Innovation findet hier statt, und die meisten Geschäftsvorgänge sind vollständig digitalisiert. Entsprechend hoch sind die Ansprüche an den Wissensstand und die Verfügbarkeit digitaler Technologien.

Das Erfassen und Verstehen von Technologietrends unterstützt die Innovations- und Ideenfindung. Gleichzeitig werden wichtige Hinweise auf zukünftige Konsumentenbedürfnisse und auf zukünftiges Nutzungsverhalten und darauf aufbauende neue Geschäftsmodelle, Produkte und Dienstleistungen (*externe* Dimension) erarbeitet. Zudem können Technologien zur Prozessoptimierung, Effizienzsteigerung und Kostenreduktion eingesetzt werden (*interne* Dimension).

Durch den Besuch von Konferenzen, Webinaren, den Austausch mit anderen Mitarbeitenden, das Studium der Literatur (z. B. Fachzeitschriften), Weiterbildungen und Austausch mit Expertinnen und Experten aus anderen Industrien/Unternehmen identifizieren Unternehmen Technologietrends. In Workshops werden die Potenziale diskutiert, und es wird bestimmt, welche Technologien weiter analysiert, pilotiert oder in der konkreten Planung verankert werden sollen.

Wichtiges Hilfsmittel hierfür ist der Technologieradar, mit dem die identifizierten Technologien erfasst und aufgrund der Potenzialeinschätzung weitere Maßnahmen geplant werden (Abb. 31).

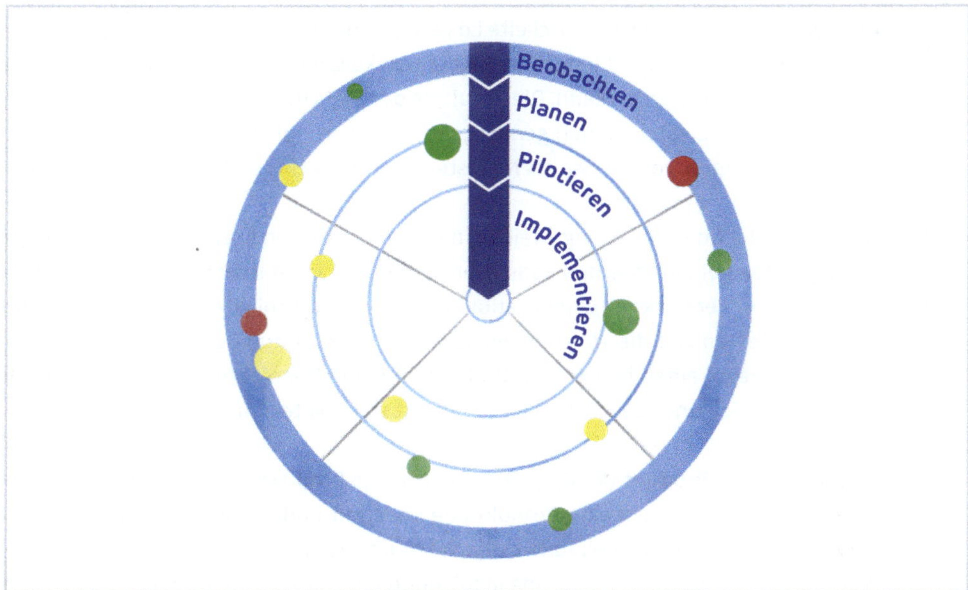

Abb. 31: Der Technologieradar hilft dabei, digitale Technologien zu bewerten und als Arbeitsinstrument darzustellen (Peter, 2023, S. 93).

Um einen Technologieradar aufzubauen, sind folgende Schritte nötig:

1. Identifizierung der relevanten Technologie- oder Anwendungsfelder,
2. Sammlung von Informationen zu relevanten Technologie- und Anwendungsfeldern,
3. Bewertung der Technologie- und Anwendungsfelder,
4. Visualisierung und Kommunikation des Technologieradars des Unternehmens.

Workshops und Strategiediskussionen führen anschließend zu konkreten Maßnahmen, um die digitalen Technologien auf ihr Potenzial und ihre Marktreife hin zu testen.

9.3 Digitale Technologien testen und Strategiepotenziale identifizieren

Mit diversen Methoden lassen sich digitale Technologien im Unternehmen selbst oder gemeinsam mit Partnern (z. B. Start-ups oder Hochschulen) testen. Die vier folgenden Methoden werden in der Praxis angewendet (Abb. 32):

- Ein **Proof of Concept (Konzeptnachweis)** ist die technische Umsetzung einer Idee (in diesem Fall mit digitalen Technologien), um deren Machbarkeit zu demonstrieren oder generell zu überprüfen, ob die Idee bzw. ein Konzept in der Praxis umsetzbar ist. Die entwickelten Funktionalitäten in einem Proof of Concept sind normalerweise limitiert, das entwickelte Produkt kann entsprechend nur in geringem Umfang genutzt werden.

- Ein **Prototyp** ist eine technisch entwickelte Lösung (Produkt oder Dienstleistung) mit limitiertem Funktionsumfang. Er ist jedoch so weit entwickelt, dass er zum (limitierten) Testen eines Konzepts genutzt werden kann. Die Resultate der Tests (funktionale Tests, technische Tests, Marktakzeptanztests) werden genutzt, um die ursprüngliche Idee zu validieren mit dem Ziel, die Anforderungen für den als Nächstes zu entwickelnden Piloten zu konkretisieren.
- Ein **Pilot** ist eine technische Lösung, welche in einem limitierten Kreis und mit limitierten Anwendungsfällen getestet werden kann. Der Pilot wird extern meistens nicht zur Verfügung gestellt bzw. vermarktet. Organisationen nutzen Pilotprojekte, um die technische Machbarkeit zu testen und die Wirksamkeit seiner Umsetzung zu bestimmen. Pilotprojekte haben in der Regel einen begrenzten Umfang und eine begrenzte Laufzeit im Hinblick auf die Weiterentwicklung zu einem MVP oder direkt zu einer technisch fertig entwickelten Lösung.
- Ein **Minimum Viable Product (MVP)** ist ein technisches Produkt mit genügend (minimalbrauchbaren) Funktionen, um eine Produktidee im Markt und vielfach mit ausgewählten Kunden zu testen. Es hilft, schnell (und vielfach vor der eigentlichen Lancierung) Kundenrückmeldung zu erhalten, um die Lösung in folgenden Iterationen weiterzuentwickeln. Ein MVP entspricht den Grundbedürfnissen der Kundschaft und kann bereits so weit fortgeschritten sein, dass es Markterfolge zu erzielen vermag.

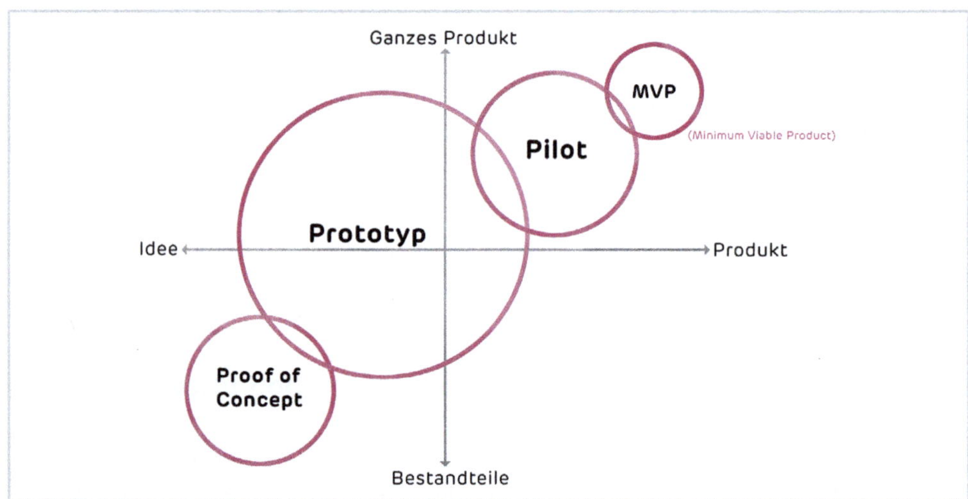

Abb. 32: Methoden zum Testen digitaler Technologien mit dem Ziel, Strategiepotenziale zu identifizieren (Peter, 2024)

Je nach Ambition, initial identifiziertem Potenzial, vorhandenen Ressourcen und aktuellem Technologiewissen des Unternehmens werden die Methoden je nach definiertem Anspruch (Idee testen oder Produkt entwickeln) und Anwendungsbereich (Bestandteile einer Lösung oder als separates, eigenständiges Produkt) unterschiedlich genutzt.

Die Resultate aus den verschiedenen Tests fließen in die Strategieentwicklung, um digitale Lösungen zu entwickeln oder bestehende Produkte und Dienstleistungen mittels digitaler Technologien zu optimieren. So unterstützen digitale Technologien, prominente Treiber und Befähiger im digitalen Zeitalter die Entwicklung digitaler Wettbewerbsvorteile.

9.4 Cybersicherheit – Erfolgsfaktor zur Wahrung digitaler Wettbewerbsvorteile

Digitale Strategien erfordern digitale Technologien. Vollständig vernetzte Systeme, insbesondere firmen- und infrastrukturübergreifende Gesamtsysteme, stellen hohe Ansprüche an die Verfügbarkeit, Integrität und Vertraulichkeit von IT-Infrastrukturen und Daten. Entsprechende Cybersicherheitskonzepte müssen Maßnahmen beinhalten, die geschäftsrelevante und kritische Daten/Informationen, Personen und Infrastrukturen umfassend schützen. Es gilt deshalb, traditionelle IT-Sicherheit im Kontext digitaler Wettbewerbsvorteile komplett neu zu überdenken und den Aufbau, Betrieb sowie die Überwachung integrierter Sicherheitskonzepte, -architekturen und -standards zielgerichtet voranzutreiben.

Grundlage für die Planung und Umsetzung von IT-Sicherheitsmaßnahmen zur Stärkung der Cybersicherheit sind diverse Analysen des Ist- und Soll-Zustands der IT und des Datenmanagements (z. B. IT-Architektur und Inventar aller Informationstechnologien). Ein IT-Sicherheitsaudit identifiziert die Schwachstellen und zeigt die notwendigen Maßnahmen auf. Das IT-Sicherheitskonzept beschreibt die notwendigen Maßnahmen zum Erreichen und Aufrechterhalten des für das Unternehmen angemessenen Sicherheitsniveaus im Hinblick auf die mögliche Verletzlichkeit digitaler Strategien. Idealerweise ist ein solches Konzept als Prozess aufgebaut: Neue Maßnahmen werden geplant, eingebaut, kontrolliert und laufend verbessert. Die IT-Sicherheitsmaßnahmen des Unternehmens sollten sich laufend an die neuesten Entwicklungen inklusive neuer digitaler Technologien adaptieren lassen.

Praxisbeispiele: Digitale Technologien und Cybersicherheit

Die folgenden Praxisbeispiele veranschaulichen die Dynamik zwischen digitalen Technologien/Strategien und der Cybersicherheit:

Sicheres Internet aus der Schweiz

Das Schweizer ETH-Start-up SCION entwickelte eine neue Internetarchitektur für eine sichere Ende-zu-Ende-Kommunikation. Neben einer hohen Sicherheit für unternehmenskritische Prozesse im digitalen Zeitalter (zur Wahrung digitaler Wettbewerbsvorteile) hat SCION kryptografische Elemente integriert und verstärkt die Widerstandsfähigkeit gegenüber DDoS-Angriffen. Weitere Informationen: https://scion-architecture.net/.

Projekt Munich Quantum Network (MuQuaNet)
Im Zeitalter von Quantencomputern ist es notwendig, zukunftssichere kryptografische Verschlüsselungsverfahren zu entwickeln. Die quantenbasierte Verteilung von kryptografischen Schlüsseln ist ein Verfahren, das physikalische Eigenschaften der Quantenmechanik nutzt, um zwei oder mehreren Teilnehmern einen gemeinsamen und physikalisch sicheren Schlüssel für die Kommunikation zur Verfügung zu stellen. Im dtec.bw-geförderten Projekt MuQuaNet arbeitet die Universität der Bundeswehr München unter anderem gemeinsam mit IT-Sicherheitsexperte Rohde & Schwarz daran, ein quantensicheres Kommunikationsnetz für Forschung und Evaluierung zu entwickeln, aufzubauen, zu betreiben und weiteren Forschungseinrichtungen und Behörden zur Verfügung zu stellen. Weitere Informationen: https://dtecbw.de/home/forschung/unibw-m/projekt-muquanet.

XDR (Extended Detection and Response)
Diese Cybersicherheitstechnologie erfasst und korreliert Daten automatisch auf mehreren Sicherheitsebenen, wie zum Beispiel E-Mail, Endpunkt, Server, Cloud-Workload und Netzwerk. Das ermöglicht eine schnellere Erkennung von Bedrohungen und verbesserte Untersuchungs- und Reaktionszeiten durch Sicherheitsanalysen. Moderne XDR-Plattformen arbeiten KI-unterstützt und setzen bei der Analyse des Systemgesamtverhaltens an. Abweichungen vom Üblichen werden so schneller erkannt und gegebenenfalls als Angriff qualifiziert. Die Teilautomatisierung ermöglicht es zudem, auch ohne einen großen Pool an Experten zu fundierten Ergebnissen zu gelangen. Es lassen sich alle Systeme einbeziehen, die auf die Unternehmens-IT zugreifen – also auch Homeoffices, mobile Mitarbeitende oder kleine Niederlassungen. Selbst externe Partner und Lieferanten können, entsprechende Vereinbarungen vorausgesetzt, integriert werden. Idealerweise erfolgt die Bedienung über eine professionell geschützte, einheitliche, einfach bedienbare Konsole mit Cloud-/Weboptik von beliebigen Endgeräten aus. Mit dieser Technologie arbeiten verschiedene Anbieter im deutschsprachigen Raum. Weitere Informationen: https://zero-trust.scaltel.de/tech-snacks/xdr.

9.5 Vorgehen: Digitale Technologien und Cybersicherheit strategisch nutzen

Unternehmen sollten die neuen digitalen Technologien regelmäßig recherchieren und analysieren, zum Beispiel mittels Technologieradar. Daraus entstehen Diskussionen über neue strategische Optionen, auf deren Grundlage erste Ideen entwickelt werden. Je nach identifiziertem Potenzial und Technologiewissen/-reife einstehend nun Konzeptnachweise, Prototypen, Pilotprojekte oder MVPs (Kap. 9.3), welche zu digitalen Strategieoptionen und damit zur Schaffung digitaler Wettbewerbsvorteile führen.

Wichtige Erfolgsfaktoren sind der Erwerb digitaler Kompetenzen sowie eine Unternehmenskultur, welche digitale Innovation befähigt und unterstützt. Im Kern stehen fünf Arbeitsschritte für die Nutzung digitaler Technologien im Strategieprozess:
1. Identifikation der digitalen Technologien/Technologietrends,
2. Bewertung der Technologien (z. B. mittels Technologieradar),
3. Wissenserwerb und ggf. Aufbau eines Ökosystems mit Technologiepartnerschaften (Kap. 17),
4. Testen der digitalen Technologien mittels diverser Methoden
5. Bestimmung der strategischen Optionen

Cybersicherheit als strategischer Erfolgsfaktor wird in fünf Teilschritten geplant und umgesetzt:

1. Definition der IT-Sicherheitsziele des Unternehmens (Soll-Zustand), zum Beispiel das Erlangen einer Zertifizierung nach ISO 27001,
2. Erhebung des aktuellen Sicherheitslevels (Ist-Zustand), z. B. durch ein internes oder externes IT-Sicherheitsaudit,
3. Analyse des eigenen Schutzbedarfs im Hinblick auf die erfolgreiche Wahrung der digitalen Wettbewerbsvorteile,
4. Planung und Umsetzung der technischen und organisatorischen Maßnahmen,
5. Überprüfung der Wirksamkeit der getroffenen Maßnahmen durch ein erneutes IT-Sicherheitsaudit.

Mit provokativer Planung sowie mittels Tests (z. B. Piloten oder MVPs) lassen sich digitale Technologien und die Cybersicherheit nicht nur als strategische Enablers, sondern auch als kritische Erfolgsfaktoren bzw. digitale Wettbewerbsvorteile nutzen.

Checkliste »Digitale Technologien und Cybersicherheit«

Technologietrends erkennen und bewerten

- ☐ Werden Technologietrends identifiziert und auf mögliche strategische Optionen hin bewertet? Wenn nicht, fehlt diese Rolle/Abteilung vielleicht im Unternehmen.
- ☐ Welches sind die neuen verfügbaren Technologien? Mit den Erkenntnissen können neue Ideen und Geschäftsmodelle entwickelt werden.
- ☐ Werden Technologietrends im Unternehmen dokumentiert und geteilt?
- ☐ Wie werden sich diese Technologien weiterentwickeln, und wie werden sie in Zukunft genutzt?
- ☐ Welche Softwarelösungen/Apps könnten die Marktleistungen und Prozesse des Unternehmens aktiv(er) unterstützen?

Technologien testen und digitale/strategische Potenziale identifizieren

- ☐ Wie werden digitale Technologien im Unternehmen getestet?
- ☐ Welche Ressourcen/Budgets stehen dafür zur Verfügung?
- ☐ Wie werden Resultate/Erkenntnisse aus Technologietests in der Strategieentwicklung genutzt?
- ☐ Welche digitalen Kompetenzen fehlen dem Unternehmen?
- ☐ Welche strategischen Optionen zur Schaffung digitaler Wettbewerbsvorteile ergeben sich?
- ☐ Welches ist die Technologie-Roadmap für die nächsten fünf bis zehn Jahre?

Cybersicherheit als Erfolgsfaktoren nutzen

- ☐ Welches sind die IT-Sicherheitsziele des Unternehmens?
- ☐ Über welchen IT-Sicherheitslevel verfügt das Unternehmen aktuell (Erhebung z. B. mittels IT-Sicherheitsaudit)?

- ☐ Welcher IT-Schutzbedarf ist zur Bewahrung der digitalen Wettbewerbsvorteile notwendig?
- ☐ Welche technischen und organisatorischen Maßnahmen werden umgesetzt?
- ☐ Wie wird die Wirksamkeit der Cybersicherheit überprüft?

9.6 Digitally Enhanced Business – Erfolgsfaktoren für digitale Technologien

Um die Potenziale digitaler Technologien in der Strategieentwicklung zu nutzen und die IT innerhalb einer Unternehmung auf aktuelle Herausforderungen vorzubereiten, sind unter anderem folgende sechs Erfolgsfaktoren zu berücksichtigen, die als Teil des digitalen Mindsets innerhalb der Unternehmung etabliert werden sollten:

- **Fokus auf Daten:** Daten sind der Treibstoff der digitalen Transformation und der Entwicklung digitaler Wettbewerbsvorteile, aber führende digitale Unternehmen unterscheiden sich nicht durch die Quantität ihrer Daten vom Rest. Maßgeblich ist, dass sie zielgerichtet Erkenntnisse daraus gewinnen können und diese einsetzen, um sich einen Wettbewerbsvorteil zu verschaffen. Dazu bedarf es der Entwicklung einer Datenstrategie und der Investition in taktische Fähigkeiten wie die Stammdatenverwaltung parallel zur Entwicklung analytischer, strategischer Fähigkeiten.
- **Technologien testen und Prototypen entwickeln:** Wer in der Lage ist, digitale Technologien zu identifizieren und zu testen, fördert eine innovationsfreundliche Kultur im Unternehmen, bei der anfängliches Scheitern eher ein Zeichen für Stärke als für schlechtes Urteilsvermögen ist. Digital fortschrittliche Unternehmen integrieren dieses Vorgehen als Standardprozess in die Entwicklung neuer Geschäftsmodelle und digitaler Wettbewerbsvorteile.
- **Cybersicherheit als Erfolgsfaktor für digitale Wettbewerbsvorteile:** Ein IT-Sicherheitskonzept hilft Unternehmen bei der Analyse der Ist-Situation, der Schwachstellen und möglicher Angriffsflächen und definiert die Maßnahmen und Prozesse, um IT-Infrastruktur und Daten zu sichern, damit die Abhängigkeit digitaler Strategien von digitaler Infrastruktur nicht zu Unternehmensmisserfolgen führen.
- **Strategische Partner finden:** Viele Unternehmen haben Schwierigkeiten, wichtiges strategisches Technologie-Know-how, das für den Erfolg des Unternehmens entscheidend ist, selbst aufzubauen oder ausschließlich von Dritten zu beziehen. Unternehmen müssen jedoch akzeptieren, dass bestimmtes neues Know-how auf dem Markt so begehrt ist, dass es praktisch unmöglich ist, dafür genügend Fachkräfte einzustellen. Eine Lösung ist es, Partnerschaften einzugehen und allfällig sogar ein neues Ökosystem aufzubauen, um Zugang zu diesem Wissen zu erhalten. Ein Schwerpunkt sollte die Entwicklung geeigneter, skalierbarer Partnerschaftsmodelle sein.
- **Digitale Ökosysteme erschließen:** Digitale Ökosysteme entstehen branchenübergreifend, lassen bisherige Grenzen verschwimmen und verändern die Art, wie Unternehmen die

Wertschöpfung für ihre Kunden realisieren. Die hohe Komplexität neuer Technologien lässt sich nur gemeinsam bewältigen. Entsprechend wichtig ist es, sich mit anderen Marktpartnern zu vernetzen und gemeinsam an digitalen Technologien und digitalen Innovationen zu arbeiten (Kap. 14).

- **Digitales Mindset aufbauen/Kulturentwicklung:** Bei der digitalen Transformation geht es darum, eine hohe Sensitivität für technologische Entwicklungen sowie neue Marktanforderungen zu erlangen und damit effizient und erfolgreich umzugehen. Digitale Kompetenzen und eine Kultur des »digital in mind« hilft beim Abbau von technischen und kulturellen Barrieren und fördert den Umsetzungserfolg digitaler Strategien.

Teil C: Erarbeitung einer Strategie des Digitally Expanded Business

Management Summary
Nach der Vorstellung des Digitally Enhanced Business in Teil B, das sich auf die Optimierung von Geschäftsprozessen und Kundenbeziehungen konzentriert, besprechen wir in den folgenden Kapiteln von Teil C nun das Digitally Expanded Business.

Dieser Ansatz zielt auf eine digitale Erweiterung bestehender Geschäftsmodelle ab. Er nutzt digitale Innovationen strategisch, um langfristige Ziele zu erreichen und den digitalen Wandel aktiv zu gestalten. An der Schnittstelle von Corporate Entrepreneurship, Digital Innovation Labs und Digital M&As (Kap. 13) entsteht so ein neues digitales Ökosystem, das Unternehmen ermöglicht, den Markt aktiv zu prägen. Wir betrachten praxiserprobte Methoden und diskutieren, wie Unternehmen diese in der digitalen Realität umsetzen. Die Notwendigkeit einer umfassenden digitalen Strategie wird erörtert, welche interne Kulturveränderung, Innovation und strategische Neuausrichtung umfasst, um Führungskräfte auf ihrer digitalen Transformationsreise zu leiten.

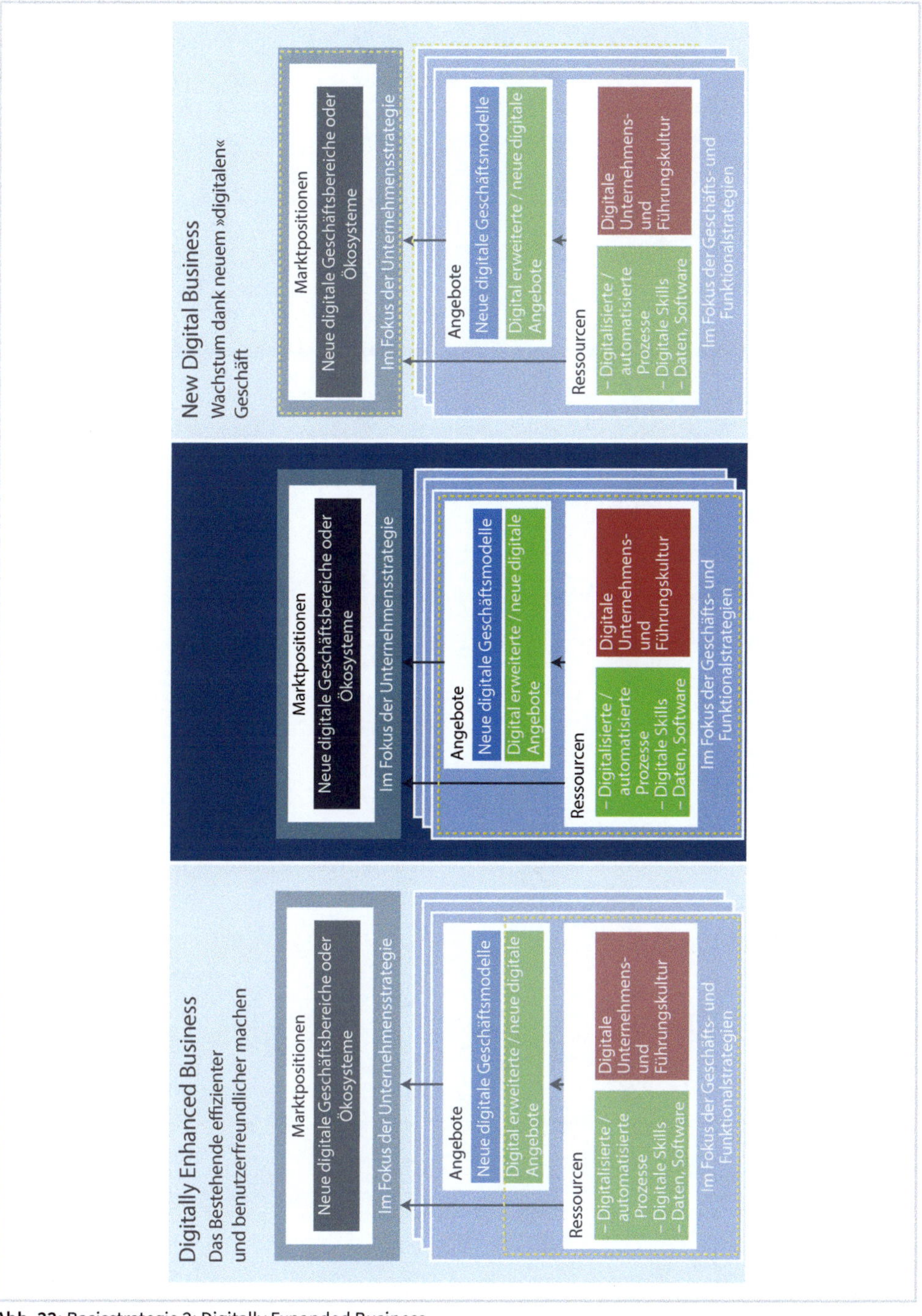

Abb. 33: Basisstrategie 2: Digitally Expanded Business

10 Grundlagen der Strategie des Digitally Expanded Business

BLICK IN DIE PRAXIS

In einem stilvollen Büro mit Blick auf den Zürichsee sitzt Anna Weber, CEO von TechInnovate, einem aufstrebenden Züricher FinTech-Unternehmen. Während sie die Szenerie des Sees und der malerischen Altstadt betrachtet, grübelt sie über eine entscheidende Frage: Wie kann TechInnovate in der rasanten Welt der Digitalisierung nicht nur mithalten, sondern führend sein? Sie erinnert sich an eine Diskussion auf einem Branchenevent, wo die Bedeutung einer durchdachten digitalen Strategie hervorgehoben wurde. Anna weiß, dass viele Unternehmen zwar die Wichtigkeit einer solchen Strategie erkennen, aber oft an der strukturierten Entwicklung und Integration scheitern. Sie fragt sich, wie TechInnovate diese Herausforderung meistern und sich einen Wettbewerbsvorteil sichern kann. Während sie über den ruhigen See blickt, wird ihr klar: Es geht nicht nur darum, eine digitale Strategie zu haben, sondern darum, diese effektiv zu formulieren und umzusetzen. Anna nimmt sich vor, sich intensiv mit den grundlegenden Prinzipien und Optionen für eine digitale Strategie zu beschäftigen. In diesem Moment klingelt ihr Telefon. Es ist ihr Team, das auf sie wartet, um die nächsten Schritte zu besprechen. Sie lächelt, denn sie weiß, dass dies der Beginn einer spannenden Reise ist, auf der TechInnovate nicht nur den digitalen Wandel beobachten, sondern aktiv gestalten wird.

10.1 Vision und Strategie in der digitalen Ära

Das Hauptziel des Digitally Expanded Business ist der Aufbau eines differenzierten und ausgedehnten digitalen Geschäftsmodells. In dieser Phase steht nicht nur die Erweiterung bestehender Geschäftsmodelle im Vordergrund, sondern eine grundlegende Neugestaltung und Anpassung an die digitalen Anforderungen. Die Entwicklung einer digitalen Strategie ist dabei zentral, da sie integraler Bestandteil des gesamten Geschäftsmodells ist und nicht nur als Reaktion auf technologische Entwicklungen oder Markttrends gesehen werden sollte.

Der Übergang von der ersten Phase (Digitally Enhanced Business) zur zweiten Phase (Digitally Expanded Business) der Entwicklung einer digitalen Strategie besteht darin, dass ein Unternehmen von der Effizienzsteigerung und Kundenfreundlichkeit seiner bestehenden Prozesse, Produkte und Dienstleistungen zu einer Wachstumsphase übergeht, in der es sich durch zusätzliche oder neue Geschäftsmodelle differenziert.

In der ersten Phase liegt der Fokus darauf, das Bestehende zu verbessern, indem die vorhandenen Geschäftsmodelle, -prozesse und -technologien optimiert werden. Daten und IT-Technologie werden genutzt, um die Kundenerfahrung zu verbessern und die Unternehmensleistung zu steigern. In der zweiten Phase geht es darum, durch Innovation und die Einführung neuer Geschäftsmodelle zu wachsen. Hier werden die Daten und IT-Technologien nicht nur zur Verbesserung der bestehenden Angebote eingesetzt, sondern auch, um neue Marktchancen zu schaffen und sich von der Konkurrenz abzuheben. Dies kann durch die Entwicklung neuer Produkte oder Dienstleistungen geschehen, die zusätzliche Kundensegmente ansprechen oder neue Märkte erschließen.

Für Unternehmen bedeutet dies, dass die digitale Strategie die Richtung vorgibt, wie Ressourcen und Fähigkeiten genutzt werden, um sich in der digitalen Welt zu differenzieren und zu positionieren. Im Rahmen des Digitally Expanded Business werden bestehende Geschäftsmodelle nicht nur erweitert, sondern grundlegend überdacht und neugestaltet. Dies erfordert eine strategische Perspektive, die über traditionelle Grenzen hinausgeht und die Potenziale der Digitalisierung voll ausschöpft. Die Konzepte des ressourcenbasierten Ansatzes (RBV, Kap. 10.2) und der digitalen Fähigkeiten (DC, Kap. 10.3) sind in diesem Kontext besonders relevant: Der ressourcenbasierte Ansatz (RBV) bezieht sich auf die Idee, dass Unternehmen ihre internen Ressourcen nutzen sollten, um Wettbewerbsvorteile zu erzielen. Digitale Fähigkeiten (DC) hingegen beziehen sich auf die Fähigkeiten eines Unternehmens, digitale Ressourcen effektiv zu nutzen und zu managen. Beide Konzepte bieten einen Rahmen, um die einzigartigen Ressourcen und Fähigkeiten eines Unternehmens zu identifizieren und zu nutzen, um ein differenziertes digitales Geschäftsmodell aufzubauen.

10.2 Der ressourcenbasierte Ansatz (RBV) in der Digitalstrategie

Der ressourcenbasierte Ansatz (Resource-Based View, RBV) stellt ein Schlüsselkonzept im strategischen Management dar und gewinnt in der digitalen Ära immer mehr an Bedeutung. Er ist auf die internen Ressourcen und Fähigkeiten eines Unternehmens fokussiert, um daraus Wettbewerbsvorteile zu generieren. Angesichts der rasanten Entwicklung von Geschäftsmodellen und -strategien ist der RBV von besonderer Relevanz, um zu verstehen, wie Unternehmen in der digitalen Welt konkurrieren und sich positionieren können.

Definition: Ressourcenbasierte Ansicht (RBV)

RBV ist ein strategisches Managementkonzept, demzufolge Unternehmen durch die effektive Nutzung ihrer internen Ressourcen und Fähigkeiten Wettbewerbsvorteile erzielen können. Der Fokus liegt auf den einzigartigen Ressourcen eines Unternehmens, die es von seinen Konkurrenten unterscheiden.

RBV ist ein etabliertes strategisches Management-Framework, das in der wissenschaftlichen Literatur ausführlich diskutiert wird. Es unterstützt Unternehmen dabei, ihre internen Ressourcen und Fähigkeiten zu identifizieren und zu nutzen, um Wettbewerbsvorteile zu erzielen. Ein zentrales Element des RBV ist das VRIN-Framework, das dazu dient, die strategische Bedeutung von Ressourcen anhand von vier Kriterien zu bewerten: Wert, Seltenheit, Nicht-Imitierbarkeit und Nicht-Substituierbarkeit (siehe weiter unten).

Im Kontext der Digitalisierung hat der RBV besondere Relevanz erlangt. Die wissenschaftliche Forschung hebt hervor, dass die Digitalisierung nicht nur technologische Veränderungen mit sich bringt, sondern auch neue Geschäftsmodelle, Wettbewerbsstrategien und Organisationsformen ermöglicht. In diesem dynamischen Umfeld können die Prinzipien des RBV dazu beitragen, die strategische Bedeutung digitaler Ressourcen und Fähigkeiten zu verstehen und zu bewerten.

PRAKTISCHE ANWENDUNG DES RBV IN DER DIGITALSTRATEGIE IM ENERGIESEKTOR

Im Energiesektor, wo die Digitalisierung vielfältige Einflüsse mit sich bringt, können Unternehmen den RBV nutzen, um diese Einflüsse strategisch zu ihrem Vorteil zu verwenden. Es folgen sieben Anwendungsbeispiele des RBV auf die verschiedenen Aspekte der Digitalisierung im Energiesektor:

- **Wachstumspunkte und institutionelle Veränderungen:** Nutzen Sie interne Ressourcen und Fähigkeiten, um sich an institutionelle Veränderungen anzupassen und Wachstumspunkte zu identifizieren. Investitionen in digitale Technologien zur Implementierung effizienterer Besteuerungsprozesse können als wertvolle Ressourcen dienen.
- **Digitale Transformation im Bereich erneuerbarer Energien:** Setzen Sie spezialisierte Kenntnisse in digitalen Technologien ein, um innovative Lösungen im Bereich der erneuerbaren Energien zu entwickeln. Diese Fähigkeiten sind wertvoll und selten und verschaffen Ihnen einen Wettbewerbsvorteil.
- **Energieverbrauch durch Digitalisierung:** Entwickeln Sie energieeffiziente digitale Lösungen zur Reduzierung des Energieverbrauchs. Dies kann als wertvolle und nachhaltige Praxis angesehen werden, die zur Differenzierung beiträgt.
- **Treiber der Digitalisierung:** Konzentrieren Sie sich auf die Unterstützung von Energieprosumern und -verbrauchern durch kundenorientierte digitale Lösungen, um sich von Wettbewerbern abzuheben. Energieprosumer sind Personen oder Haushalte, die nicht nur Energie vom Stromnetz beziehen, sondern selbst Energie erzeugen, beispielsweise durch Fotovoltaikanlagen oder Blockheizkraftwerke.
- **Herausforderungen der Digitalisierung:** Erkennen und reagieren Sie auf Schwächen und Bedrohungen. Schnelle Anpassungsfähigkeit kann einen Wettbewerbsvorteil darstellen.
- **Risiken digitaler Geschäftsmodelle:** Managen Sie Risiken effektiv, und navigieren Sie durch Interdependenzen. Diese Fähigkeiten sind seltene und wertvolle Ressourcen, die Ihnen helfen, sich in einem unsicheren digitalen Umfeld zu behaupten.

- **Regulatorische Genehmigungen:** Schnelligkeit und Effizienz bei der Erlangung regulatorischer Genehmigungen können als wertvolle Ressourcen betrachtet werden, die Ihnen einen Vorsprung verschaffen.

Insgesamt sieht man anhand der Beispiele aus dem Energiesektor, dass sich mit dem Konzept der RBV die vielfältigen Einflüsse der Digitalisierung strategisch nutzen lassen, um Wettbewerbsvorteile zu erzielen und sich in einem dynamischen und wettbewerbsintensiven Umfeld zu behaupten. Für Entscheidungsträger im Topmanagement bedeutet dies, dass sie nicht nur die vorhandenen Ressourcen und Fähigkeiten ihres Unternehmens analysieren müssen, sondern auch verstehen sollten, wie diese Ressourcen in der digitalen Welt optimal eingesetzt werden können. Dabei ist es entscheidend, sowohl die Stärken des RBV als auch die spezifischen Anforderungen der digitalen Transformation zu berücksichtigen. Ein tieferes Verständnis der zugrunde liegenden Forschung und Theorie ist unerlässlich, um den RBV effektiv in der digitalen Strategieentwicklung anzuwenden.

VRIN ist ein Akronym, das für vier Kriterien steht, die im Rahmen des ressourcenbasierten Ansatzes (RBV) verwendet werden, um die strategische Bedeutung von Ressourcen eines Unternehmens zu bewerten. Diese Kriterien sind (Abb. 34):

- **Value (Wert):** Ressourcen müssen wertvoll sein, um dem Unternehmen einen Wettbewerbsvorteil zu verschaffen. Wertvolle Ressourcen ermöglichen es einem Unternehmen, Chancen zu nutzen oder Bedrohungen in seiner Umgebung zu neutralisieren.
- **Rarity (Seltenheit):** Ressourcen müssen selten sein, d. h., sie dürfen nicht allen Wettbewerbern leicht zugänglich sein. Kann eine Ressource von vielen Unternehmen genutzt werden, ist sie weniger wahrscheinlich eine Quelle für einen nachhaltigen Wettbewerbsvorteil.
- **Inimitability (Nicht-Imitierbarkeit):** Ressourcen sollten schwer zu imitieren oder zu kopieren sein. Dies kann aufgrund einzigartiger historischer Bedingungen, kausaler Mehrdeutigkeit oder sozialer Komplexität der Fall sein. Nicht-Imitierbarkeit der eigenen Ressource schützt vor Nachahmung durch Konkurrenten.
- **Non-substitutability (Nicht-Substituierbarkeit):** Ressourcen sollten nicht durch andere Ressourcen oder Fähigkeiten ersetzbar sein, die ähnliche Vorteile bieten. Kann eine Ressource leicht durch eine alternative Ressource ersetzt werden, ist sie weniger wahrscheinlich eine Quelle für einen nachhaltigen Wettbewerbsvorteil.

Value (Wert) Ist die Ressource wichtig?	Rarity (Seltenheit) Ist die Ressource selten?	Inimitability (Nicht-Imitierbarkeit) Ist sie schwer imitierbar?	Nicht-Substituierbarkeit Ist sie schwer zu ersetzen?	Ergebnis
✗				Nachteil im Wettbewerb
✓	✗			Gleichheit im Wettbewerb
✓	✓	✗		Kurzfristiger Wettbewerbsvorteil
✓	✓	✓	✗	Ungenutzter Wettbewerbsvorteil
✓	✓	✓	✓	Langfristiger Wettbewerbsvorteil

Abb. 34: Überblick über die vier Faktoren des VRIN-Frameworks in der Digitalstrategie (Reinhardt, 2024)

Ressourcen, die alle vier VRIN-Kriterien erfüllen, gelten als potenzielle Quellen für einen nachhaltigen Wettbewerbsvorteil und sind zentral für die Entwicklung und Umsetzung effektiver Unternehmensstrategien.

10.3 Dynamische Fähigkeiten (DC) in der Digitalstrategie

Dynamische Fähigkeiten (Dynamic Capabilities, DC) sind ein zentrales Konzept im Bereich des strategischen Managements, insbesondere in der digitalen Ära. Sie beziehen sich auf die Fähigkeiten eines Unternehmens, interne und externe Ressourcen oder Kompetenzen zu integrieren, aufzubauen und umzugestalten, um sich an schnell verändernde Geschäftsumgebungen anzupassen oder diese möglicherweise zu gestalten. Diese Definition von DC, wie von Teece (2018) formuliert, unterstreicht die Bedeutung des Konzepts im Kontext der digitalen Transformation.

Dynamische Fähigkeiten (DC)

Dieses Konzept bezieht sich auf die Fähigkeiten eines Unternehmens, sich an verändernde Geschäftsumgebungen anzupassen, indem es seine Ressourcen und Kompetenzen neu konfiguriert, integriert oder erwirbt. Es geht darum, wie Unternehmen ihre bestehenden Ressourcen nutzen und neue entwickeln, um auf externe Veränderungen zu reagieren.

Im Gegensatz zum ressourcenbasierten Ansatz (RBV), der oft als statischer angesehen wird, wird DC als besonders effektiv angesehen, um den Wettbewerbsvorteil eines Unternehmens in dynamischen Geschäftsumgebungen zu messen. Es gibt jedoch Herausforderungen bei der Integration von RBV und DC in eine kohärente digitale Strategie, da beide Konzepte unterschiedliche Aspekte des strategischen Managements adressieren.

Die digitale Transformation hat die Geschäftswelt in den letzten 20 Jahren radikal verändert. Unternehmen stehen vor der Herausforderung, nicht nur ihre internen Prozesse und Systeme zu digitalisieren, sondern auch in komplexe digitale Ökosysteme integriert zu werden. Diese Ökosysteme sind durch den Einsatz von digitalen Technologien, Produkten, Plattformen und Infrastrukturen gekennzeichnet und bringen neue Herausforderungen mit sich, wie zum Beispiel veränderte Informationsflüsse, erhöhte Transparenz und verändertes Verhalten der Stakeholder.

Digitales Ökosystem

Ein Netzwerk von Unternehmen, Technologien, Anwendungen und Daten, die durch digitale Interaktionen und Beziehungen miteinander verbunden ist. Ein digitales Ökosystem ermöglicht den Austausch von Werten und Informationen und kann als erweitertes Geschäftsmodell betrachtet werden, das über die Grenzen eines einzelnen Unternehmens hinausgeht.

Angesichts dieser umfassenden digitalen Transformation, bei der Unternehmen nicht nur ihre internen Prozesse und Systeme digitalisieren, sondern sich auch aktiv in komplexe digitale Ökosysteme einbetten, ist es entscheidend, dass sie sowohl die im Resource-Based View identifizierten Ressourcen und Fähigkeiten als auch die dynamischen Fähigkeiten, die zur Anpassung und zum Erfolg in der digitalen Ära erforderlich sind, verstehen und effektiv nutzen.

Ein praktisches Beispiel hierfür ist ein Technologieunternehmen, das eine Plattform für digitale Dienstleistungen anbietet und sowohl seine internen Ressourcen als auch externe Partnerschaften und Technologien nutzt, um in einem wettbewerbsintensiven Marktumfeld erfolgreich zu sein (Reinhardt, 2020).

Digitales Ökosystem: SAP als Vorreiter in der Anwendung von RBV und DC

SAP als eines der weltweit führenden Unternehmen für Unternehmenssoftware bietet ein ausgezeichnetes Beispiel für die Anwendung der Forschung in einem digitalen Ökosystem (Koch & Windsperger, 2017):

- **Anwendung des RBV:** SAP verfügt über eine Vielzahl von wertvollen Ressourcen, darunter seine umfangreiche Palette an Unternehmenssoftwareprodukten, seine langjährige Erfahrung in der Branche, sein globales Netzwerk von Kunden und Partnern sowie sein tiefgreifendes technologisches Know-how. Diese Ressourcen sind wertvoll, selten und schwer zu imitieren, was SAP einen Wettbewerbsvorteil verschafft.
- **Anwendung von DC:** In der sich schnell verändernden Welt der Unternehmenssoftware muss SAP jedoch auch dynamische Fähigkeiten demonstrieren. Dies beinhaltet die Fähigkeit, schnell auf Markttrends zu reagieren, neue Technologien wie Cloudcomputing, KI und das Internet der Dinge zu integrieren sowie innovative Lösungen zu entwickeln, die den sich wandelnden Bedürfnissen der Kunden entsprechen.
- **Digitales Ökosystem:** SAP steht im Zentrum eines umfangreichen digitalen Ökosystems, das Kunden, Softwareentwickler, Beratungsfirmen, Technologiepartner und andere Akteure umfasst. SAP-Plattformen wie SAP HANA und SAP Cloud Platform ermöglichen es Entwicklern und Partnern, eigene Anwendungen zu erstellen und zu vertreiben, die das SAP-Ökosystem erweitern.

Durch die Förderung dieses Ökosystems schafft SAP Mehrwert für alle Beteiligten und stärkt seine Position im Markt.

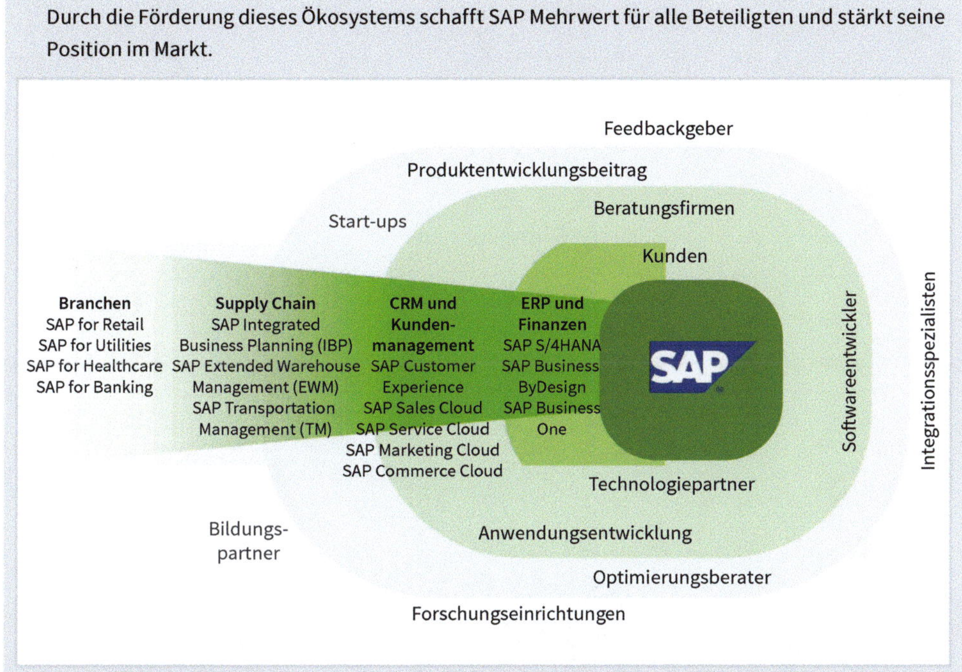

Abb. 35: Digitale Ökosysteme: Führungsrolle von SAP bei der Anwendung von RBV und DC (Reinhardt, 2024)

In diesem Ökosystem ist die Fähigkeit von SAP, sein Netzwerk von Beziehungen zu koordinieren und zu nutzen, entscheidend. Dies umfasst die Zusammenarbeit mit Partnern, um innovative Lösungen zu entwickeln, die Integration von Feedback von Kunden in die Produktentwicklung und die Schaffung einer Gemeinschaft von Entwicklern, die zur Erweiterung und Verbesserung des SAP-Ökosystems beitragen.

Durch die Kombination von RBV und DC in einem digitalen Ökosystem können Unternehmen nicht nur ihre internen Ressourcen nutzen, sondern auch externe Ressourcen und Kompetenzen integrieren, um in einem dynamischen und wettbewerbsintensiven Marktumfeld erfolgreich zu sein. Dies spiegelt die netzwerkzentrierte Perspektive wider und zeigt, wie ein Unternehmen in seinem digitalen Ökosystem Wettbewerbsvorteile erzielt. Wie eine netzwerkzentrierte Perspektive offenbart, gehen Ressourcen und Fähigkeiten von Unternehmen über die Unternehmensgrenzen hinaus und sind in ein Netzwerk von Beziehungen zwischen Unternehmen eingebettet.

11 Anpassungsstrategien für digitale Geschäftsmodelle: Exploration, Exploitation und die Rolle der Ambidextrie

In der heutigen digitalen Landschaft stehen Unternehmen vor der Herausforderung, sich ständig an eine sich rasch wandelnde Geschäftsumgebung anzupassen. Die traditionellen Geschäftsmodelle, die in der Vergangenheit funktioniert haben, sind möglicherweise nicht mehr ausreichend, um in der digitalen Welt wettbewerbsfähig zu bleiben. Hier kommt das Konzept der digitalen Innovation ins Spiel, das die Integration digitaler Technologien in Produkte, Prozesse und Geschäftsmodelle beinhaltet.

11.1 Digitale Innovation: Chance für Unternehmen

Digitale Innovationstechnologie ist wie eine zweischneidige Waffe, die sowohl Chancen als auch Herausforderungen für Unternehmen bietet. Unternehmen, die ihre Geschäftsstrategien gut umsetzen, können diese als Wettbewerbsvorteil nutzen. Sind Unternehmen jedoch nicht auf die Digitalisierung vorbereitet, kann diese Entwicklung sie ins Hintertreffen geraten lassen oder sogar dazu führen, dass sie im Wettbewerb zurückfallen. Mehrere Studien haben die Bedeutung der Rolle digitaler Innovationstechnologien hervorgehoben. Die Digitalisierung erleichtert den Zugang zu internationalen Märkten und bietet alternative Wege. Digitale Innovationstechnologien können Distanzen und Markteintrittskosten verringern, Handelsbarrieren abbauen und die Verbindung zu Geschäftspartnern, Lieferanten, Vertriebsnetzen und Kunden stärken, sodass sie global integriert werden. Aktuelle Untersuchungen unterstreichen die transformative Kraft digitaler Innovationen für Unternehmen (Reinhardt, 2020).

11.2 Marktzugang und Wettbewerbsvorteile

Forschungen zeigen, dass digitale Innovationen den Zugang zu internationalen Märkten erleichtern und Unternehmen dabei helfen, Wettbewerbsvorteile zu erlangen. Durch die Nutzung digitaler Technologien können Unternehmen ihre Reichweite vergrößern und neue Märkte erschließen, die zuvor unzugänglich waren (Porter&Heppelmann, 2014). So hat die Revolution der Informationstechnologie viele Produkte grundlegend verändert, von Haushaltsgeräten über Autos bis hin zu Bergbauausrüstungen. Produkte, die einst ausschließlich aus mechanischen und elektrischen Teilen bestanden, haben sich zu komplexen Systemen entwickelt, die Hardware, Sensoren, Elektronik und Software kombinieren und auf vielfältige Weise über das Internet verbunden sind. Diese »intelligenten, vernetzten Produkte« bieten exponentiell wachsende Möglichkeiten für neue Funktionalitäten, deutlich höhere Zuverlässigkeit und Fähigkeiten, die traditionelle Produktgrenzen überschreiten und erweitern.

AUS DER PRAXIS: GOOGLE NEST – VON DER KRISE ZUM ERFOLG DURCH KREATIVE PROBLEMLÖSUNG

In der Welt der Smarthome-Technologie ist Nest ein bekannter Name. Doch der Weg dorthin war alles andere als einfach. Die Geschichte von Nest ist ein Paradebeispiel dafür, wie kreatives Denken und hartnäckige Problemlösungsfähigkeit ein Unternehmen vor dem Scheitern bewahren und zu einem Branchenführer machen können.

In den Anfangstagen kämpfte Nest mit erheblichen Herausforderungen. Ein erstes Produkt, der Nest Thermostat, war fehleranfällig, und die Kunden waren unzufrieden. Die Installation war kompliziert und zeitaufwendig, was zu geringen Verkaufszahlen und finanziellen Schwierigkeiten führte. Tony Fadell, Mitbegründer von Nest und bekannt für seine Arbeit am Apple iPod, stand kurz vor der Entscheidung, das Unternehmen zu schließen.

Doch statt aufzugeben entschied sich das Team, die Probleme anzugehen. Sie erkannten, dass die größte Hürde für die Kunden die Installation war. Viele hatten nicht das richtige Werkzeug oder das Know-how, um den Thermostaten problemlos zu installieren. Nests Antwort darauf war ebenso einfach wie genial: der Nest-Schraubendreher. Dieser multifunktionale Schraubendreher wurde mit jedem Thermostat geliefert und machte die Installation zum Kinderspiel. Trotz anfänglicher Zweifel im Unternehmen erwies sich diese Lösung als entscheidender Erfolgsfaktor. Die Kunden waren begeistert von der Einfachheit der Installation, und der spezielle Schraubendreher wurde sogar zu einem wichtigen Bestandteil der Markenidentität von Nest.

Mit verbessertem Produkt und Kundenerfahrung begann Nest zu florieren. Die zweite Version des Thermostats war ein Hit, und auch andere Produkte wie Kameras und Türklingeln fanden Anklang. Nests Erfolg zog die Aufmerksamkeit von Google auf sich, dass das Unternehmen 2014 für 3,2 Mrd. USD übernahm. Unter der Schirmherrschaft von Google konnte Nest weiterhin innovieren und sein Produktangebot erweitern. Heute ist Nest eines der erfolgreichsten Unternehmen im Bereich der Smarthome-Technologie (Amann, 2023).

11.3 Reduzierung von Distanzen und Kosten

Aktuelle Untersuchungen unterstreichen aber auch eine andere transformative Kraft digitaler Innovationen: die Fähigkeit, geografische Distanzen zu überbrücken und Markteintrittskosten zu verringern. Laut Brynjolfsson & McAfee (2016) ermöglichen digitale Technologien Unternehmen, global zu agieren und ihre Produkte und Dienstleistungen weltweit anzubieten. Diese Entwicklung hat die traditionellen Grenzen des Handels erweitert und bietet Unternehmen neue Möglichkeiten, ihre Reichweite zu vergrößern und in bisher unerschlossene Märkte einzudringen. Die Reduzierung von Distanzen und Kosten durch digitale Innovationen ist somit ein wesentlicher Treiber für die Globalisierung von Unternehmen und die Schaffung neuer Geschäftsmöglichkeiten auf internationaler Ebene.

AUS DER PRAXIS: CITIBANK STARTET CITI TOKEN SERVICE

Die Citibank hat kürzlich eine bedeutende Innovation im Bereich der digitalen Finanztransaktionen eingeführt: den Citi Token Service. Diese Initiative markiert den Beginn einer neuen Ära in der Welt der digitalen Transaktionen und des Handels. Der Citi Token Service nutzt die Blockchain-Technologie, um Finanzgeschäfte für institutionelle Kunden zu rationalisieren, und verspricht, die Art und Weise, wie Finanzinstitute Kundeneinlagen verwalten, grundlegend zu verändern.

Ein zentraler Aspekt dieses Services ist die Tokenisierung (vgl. Kap. 12.3) von Kundeneinlagen. Sie ermöglicht es den Kunden der Citibank, Gelder nahezu in Echtzeit weltweit zu versenden. Diese Innovation könnte die traditionellen Beschränkungen des Bankwesens, wie lange Bearbeitungszeiten und hohe Gebühren für internationale Transaktionen, überwinden. Der Citi Token Service setzt auf Smart Contracts, um Handelsprozesse zu automatisieren. Diese fortschrittliche Technologie wurde bereits erfolgreich in einer Partnerschaft mit dem globalen Schifffahrtsriesen Maersk getestet, was ihre Anwendbarkeit und Effizienz in der realen Welt unterstreicht. Die Einführung des Citi Token Service durch die Citibank ist ein klares Zeichen für das anhaltende Interesse und das Vertrauen in die praktischen Anwendungen der Blockchain-Technologie. Laut Prognosen des Marktforschungsunternehmens Bernstein könnten in den nächsten fünf Jahren Finanzmittel im Wert von bis zu 5 Billionen USD in Tokens auf Blockchains übertragen werden. Dies unterstreicht das enorme Wachstumspotenzial dieses Sektors.

Die Initiative der Citibank hat eine Diskussion über die Zukunft von Bitcoin und den US-Dollar ausgelöst. Während einige Experten unsicher sind, was die Zukunft von Bitcoin angeht, glauben andere, dass das Projekt der Citibank die Akzeptanz und Nutzung von Kryptowährungen fördern könnte. Insgesamt zeigt der Vorstoß der Citibank in die Blockchain-Technologie das wachsende Interesse an der Distributed Ledger Technology (DLT) und digitalen Währungen. Institutionen wie die Citibank positionieren sich an der Spitze der Innovation und versuchen, ihren Kunden Transaktionsbanking der nächsten Generation in Echtzeit anzubieten (Perlas, 2023).

Weiterhin tragen digitale Technologien und die durch sie ermöglichten Innovationen zum Abbau von Handelsbarrieren bei und erleichtern den internationalen Handel, indem sie effizientere Kommunikations- und Interaktionswege über digitale Plattformen und Netzwerke ermöglichen. Auch stärken sie die Verbindungen zu Geschäftspartnern, Lieferanten, Vertriebsnetzen und Kunden, was zu einer engeren und effizienteren Zusammenarbeit und einer besseren Integration in globale Wertschöpfungsketten führt (Manyika et al., 2011). Trotz dieser Vorteile müssen Unternehmen auch die Risiken und Herausforderungen berücksichtigen, die mit digitalen Innovationen einhergehen. Dazu gehört die Notwendigkeit, sich an die schnelle Entwicklung der Technologien anzupassen und sicherzustellen, dass die Unternehmen über die notwendigen Fähigkeiten und Ressourcen verfügen, um diese Technologien effektiv zu nutzen.

TIPPS FÜR ENTSCHEIDER: DIGITALISIERUNG DER GESCHÄFTSMODELLE IM SUPPLY CHAIN MANAGEMENT – EIN PRAXISORIENTIERTER EINBLICK

Die Digitalisierung hat in vielen Branchen Einzug gehalten, und das Supply Chain Management bildet da keine Ausnahme. Eine aktuelle Studie (Weerabahu et al., 2023). aus dem Bereich der internationalen Supply Chain hat gezeigt, dass Unternehmen, die in IT-Ressourcen investieren, nicht nur innovativer werden, sondern auch ihre Marktleistung verbessern können. Aber wie genau funktioniert das?

Elektronische Integration mit Hauptkunden

Die Studie hat ergeben, dass die elektronische Integration mit Hauptkunden – also die Vernetzung und der Datenaustausch über digitale Plattformen – entscheidend für eine erfolgreiche Zusammenarbeit ist. Es geht nicht nur darum, über die neueste Technologie zu verfügen, sondern auch darum, wie diese Technologie eingesetzt wird, um die Beziehungen zu internationalen Kunden zu stärken.

Was bedeutet das für Unternehmen?

Für Unternehmen im Bereich Supply Chain und Logistik bedeutet dies, dass sie nicht nur in die neueste Technologie investieren sollten, sondern auch in Systeme, die eine effektive Kommunikation und Datenübertragung mit ihren Hauptkunden ermöglichen. Dies kann zu einer verbesserten Zusammenarbeit, mehr Transparenz und letztlich zu einer besseren Marktleistung führen. Ein weiterer interessanter Aspekt der Studie war die Rolle der kulturellen Distanz. Es wurde festgestellt, dass kulturelle Unterschiede die Art und Weise beeinflussen können, wie IT-Ressourcen in internationalen Beziehungen eingesetzt werden. Insbesondere bei großen kulturellen Unterschieden kann die IT dazu beitragen, die Zusammenarbeit zu erleichtern und Missverständnisse zu vermeiden.

Empfehlung für die Praxis

Die Digitalisierung bietet Unternehmen im Bereich Supply Chain Management enorme Möglichkeiten. Durch gezielte Investitionen in IT-Ressourcen und die richtige Strategie können sie ihre internationalen Beziehungen stärken, innovativer werden und ihre Marktleistung verbessern. Es ist jedoch wichtig, nicht nur in Technologie zu investieren, sondern auch in die richtigen Systeme und Strategien, um diese Technologie effektiv einzusetzen.

Unternehmen sollten die elektronische Integration mit ihren Hauptkunden priorisieren und in Systeme investieren, die eine effektive Kommunikation und Datenübertragung ermöglichen. Darüber hinaus sollten sie sich der kulturellen Unterschiede bewusst sein und Strategien entwickeln, um diese Herausforderungen zu bewältigen. Es könnte auch hilfreich sein, sich mit Experten auf diesem Gebiet zu beraten, um die besten Strategien für den Einsatz von IT-Ressourcen in internationalen Beziehungen zu entwickeln.

11.4 Die Balance zwischen Exploration und Exploitation im digitalen Zeitalter

Die Entwicklung digitaler Innovationen bedeutet in der heutigen Zeit oft mehr als nur eine Erweiterung des bestehenden Geschäftsmodells. Es handelt sich häufig um eine komplette Neugestaltung, die sowohl disruptive (störende oder zerstörende) als auch inkrementelle Veränderungen mit sich bringt.

Inkrementelle Veränderungen beschreiben schrittweise Verbesserungen, die darauf abzielen, bestehende Produkte, Dienstleistungen oder Prozesse kontinuierlich zu optimieren. Diese graduellen Innovationen können die Effizienz eines Unternehmens steigern und seine Anpassungsfähigkeit an sich ändernde Marktbedingungen verbessern. In der digitalen Ära ist eine solche Balance zwischen der Exploration neuer Möglichkeiten und der Exploitation bestehender Kompetenzen entscheidend. Unternehmen müssen den gesamten Lebenszyklus einer Innovation betrachten, von der Ideenfindung über die Implementierung bis zur kontinuierlichen Verbesserung (Abb. 36; Reinhardt, 2020).

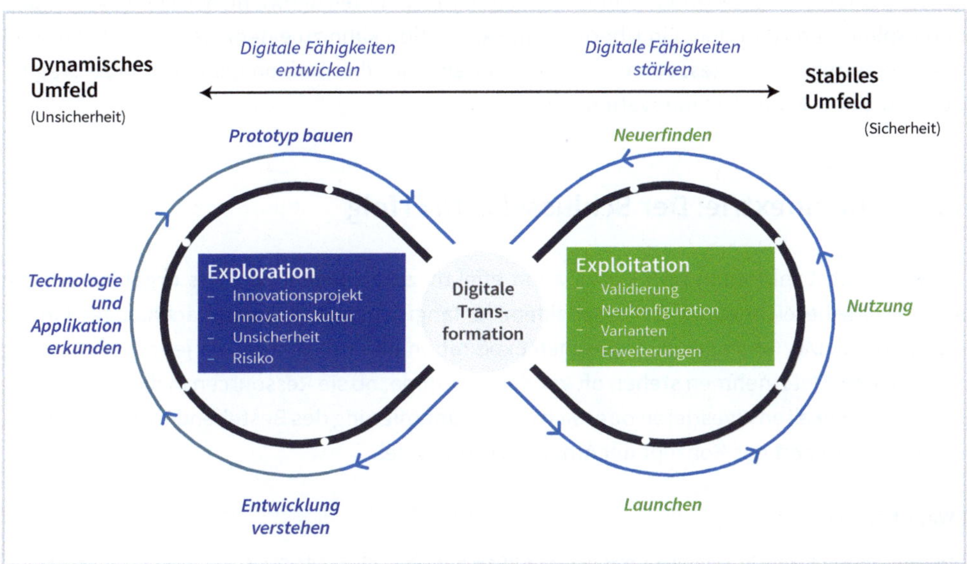

Abb. 36: Exploration und Exploitation im digitalen Zeitalter (Reinhardt, 2024)

Dieser Prozess lässt sich in zwei Hauptphasen unterteilen: Exploration und Exploitation.

- **Exploration:** Diese Phase bezieht sich auf den Prozess der Suche nach neuen Möglichkeiten, Ideen und Technologien. Unternehmen wie Google und Apple sind bekannte Beispiele für ihre explorative Herangehensweise, bei der sie ständig neue Märkte erschließen und innovative Produkte entwickeln. Es geht darum, Risiken einzugehen, zu experimentieren und neue Wege zu finden, um Wettbewerbsvorteile zu erzielen. Dies kann die Entwicklung völlig neuer Produkte oder Dienstleistungen, die Erschließung neuer Märkte oder die Anwendung neuer Technologien beinhalten. Wissenschaftliche Studien zeigen, dass Exploration mit erhöhter Kreativität, Innovation und langfristigem Wachstum verbunden ist, aber auch mit Unsicherheit und Risiko einhergeht. Wie March (1991) betont, umfasst Exploration die Suche nach neuen Wissensquellen, die für die langfristige Anpassungsfähigkeit und Erneuerung von Unternehmen entscheidend sind.

- **Exploitation:** Diese Phase konzentriert sich auf die Nutzung und Optimierung bestehender Ressourcen, Fähigkeiten und Technologien. Unternehmen wie Walmart und McDonald's sind Beispiele für eine starke Exploitationsstrategie, bei der sie ihre bestehenden Geschäftsmodelle verfeinern und optimieren, um Effizienz und Profitabilität zu maximieren. Dabei geht es darum, das Beste aus dem Vorhandenen herauszuholen und durch kontinuierliche Verbesserungen den ökonomischen Wert und die Wettbewerbsfähigkeit des Unternehmens zu steigern. Exploitation ist mit Effizienz, Verfeinerung und kurzfristigen Gewinnen verbunden. Wie March (1991) anmerkt, beinhaltet Exploitation die Verfeinerung und Erweiterung bestehender Kompetenzen, Technologien und Paradigmen. Sie ist entscheidend für die kurzfristige Effizienz und Profitabilität eines Unternehmens.

Die Herausforderung für Unternehmen besteht darin, ein Gleichgewicht zwischen Exploration und Exploitation zu finden. Ein Übermaß an Exploration kann zu einem Mangel an Fokus und einer Verzettelung von Ressourcen führen, während ein Übermaß an Exploitation zu Stagnation und einem Mangel an Innovation führen kann.

11.5 Ambidextrie: Der Schlüssel zum Erfolg

Die Fähigkeit, Exploration und Exploitation effektiv zu managen, wird als **organisatorische Ambidextrie** bezeichnet und ist entscheidend für langfristigen Erfolg und Nachhaltigkeit in der digitalen Ära. Das Gleichgewicht zwischen Exploration und Exploitation ist jedoch nicht leicht zu erreichen. Unternehmen stehen oft vor dem Dilemma, ob sie Ressourcen in die Erforschung neuer Möglichkeiten investieren oder sich auf die Optimierung des Bestehenden konzentrieren sollen. Hier kommt das Konzept der Ambidextrie ins Spiel.

Was ist Ambidextrie?

Im Kontext der Digitalisierung umfasst der Begriff Ambidextrie die duale Strategie von Unternehmen, gleichzeitig innovative Neuerungen zu erforschen und bestehende Prozesse zu optimieren. Dieses Konzept ist zentral für Organisationen, die in einer schnelllebigen digitalen Umwelt erfolgreich sein wollen. Wissenschaftliche Forschungen heben hervor, dass ambidextere Organisationen eine höhere Anpassungsfähigkeit und bessere Leistung zeigen. Verschiedene Modelle wie strukturelle, kontextuelle und sequenzielle Ambidextrie bieten Rahmenbedingungen, um diese Doppelstrategie effektiv zu managen. Solche Ansätze sind entscheidend für die nachhaltige Entwicklung und Wettbewerbsfähigkeit in der digitalen Ära.

In der digitalen Ära, in der Veränderungen schnell und oft unvorhersehbar sind, ist es für Unternehmen von entscheidender Bedeutung, eine Form der Ambidextrie zu entwickeln. Dies ermöglicht es ihnen, sowohl innovativ als auch effizient zu sein. Bisher hat die Wissenschaft drei Formen der Ambidextrie identifiziert:

- **Strukturelle Ambidextrie:** Hierbei werden »duale Strukturen« implementiert, bei denen bestimmte Einheiten der Organisation sich auf die Exploration konzentrieren, während andere sich auf die Exploitation fokussieren.
- **Kontextuelle Ambidextrie:** Diese Form ermöglicht es, durch Anpassungen im organisatorischen Kontext sowohl Innovation als auch Effizienz innerhalb von Einheiten, Teams oder bei Individuen zu fördern.
- **Sequenzielle Ambidextrie:** Hierbei wird die Organisationsstruktur im Laufe der Zeit verschoben, um veränderte Umweltbedingungen widerzuspiegeln und zwischen Perioden der Exploitation und Exploration hin und her zu pendeln.

Obwohl alle drei Formen bestimmte Vorteile bieten, sind sie für digitale Technologien und den transformativen Wandel aufgrund der Digitalisierung unzureichend:

- Die strikte strukturelle Trennung von Exploration und Exploitation in der strukturellen Ambidextrie ist unzureichend für vernetzte und funktionsübergreifende Innovationen, die digitale Technologien nutzen.
- In der kontextuellen Ambidextrie ist der fehlende Fokus aufgrund der Gleichzeitigkeit von Exploitation und Exploration ungeeignet, da digitale Innovation konzentrierte Anstrengungen und einen engagierten Fokus aufgrund der schnellen Entwicklung rund um digitale Technologien erfordert.
- Schließlich bietet die sequenzielle Ambidextrie nicht die Flexibilität und Agilität, da sie ressourcenintensiv ist und Zeit benötigt, um den gesamten Modus eines Unternehmens von der Exploration zur Exploitation und umgekehrt zu verschieben.

Diese Umstände erfordern eine grundlegende Neugestaltung der Organisationsstrukturen, Prozesse und Kulturen, um sowohl die Exploration neuer digitaler Möglichkeiten als auch die Exploitation bestehender Stärken zu unterstützen. Angesichts der Neuheit und des disruptiven Potenzials digitaler Technologien reichen bestehende Organisationsstrukturen oft nicht aus, um ein geeignetes Umfeld sowohl für die Erforschung neuer Innovationen auf Basis digitaler Technologien als auch für die Nutzung ihres Potenzials zu bieten.

Unternehmen stehen oft vor Herausforderungen, notwendige organisatorische Anpassungen aufgrund von hohen Unsicherheiten und des rasanten Tempos der Veränderungen vorzunehmen. Dies bringt hohe Risiken mit sich und erschwert das Management des Gleichgewichts zwischen Exploration und Exploitation erheblich.

Obwohl diese Spannung niemals vollständig beseitigt werden kann, streben Unternehmen danach, sie aktiv zu managen und so ihre Wettbewerbsfähigkeit zu erhalten (March, 1991). Die erfolgreiche Bewältigung wird als Ambidextrie bezeichnet.

PRAKTISCHE UMSETZUNG: AMBIDEXTRIE IN AKTION

Ein ausgewogener Ansatz zwischen Exploration und Exploitation sowie die Kultivierung von Ambidextrie in der Organisation sind entscheidend. Unternehmen, die dies erfolgreich umsetzen, sind besser positioniert, um in der digitalen Landschaft wettbewerbsfähig zu bleiben und nachhaltigen Wert zu schaffen. Praktische Beispiele für Ambidextrie in verschiedenen Unternehmenskontexten zeigen, wie diese duale Strategie erfolgreich umgesetzt werden kann:

- Ein *Technologieunternehmen* könnte beispielsweise eine strukturelle Ambidextrie implementieren, indem es separate Teams für Forschung und Entwicklung (F&E) und für Produktmanagement einrichtet. Das F&E-Team konzentriert sich auf die Exploration neuer Technologien und Innovationen, während das Produktmanagementteam sich auf die Exploitation bestehender Produkte und Dienstleistungen konzentriert. Durch regelmäßige Meetings und Wissensaustausch zwischen diesen Teams kann das Unternehmen sicherstellen, dass neue Ideen effizient in marktfähige Produkte umgesetzt werden.
- Ein *Einzelhandelsunternehmen* könnte kontextuelle Ambidextrie nutzen, indem es seine Mitarbeitenden ermutigt, sowohl innovative Ideen zu entwickeln als auch bestehende Prozesse zu optimieren. Dies könnte durch ein internes Innovationsprogramm geschehen, bei dem Mitarbeitende Ideen einreichen und Ressourcen erhalten, um diese zu testen, während sie gleichzeitig ihre regulären Aufgaben erfüllen.
- Ein *Produktionsunternehmen* könnte sequenzielle Ambidextrie anwenden, indem es seine Produktionslinien periodisch umstellt, um neue Produkte zu entwickeln und herzustellen, während es zu anderen Zeiten die Effizienz und Qualität bestehender Produkte maximiert.

Unternehmen, die dies erfolgreich umsetzen, sind besser positioniert, um in der digitalen Landschaft wettbewerbsfähig zu bleiben und nachhaltigen Wert zu schaffen.

12 Rahmenbedingungen für Strategien des Digitally Expanded Business

In der zweiten Phase der digitalen Transformation geht es nicht mehr nur um die Einführung digitaler Technologien, sondern um deren tiefgreifende Integration und strategische Nutzung zur Erreichung langfristiger Unternehmensziele. In dieser Phase müssen Führungskräfte die Weichen für eine fortgeschrittene digitale Zukunft ihres Unternehmens stellen.

12.1 Strategische Ressourcenoptimierung für das Management im Zeitalter der Digitalisierung

Für Führungskräfte sind die sorgfältige Analyse der vorhandenen Ressourcen sowie die Anwendung von SWOT- und PESTEL-Analysen entscheidend, um die Weichen für eine erfolgreiche digitale Transformation zu stellen. Die gewonnenen Einsichten sind der Schlüssel zur Entwicklung adaptiver Geschäftsmodelle, die nicht nur auf Veränderungen reagieren, sondern diese aktiv gestalten und als Wettbewerbsvorteil nutzen.

Die **Balanced Scorecard** wandelt sich dabei von einem traditionellen Kontrollinstrument zu einem dynamischen Steuerungstool, das die digitale Transformation mit den strategischen Unternehmenszielen verknüpft. Für das Management bietet sie eine wertvolle Plattform, um die strategische Anpassung des Geschäftsmodells kontinuierlich zu überwachen, zu steuern und an die sich schnell ändernden Marktbedingungen anzupassen.

Eine Kultur der Agilität und Innovation ist für Führungskräfte von zentraler Bedeutung. Sie geht über Flexibilität und Anpassungsfähigkeit hinaus und zielt darauf ab, die Fähigkeit zur radikalen Innovation zu fördern. Agile Methoden wie Scrum oder Kanban sollten nicht nur als Werkzeuge, sondern als integraler Bestandteil der Unternehmenskultur betrachtet werden, die schnelle Anpassungen und kontinuierliche Verbesserungen ermöglichen.

Die Studien von Collyer & Warren (2013) verdeutlichen, dass die Dynamik der Digitalisierung eine flexible Ressourcenzuweisung und ein Umdenken in der langfristigen Planung erfordert. Die digitale Transformation fordert von Unternehmen, ihre Ressourcen flexibel und effizient einzusetzen, um auf unvorhergesehene Änderungen schnell reagieren zu können. Die Verfügbarkeit von Ressourcen und deren Verteilung zwischen verschiedenen Projekten und Abteilungen gelten als zwei der größten Herausforderungen für die Ressourcenzuweisung, insbesondere in einem digital transformierten Geschäftsumfeld.

Für das Management bedeutet dies, dass die Fähigkeit zur Anpassung und Improvisation angesichts ständiger Planänderungen und Verschiebungen zwischen Projekten und Aktivitäten immer wichtiger wird. Die strategische Ressourcenoptimierung im Kontext der Digitalisierung ist somit nicht nur eine Frage der effizienten Allokation, sondern auch der Entwicklung einer Unternehmenskultur, die den Wandel antizipiert und aktiv mitgestaltet.

12.2 Integration von Business Analytics in strategische Entscheidungsprozesse

Die Integration von Business Analytics in strategische Entscheidungsprozesse ist für das Topmanagement eine wesentliche Herausforderung, die sowohl das umfassende Verstehen als auch die aktive Einbindung dieser Technologien in die Unternehmensstrategie erfordert. Angesichts der Komplexität strategischer Entscheidungen, die oft durch vielfältige widersprüchliche Ziele, nur begrenzt direkt nutzbare Daten, unterschiedliche Interessen von Stakeholdern, diverse Entscheidungsoptionen und langfristige Planungshorizonte gekennzeichnet sind, wird eine fundierte Datenanalyse zunehmend unerlässlich (Davenport&Hopkins 2010).

Für Führungskräfte bedeutet dies, dass sie sicherstellen müssen, dass die Strategieprozesse klar definiert sind und Business Analytics tief in diese Prozesse eingebettet ist, um sowohl absichtliche als auch emergente Strategien zu unterstützen. Dies erfordert nicht nur die Entwicklung von Datenanalysefähigkeiten, sondern auch die Implementierung von Systemen zur Datenintegration und die Förderung einer Kultur, die datengetriebene Erkenntnisse in den Mittelpunkt strategischer Überlegungen rückt.

STRATEGIEENTWICKLUNG IM KONTEXT VON BUSINESS ANALYTICS

Die Entwicklung und Umsetzung von Unternehmensstrategien ist ein komplexer Prozess, der durch die Integration von Business Analytics maßgeblich unterstützt und verbessert werden kann. Business Analytics ermöglicht es Unternehmen, aus großen Datenmengen wertvolle Erkenntnisse zu gewinnen und fundierte strategische Entscheidungen zu treffen.

Henry Mintzberg, ein renommierter Experte auf dem Gebiet des strategischen Managements, differenziert zwischen absichtlichen und emergenten Strategien:

- **Absichtliche Strategien (Deliberate Strategies):** Sie werden von Unternehmen explizit geplant und zielen darauf ab, vordefinierte Ziele zu erreichen. Sie sind das Ergebnis eines bewussten und zielgerichteten Planungsprozesses. Ein Beispiel hierfür ist die Einführung eines neuen Produkts auf dem Markt, bei der prädiktive Analytik eingesetzt wird, um verschiedene Verkaufsszenarien zu entwerfen. Diese Szenarien unterstützen strategische Entscheidungen und ermöglichen es, die Auswirkungen verschiedener Handlungsoptionen zu simulieren und zu bewerten. Prädiktive und präskriptive Analytik spielen eine entscheidende Rolle, indem sie die Entscheidungsfindung leiten und die Robustheit der gewählten Strategie anhand von Daten validieren.

- **Emergente Strategien:** Im Gegensatz zu absichtlichen Strategien entstehen emergente Strategien oft spontan und sind das Ergebnis von Anpassungen an unvorhergesehene Umstände oder Chancen, die sich während des Geschäftsbetriebs ergeben. Sie sind nicht im Voraus geplant, sondern entwickeln sich aus der Organisation heraus und spiegeln die Reaktion auf aktuelle Gegebenheiten wider.

Für Führungskräfte ist das Verständnis beider Strategietypen entscheidend, um die strategische Flexibilität und Reaktionsfähigkeit des Unternehmens zu gewährleisten. Business Analytics bietet das Werkzeugset, um sowohl absichtliche Strategien durch datengetriebene Planung zu unterstützen als auch emergente Strategien durch die kontinuierliche Analyse von Echtzeitdaten zu erkennen und zu formen. Indem sie Business Analytics in den Strategieentwicklungsprozess integrieren, können Topmanager sicherstellen, dass ihre Entscheidungen sowohl auf soliden Daten als auch auf einer agilen Anpassung an die Marktbedingungen basieren.

Die Entwicklung und Umsetzung von Unternehmensstrategien ist ein komplexer Prozess, der durch die Integration von Business Analytics maßgeblich unterstützt und verbessert werden kann. Business Analytics ermöglicht es Unternehmen, aus großen Datenmengen wertvolle Erkenntnisse zu gewinnen und fundierte strategische Entscheidungen zu treffen. Die Grundlage dafür ist eine datenorientierte Kultur. Das Topmanagement muss eine Umgebung schaffen, in der Datenwissenschaftler, Analysten und Entscheidungsträger zusammenarbeiten, um datenbasierte Strategien zu entwickeln. Dies erfordert eine klare Kommunikation über die Bedeutung von Daten und die Bereitstellung von Ressourcen für Schulungen und Werkzeuge, die es allen Mitarbeitenden ermöglichen, dateninformierte Entscheidungen zu treffen.

Die Entwicklung von Datenkompetenz auf strategischer Ebene ist ebenfalls wichtig. Führungskräfte sollten nicht nur wissen, wie Daten zu interpretieren sind, sondern auch, wie sie in die Strategieentwicklung einfließen. Schulungen in fortgeschrittenen analytischen Methoden, einschließlich prädiktiver und präskriptiver Modelle, sollten für Führungskräfte Priorität haben, um die Implikationen von Datenanalysen für langfristige strategische Ziele zu verstehen. Aber auch die Implementierung von Systemen zur Datenintegration ist ein entscheidender Schritt. Diese Systeme müssen in der Lage sein, Daten aus verschiedenen Quellen zu sammeln, zu verarbeiten und zu analysieren, um eine ganzheitliche Sicht auf das Geschäftsumfeld zu bieten. Cloudbasierte Plattformen und Data Warehouses sind Beispiele für Technologien, die das Management bei der Zusammenführung und Analyse von Daten unterstützen können.

Die Integration von Business Analytics in strategische Prozesse erhöht die Anpassungsfähigkeit des Unternehmens. Durch die kontinuierliche Überwachung von Leistungsindikatoren und Markttrends können Unternehmen schneller auf Veränderungen reagieren. Dies erfordert jedoch eine flexible Strategieentwicklung, bei der das Topmanagement bereit ist, auf Basis von Datenanalysen Kurskorrekturen vorzunehmen.

12.3 Integration der Nachhaltigkeit in die digitale Strategie

In der fortgeschrittenen Phase der digitalen Transformation ist es für Topmanager unerlässlich, Nachhaltigkeit als integralen Bestandteil der Unternehmensstrategie zu betrachten. Die Nutzung digitaler Technologien bietet nicht nur wirtschaftliche Vorteile, sondern kann auch dazu beitragen, soziale und ökologische Herausforderungen zu bewältigen. Die Integration von ESG-Faktoren (Environmental, Social, and Governance) in alle digitalen Initiativen und die Durchführung von Lebenszyklusanalysen sind entscheidend, um die langfristigen Auswirkungen der digitalen Transformation zu verstehen und zu steuern.

Die Forschung zeigt, dass viele der aktuellen Nachhaltigkeitsprobleme durch den Einsatz exponentieller digitaler Technologien, die neue Aktivitäten und Geschäftsmodelle ermöglichen, sinnvoll angegangen werden können. Organisationen, die sich digitalen Nachhaltigkeitsaktivitäten widmen, sind zunehmend in der Lage, Probleme zu lösen, die einst ausschließlich in den Zuständigkeitsbereich von Regierungen, NGOs und internationalen Agenturen fielen. Sie verfolgen Ziele, die hauptsächlich mit der Erhaltung und Regeneration der natürlichen Welt zusammenhängen.

Die Anwendung digitaler Technologien zur Förderung der Nachhaltigkeit erfordert von Führungskräften ein tiefes Verständnis dafür, wie verschiedene Konzepte und Instrumente zur digitalen Strategieentwicklung beitragen können. Tab. 3 ist eine vereinfachte Darstellung einer Tabelle, die die Konzepte in Bezug auf digitale Strategien und Nachhaltigkeit für Topmanager in deutscher Sprache und mit einem praktischen Bezug darstellt (George et al., 2020).

Konzept	Strategisches Ziel	Digitale Strategieinstrumente	Praktische Beispiele der Digitalisierung
Planetare Grenzen	Vermeidung der Überschreitung ökologischer Grenzen	Nutzung digitaler Umweltdaten, digitales Umweltmanagement	Nutzung von Sensordaten zur Überwachung von Umweltbelastungen
Große Herausforderungen	Lösung komplexer globaler Probleme	Digitale Ansätze zur nachhaltigen Unternehmensführung, soziale Innovationen	Plattformen für nachhaltige Lieferketten
Soziales Unternehmertum	Lokale soziale Wertschöpfung	Digital gestützte Ressourcenkombination, digitale wirtschaftliche Nachhaltigkeit	Apps für soziale Dienste, lokale Marktplätze
Institutionelles Unternehmertum	Institutioneller Wandel, Schließen von Lücken	Digitale Veränderung von Normen und Praktiken	Initiativen für fairen Handel, ethische Standards

Konzept	Strategisches Ziel	Digitale Strategie-instrumente	Praktische Beispiele der Digitalisierung
Nachhaltiges Unternehmertum	Lösung von Marktversagen in Bezug auf Soziales und Ökologie	Digitale Ansätze im Rahmen des Triple-Bottom-Line-Ansatzes, digitales strategisches Gleichgewicht	Nachhaltige Produktinnovationen, Corporate-Social-Responsibility-Programme
Digitale Nachhaltigkeit	Schaffung ökologischer und sozialer Werte	Digitale Technologien wie Blockchain, KI, IoT und Big Data	Plattformen für den Handel mit Emissionsrechten, Smart Grids

Tab. 3: Konzepte und Instrumente für die Gestaltung einer erweiterten digitalen Strategie im Kontext von Nachhaltigkeit in der Phase der digitalen Expansion (angelehnt an George et al., 2020)

Für Topmanager ist es entscheidend, digitale Werkzeuge und Strategien zu integrieren, um sowohl wirtschaftlichen Erfolg zu erzielen als auch positiv zur Gesellschaft und Umwelt beizutragen. Investitionen in erneuerbare Energien und Kreislaufwirtschaft verringern den ökologischen Fußabdruck und nutzen die Skalierbarkeit digitaler Technologien. Dies fördert Kooperationen im Ökosystem, um den oft gesehenen Gegensatz zwischen privatwirtschaftlichem und öffentlichem Interesse zu überbrücken. Durch Digitalisierung können auch öffentliche Güter wie Wälder tokenisiert werden. Dabei repräsentieren die Tokens (s. Kasten unten) Ökosystemdienstleistungen wie Kohlenstoffbindung, die dann auf entsprechenden Märkten gehandelt werden können.

Durch die Digitalisierung wird es möglich, Investitionen über eine Vielzahl von Akteuren auf Ökosystemebene zu koordinieren, einen Teil der residualen Vorteile öffentlicher Güter anzueignen und den breiteren Markt dazu zu bringen, die Auswirkungen von sozioökologischen Investitionen zu bewerten. Ein Beispiel hierfür ist die Tokenisierung öffentlicher Wälder, bei der Tokens die Erhaltung und/oder Produktion von Ökosystemdienstleistungen repräsentieren können, einschließlich der Kohlenstoffbindung, auf die Tokeninhaber auf dem breiteren Markt legitime Ansprüche geltend machen und diese Ansprüche auf Märkten für Ökosystemdienstleistungen handeln können.

Was ist die Tokenisierung von Wäldern?

Die Tokenisierung von Wäldern aus der Perspektive der digitalen Strategieentwicklung ist ein innovatives Konzept, das die Prinzipien der Blockchain-Technologie nutzt, um natürliche Ressourcen in den digitalen Raum zu übertragen. Hierbei werden einzelne Bäume oder ganze Waldstücke in digitale Einheiten, sogenannte **Tokens**, umgewandelt, die einzigartige, nicht austauschbare digitale Zertifikate auf einer Blockchain darstellen. Diese Tokens repräsentieren reale Werte und sind mit spezifischen Informationen über den jeweiligen Baum verknüpft, wie zum Beispiel die Art des Baumes, das Pflanzdatum, die GPS-Koordinaten und potenzielle CO_2-Kompensationswerte.

Für Topmanager bedeutet die Integration digitaler Technologien, dass sie eine entscheidende Rolle bei der Förderung einer nachhaltigen Unternehmensführung spielen. Sie sind aufgefordert sicherzustellen, dass die digitale Transformation ihres Unternehmens nicht nur wirtschaftliche, sondern auch soziale und ökologische Ziele verfolgt. Dies erfordert gezielte Investitionen in nachhaltige Technologien und Geschäftsmodelle, die sowohl ökonomische Effizienz als auch umweltfreundliche Praktiken unterstützen, um einen echten Mehrwert zu schaffen.

Checkliste: Wo steht Ihr Unternehmen in der digitalen Strategieexpansion?

Bitte bewerten Sie die folgenden Aussagen auf einer Skala von 1 bis 5, wobei 5 »Vollständig zustimmen« und 1 »Überhaupt nicht zustimmen« bedeutet. Die folgenden acht Aussagen sollen ein Bild davon vermitteln, wo Ihr Unternehmen in Bezug auf die digitale Strategieerweiterung steht und ob bestimmte Maßnahmen bereits umgesetzt wurden.

1. Mein Unternehmen verfügt über eine breite Palette an digitalen Werkzeugen und Technologien, die effektiv genutzt werden.
2. Unsere Mitarbeitenden haben fortgeschrittene digitale Fähigkeiten und Kompetenzen.
3. Wir halten uns stets über aktuelle digitale Trends in unserer Branche auf dem Laufenden.
4. Wir evaluieren regelmäßig strategische Partnerschaften, um unsere digitalen Fähigkeiten zu erweitern.
5. Agile Arbeitsmethoden wie Scrum oder Kanban sind in unserem Unternehmen bereits erfolgreich implementiert.
6. Wir treffen datengesteuerte Entscheidungen und nutzen Datenanalysetools aktiv für unsere Strategie.
7. Nachhaltigkeitsaspekte sind integraler Bestandteil unserer digitalen Strategie.
8. Wir haben effektive Mechanismen zur Sammlung von Feedback und zur Anpassung unserer digitalen Strategie etabliert.

Bitte geben Sie für jede Aussage an, wie gut Ihr Unternehmen in Bezug auf diese Aussage abschneidet. Nach der Bewertung der Aussagen können Sie anhand der Gesamtpunktzahl Ihren aktuellen Stand in der digitalen Strategieentwicklung besser einschätzen.

Zusammenfassung der Auswertung

Die Auswertung erfolgt anhand der Gesamtpunktzahl, die sich aus der Bewertung der einzelnen Aussagen ergibt. Diese Gesamtpunktzahl kann zwischen 8 und 40 liegen und gibt Aufschluss über den aktuellen Stand der digitalen Strategieentwicklung eines Unternehmens sowie Handlungsempfehlungen:

- **8–16 Punkte:** Ihr Unternehmen befindet sich noch in den Anfängen der digitalen Strategieentwicklung und sollte dringend Maßnahmen ergreifen, um wettbewerbsfähiger zu werden. Es ist dringend erforderlich, in die digitale Transformation zu investieren, um wettbewerbsfähig zu bleiben und zukünftige Chancen zu nutzen.

- **17–24 Punkte:** Ihr Unternehmen hat bereits einige digitale Aktivitäten umgesetzt, aber es gibt noch Raum für Verbesserungen und Wachstum. Identifizieren Sie Bereiche, in denen Sie Ihre digitale Strategie verbessern können, um Innovation und Effizienz zu steigern. Nutzen Sie Ihre bereits vorhandenen digitalen Stärken, um Ihr Geschäft weiter auszubauen und sich vom Wettbewerb abzuheben.
- **25–32 Punkte:** Ihr Unternehmen ist auf einem guten Weg zur digitalen Exzellenz, hat jedoch noch Potenzial zur Steigerung der Effizienz und Innovation.
- **33–40 Punkte:** Ihr Unternehmen hat bereits eine starke digitale Präsenz und verfolgt eine effektive digitale Strategie. Halten Sie an bewährten digitalen Praktiken fest, und suchen Sie nach neuen Möglichkeiten, um Ihr Unternehmen noch erfolgreicher zu machen.

13 Drei praxiserprobte Vorgehensweisen bei Strategien des Digitally Expanded Business

In einer Welt, die sich durch rasante technologische Fortschritte und ständigen Wandel auszeichnet, stehen etablierte Unternehmen vor der Herausforderung, ihre Geschäftsmodelle kontinuierlich zu erweitern und zu innovieren. Die Fähigkeit, sich schnell anzupassen und neue Chancen zu ergreifen, ist entscheidend für den langfristigen Erfolg und das Wachstum. Um in diesem dynamischen Umfeld zu bestehen, haben sich drei praxiserprobte Vorgehensweisen herauskristallisiert, die es Unternehmen ermöglichen, ihre Geschäftstätigkeit zu erweitern und gleichzeitig Innovationen voranzutreiben:

- Corporate Entrepreneurship (CE),
- Digital Innovation Labs (DILs) und
- Digital Mergers and Acquisitions (Digital M&A).

Diese Ansätze sind nicht nur Werkzeuge zur Steigerung der Innovationskraft, sondern auch entscheidende Elemente zur Schaffung eines nachhaltigen Wettbewerbsvorteils. Sie ermöglichen es Unternehmen, die Kreativität und Agilität von Start-ups zu nutzen, während sie gleichzeitig die Stärken und Ressourcen eines etablierten Unternehmens beibehalten. Im Folgenden werden diese drei Ansätze näher beleuchtet, um zu verstehen, wie sie zur Transformation und zum Wachstum von Unternehmen beitragen können.

13.1 Corporate Entrepreneurship (CE): Entfesselung des Unternehmergeistes als Motor für digitales Wachstum

In einer Ära, in der etablierte Unternehmen sich zunehmend mit der Agilität von Start-ups und der Innovationskraft von Mitbewerbern messen müssen, gewinnt Corporate Entrepreneurship (CE) entscheidend an Bedeutung. CE steht für das unternehmerische Handeln innerhalb bestehender Organisationen und zielt darauf ab, durch Innovation, Corporate Venturing und strategische Erneuerung einen kontinuierlichen Wettbewerbsvorteil zu sichern. Diese drei Dimensionen bilden das Fundament von CE und sind entscheidend für die Schaffung und Aufrechterhaltung einer dynamischen und zukunftsfähigen Unternehmenskultur:

- **Innovation** ist der Kern des Unternehmertums und bezieht sich auf die Einführung neuer Ideen, Produkte oder Prozesse, die das Potenzial haben, den Markt zu verändern, und die neue Wachstumschancen eröffnen.
- **Corporate Venturing** umfasst das Erschließen neuer Geschäftsfelder, sei es durch interne Entwicklungen oder externe Partnerschaften und Akquisitionen.
- **Strategische Erneuerung** beinhaltet tiefgreifende Veränderungen in der Organisation, um auf langfristige Trends zu reagieren und das Unternehmen neu auszurichten.

Für Führungskräfte, die CE in ihrem Unternehmen etablieren möchten, ist es entscheidend, eine ganzheitliche Strategie zu verfolgen, die eine klare Vision erfordert. Diese Vision muss mit den übergeordneten Zielen des Unternehmens harmonieren und klar kommuniziert werden, um von allen Ebenen der Organisation getragen zu werden. Es geht darum, eine Kultur zu schaffen, die Innovation und unternehmerisches Denken nicht nur zulässt, sondern aktiv fördert. Hierfür müssen Ressourcen wie Zeit, Kapital und Personal bereitgestellt und Anreizsysteme geschaffen werden, die unternehmerische Initiativen belohnen und Mitarbeitende dazu ermutigen, neue Ideen zu entwickeln und umzusetzen.

Die praktische Umsetzung von CE erfordert die Etablierung von Strukturen und Prozessen, die das unternehmerische Handeln unterstützen. Interne Inkubatoren oder Accelerator-Programme können dabei helfen, innovative Ideen zu entwickeln und zu testen, während dedizierte Teams für Corporate Venturing neue Geschäftsmöglichkeiten erkunden und umsetzen. Diese Strukturen müssen flexibel genug sein, um auf Veränderungen schnell reagieren zu können, aber auch so integriert, dass sie das Kerngeschäft stärken und nicht untergraben. Eine Schlüsselrolle spielt das Topmanagement, das als Vorbild fungieren und unternehmerisches Verhalten vorleben muss. Die aktive Teilnahme an CE-Initiativen und die Förderung von Mitarbeitenden, die sich für Innovationen einsetzen, sind dabei entscheidend. Nur wenn das Topmanagement seine Unterstützung klar zeigt und die notwendigen Rahmenbedingungen schafft, kann CE zu einem integralen Bestandteil der Unternehmenskultur werden.

Die Forschung zeigt, dass die Unterstützung durch das Management, technologische Veränderungen, Belohnung und Motivation, Ressourcenverfügbarkeit und die Organisationsstruktur signifikante Prädiktoren der CE-Kompetenzen der Mitarbeitenden sind. Insbesondere die jeweils wahrgenommene Machbarkeit und Wünschbarkeit spielen eine entscheidende Rolle bei der Verstärkung des Einflusses dieser Faktoren, wie Tab. 4 zeigt (Padi et al., 2022).

Aspekt	**Wahrgenommene Machbarkeit (Perceived Feasibility)**	**Wahrgenommene Wünschbarkeit (Perceived Desirability)**
Definition	Glaube an die eigene Fähigkeit, CE-Initiativen erfolgreich umzusetzen	Wahrnehmung des unternehmerischen Handelns als persönlich wertvoll
Fokus	Selbstvertrauen und Verfügbarkeit von Ressourcen	Persönliche und externe Anreize für unternehmerisches Engagement
Beeinflusst durch	Kompetenzen, Werkzeuge, Unterstützung	Intrinsische Motivation, Anerkennung, Belohnungen
Förderung durch Management	Schaffung einer ermächtigenden Umgebung und Bereitstellung von Ressourcen	Entwicklung von Anreizsystemen und Förderung von Werten
Ergebnis für Mitarbeitende	Erhöhte Bereitschaft, Innovationen zu initiieren	Stärkere Motivation, sich in CE-Aktivitäten zu engagieren

Aspekt	Wahrgenommene Machbarkeit (Perceived Feasibility)	Wahrgenommene Wünschbarkeit (Perceived Desirability)
Strategische Bedeutung	Notwendig für die Initiierung von CE-Aktivitäten	Wichtig für die nachhaltige Durchführung von CE-Aktivitäten

Tab. 4: Wahrnehmung von Machbarkeit und Wünschbarkeit in Corporate Entrepreneurship (CE) (angelehnt an Padi et al., 2022)

Für das Management bedeutet dies, dass es nicht nur die Rahmenbedingungen für CE schaffen, sondern auch die Wahrnehmung ihrer Mitarbeitenden bezüglich der Machbarkeit und Wünschbarkeit von unternehmerischen Initiativen beeinflussen muss. Dies erfordert eine klare Kommunikation, wie und warum CE-Aktivitäten durchgeführt werden sollen und welche Unterstützung die Mitarbeitenden dabei erwarten können. Es geht darum, eine Atmosphäre zu schaffen, in der Mitarbeitende sich ermächtigt fühlen, innovativ zu sein und Risiken einzugehen, und in der sie wissen, dass ihre Bemühungen anerkannt und belohnt werden.

Führungskräfte müssen sicherstellen, dass die Mitarbeitenden die notwendigen Ressourcen und das Wissen haben, um CE-Aktivitäten erfolgreich umzusetzen. Dies kann durch Schulungen, Workshops und Mentoringprogramme erreicht werden, die darauf abzielen, die unternehmerischen Fähigkeiten und das Selbstvertrauen der Mitarbeitenden zu stärken. Darüber hinaus sollten Führungskräfte eine Kultur der Offenheit und des Vertrauens fördern, in der Mitarbeitende bereit sind, ihre Ideen zu teilen und an der Entwicklung neuer Geschäftsmöglichkeiten mitzuwirken. CE bildet das Rückgrat für die unternehmerische Vitalität und Innovationskraft innerhalb eines Unternehmens. Doch um die digitale Transformation effektiv zu gestalten, müssen Unternehmen über die Grenzen des internen Ökosystems hinausgehen. An diesem Punkt setzen Digital Innovation Labs an, die als Brückenköpfe für technologische Innovation und Effizienzsteigerung fungieren.

13.2 Digital Innovation Labs (DILs): Motor für Innovation und Effizienz

Digital Innovation Labs sind spezialisierten Einheiten, die als Experimentierfelder und Inkubatoren für digitale Innovationen agieren, indem sie einen strukturierten, aber flexiblen Rahmen bieten. In diesen Labs werden nicht nur zukunftsweisende Ideen generiert, sondern auch mit der notwendigen Geschwindigkeit in marktfähige Lösungen überführt. Sie dienen als Testumgebung für neue Technologien und Arbeitsweisen, die, wenn erfolgreich, in das Kerngeschäft integriert werden können. Somit sind DILs nicht nur ein Symbol für den digitalen Wandel, sondern auch ein praktisches Werkzeug, um die Dualität von operativer Effizienz und innovativer Exploration – die organisatorische Ambidextrie (Kap. 11.5) – zu meistern.

Digital Innovation Labs

DIL sind spezialisierte Einheiten innerhalb eines Unternehmens, die sich auf die Entwicklung und Erprobung neuer Technologien, Produkte oder Dienstleistungen konzentrieren. Sie dienen als Inkubatoren für Innovationen und ermöglichen Unternehmen, neue Ideen in einer kontrollierten Umgebung zu testen, bevor sie auf den Markt gebracht werden. Gleichzeitig unterstützen sie die Optimierung bestehender Prozesse durch den Einsatz neuer Technologien.

DILs sind in der Unternehmenslandschaft zum Synonym für digitale Transformation und Innovation geworden. Sie repräsentieren einen strategischen Ansatz, um die Chancen, die sich aus neuen Technologien ergeben, zu nutzen und in marktfähige Produkte oder Dienstleistungen umzusetzen. Als solche sind sie integraler Bestandteil der strategischen Ausrichtung von Unternehmen, die bestrebt sind, ihre Innovationsfähigkeit zu verbessern und eine Kultur der digitalen Exzellenz zu etablieren.

Die Einrichtung eines DIL ist eine Entscheidung, die über die traditionellen Grenzen der IT-Abteilung hinausgeht und tief in die strategische Planung des Unternehmens eingreift. Ein DIL fungiert als ein Raum für das Experimentieren mit neuen Technologien, Methoden und Geschäftsmodellen. Sein Ziel besteht darin, schnell auf Veränderungen im Markt reagieren zu können und die digitale Agenda des Unternehmens voranzutreiben. Die Rolle eines DIL erstreckt sich über das bloße Scouting von Technologien hinaus; es ist ein Ort, an dem interdisziplinäre Teams zusammenkommen, um Ideen zu entwickeln, Prototypen zu erstellen und diese Ideen durch iterative Prozesse zu validieren. Diese Labore sind oft mit den neuesten Technologien ausgestattet und bieten eine Umgebung, die das schnelle Scheitern und Lernen von Projekten ermöglicht, was für die Entwicklung innovativer Lösungen entscheidend ist.

AUS DER PRAXIS: DILS AM BEISPIEL VON VOLKSWAGEN

In einer bemerkenswerten strategischen Wende hat Volkswagen weltweit sieben Softwarelabore ins Leben gerufen. Ziel ist es, den traditionellen Automobilhersteller in einen zukunftsorientierten IT-Anbieter zu transformieren. Diese Labs, die eher die Dynamik eines Start-ups als die eines etablierten Industriekonzerns widerspiegeln, sind die Brutstätten für Softwareinnovationen. Sie sind der Schlüssel dafür, dass Volkswagen in naher Zukunft auf Augenhöhe mit IT-Giganten wie Microsoft oder Apple agieren kann.

Ein Paradebeispiel dieser Labs befindet sich in Berlin, einem Hotspot für IT-Talente. Hier arbeiten 60 Fachkräfte aus 27 Nationen in einem internationalen und dynamischen Umfeld. Das Durchschnittsalter beträgt 35 Jahre, und bemerkenswerterweise sind ein Drittel der Mitarbeitenden Frauen – ein Zeichen für Diversität und moderne Arbeitskultur. Das Berliner Lab bricht mit traditionellen Arbeitsumgebungen und schafft eine Atmosphäre, die an Silicon Valley erinnert. Kreativität und Wohlbefinden stehen im Vordergrund, was sich in Details wie Müslibechern, Entspannungsecken und

sogar einem Musikraum widerspiegelt. Die Arbeitsweise basiert auf dem innovativen Pair-Programming-Ansatz, der Kollaboration und Effizienz fördert.
Die Labs sind an vorderster Front an der Entwicklung von Projekten wie Navigationssystemen, Carsharingdiensten und anderen digitalen Services beteiligt. Ein Schlüsselprojekt ist die Entwicklung neuer Plattformdienste für die verschiedenen Pkw-Marken des Konzerns. Beim neuen Carsharingdienst »We share« von VW stammt beispielsweise die Log-in-Programmierung aus dem Berliner Lab. Diese Labs haben sich als unverzichtbarer Bestandteil der Volkswagen-Unternehmensstruktur etabliert. Sie sind überflutet mit Aufträgen aus dem Konzern und spielen eine zentrale Rolle in der digitalen Transformation des Unternehmens. Sie sind das Herzstück der Entwicklung digitaler Wettbewerbsvorteile (Menzel, 2019).

Die organisatorische Einbettung eines DIL in ein Unternehmen erfordert eine sorgfältige Abwägung der Struktur und Governance. Die Autonomie des Labs ist wichtig, um Agilität und Kreativität zu gewährleisten, aber es muss auch eine starke Verbindung zu den Kerngeschäftsbereichen bestehen, um sicherzustellen, dass die Innovationen relevant bleiben und das Potenzial haben, ins Hauptgeschäft integriert zu werden. Trotz ihres Potenzials stehen DILs vor Herausforderungen, insbesondere in Bezug auf die Skalierung von Innovationen und die Integration ins Kerngeschäft. Es besteht das Risiko, dass Labs zu isolierten Einheiten werden, die wenig Einfluss auf das Unternehmen haben. Daher ist es entscheidend, dass DILs nicht nur als separate Einheiten funktionieren, sondern als Teil eines integrierten Innovationsökosystems, das das gesamte Unternehmen umfasst. Das Konzept des DIL muss an die spezifischen Bedürfnisse und Ressourcen des Unternehmens angepasst werden, da nicht jedes Modell für jedes Unternehmen geeignet ist.

Checkliste: Aufbau eines Digital Innovation Labs

DILs sind ein Schlüsselwerkzeug für Unternehmen, um in der digitalen Ära wettbewerbsfähig zu bleiben. Sie ermöglichen eine neue Form der Ambidextrie, die die Integration von Exploration (Erkundung neuer Möglichkeiten) und Exploitation (Optimierung bestehender Ressourcen) auf einem neuen Niveau unterstützt. Hier ist ein praxisorientierter Leitfaden zum Aufbau eines DIL:

- ☐ **Zielsetzung klar definieren:** Ein DIL zielt darauf ab, sowohl innovative Ideen zu erforschen als auch bestehende Geschäftsmöglichkeiten effizient zu nutzen. Es ist wichtig, diese Ziele von Anfang an klar zu definieren.
- ☐ **Integration und Austausch fördern:** Eine erfolgreiche Implementierung eines DIL erfordert eine starke Integration in verschiedenen Unternehmenseinheiten sowie einen regen Austausch von Ideen und Ressourcen. Dies kann durch physische Nähe, organisatorische Verknüpfungen oder soziale Interaktionen erreicht werden.
- ☐ **Anpassung an Unternehmensbedürfnisse:** Es gibt kein Einheitskonzept für DILs. Die beste Lösung hängt von den spezifischen Bedürfnissen und Möglichkeiten

Ihres Unternehmens ab. Flexibilität und Anpassungsfähigkeit sind hierbei entscheidend.

- **Temporäre Ambidextrie nutzen:** Eine Schlüsselkomponente von DILs ist die temporäre Ambidextrie. Dies bedeutet, dass Mitarbeitende für eine bestimmte Zeit ins DIL wechseln, um sich voll und ganz der Erforschung neuer Innovationen zu widmen, bevor sie in ihre regulären Rollen zurückkehren. Dieser Ansatz fördert einen starken Fokus und ermöglicht einen effektiven Transfer zwischen Exploration und Exploitation.
- **Programme für den Transfer etablieren:** Um den Übergang zwischen Exploration und Exploitation zu erleichtern, sollten Programme eingerichtet werden, für die Mitarbeitende sich bewerben können, um ins DIL versetzt zu werden. Dies fördert Beteiligung und Engagement im gesamten Unternehmen.
- **Flexibilität und Vielfalt im Team:** In einem DIL kommen Personen aus verschiedenen Bereichen mit unterschiedlichen Fähigkeiten und Wissen zusammen. Diese Vielfalt ist entscheidend für die Entwicklung innovativer Lösungen.
- **Praktische Umsetzung:** Ein DIL ist kein abstraktes Konzept, sondern ein praktisches Werkzeug. Es sollte so gestaltet sein, dass es konkrete Ergebnisse liefert, die sowohl zur Innovation als auch zur Effizienzsteigerung des Unternehmens beitragen.

Durch die Implementierung eines DIL können Unternehmen eine Balance zwischen der Erforschung neuer Möglichkeiten und der Optimierung bestehender Prozesse finden. Dies fördert nicht nur Innovation, sondern auch langfristige Wettbewerbsfähigkeit in einer sich ständig verändernden digitalen Landschaft (Holotiuk & Beimborn, 2019).

Die temporäre Ambidextrie, die Digital Innovation Labs (DILs) ermöglichen, ist ein entscheidender Faktor für die Förderung von Innovationen. Indem Mitarbeitenden die Chance gegeben wird, sich zeitweise vollkommen auf die Entwicklung neuer Ideen zu konzentrieren, wird nicht nur die Innovationskraft gestärkt, sondern auch der Austausch von Wissen und Fähigkeiten zwischen den Bereichen der Exploration neuer Geschäftsfelder und der Exploitation bestehender Kompetenzen erleichtert. Transferprogramme, die es den Mitarbeitenden erlauben, sich temporär in DILs zu engagieren, verstärken das Engagement und die Beteiligung im gesamten Unternehmen. Die Diversität des Teams in einem DIL, die sich aus unterschiedlichen Fähigkeiten, Erfahrungen und Perspektiven speist, ist ein unverzichtbarer Treiber für Kreativität und Innovation. Ein erfolgreiches DIL liefert nicht nur Ideen, sondern auch handfeste Ergebnisse, die sowohl die Innovation als auch die Effizienz des Unternehmens vorantreiben.

13.3 Digital Mergers and Acquisitions – Schlüssel zur digitalen Transformation für etablierte Unternehmen

In der Weiterführung des Gedankens der Innovation und Transformation sind Digital M&A ein weiteres strategisches Werkzeug, das etablierten Unternehmen den Sprung in die digitale Zukunft ermöglicht. Hierbei geht es nicht nur um die Akquisition neuer Technologien, sondern auch um das Einbringen einer starken digitalen DNA, die durch die Übernahme oder Fusion mit entsprechend ausgerichteten Firmen erreicht wird.

Der Prozess des Digital M&A beginnt mit der sorgfältigen Identifikation digitaler Defizite im eigenen Unternehmen und der anschließenden Suche nach Unternehmen, die diese Lücken effektiv schließen können. Die sorgfältige Auswahl und Prüfung potenzieller Übernahmeziele ist dabei von entscheidender Bedeutung, um eine erfolgreiche Integration und einen nahtlosen Wissenstransfer zu gewährleisten. Dieser Schritt ist essenziell, um sicherzustellen, dass die digitalen Kompetenzen und Technologien des Zielunternehmens nicht nur übernommen, sondern tief in die Strukturen des Käuferunternehmens eingewoben werden.

Definition: Was ist Digital M&A?

Digital Mergers and Acquisitions bezeichnet den Kauf oder die Fusion mit Unternehmen, die digitale Technologien als Kern ihres Geschäftsmodells nutzen. Diese Bewegung ermöglicht es traditionellen Firmen, ihre digitalen Kompetenzen zu erweitern und Innovationen voranzutreiben.

Die erfolgreiche Umsetzung von Digital M&A erfordert ein gezieltes Vorgehen, bei dem Unternehmen identifiziert werden, die sowohl über ähnliche als auch über komplementäre dynamische Fähigkeiten verfügen. Ähnlichkeiten dienen dabei als Basis für effizienzorientierte Synergien wie Skaleneffekte und Verbundvorteile. Komplementaritäten hingegen schaffen zusätzlichen Wert, indem sie die Stärken der beteiligten Unternehmen bündeln und gegenseitig verstärken. Empirische Untersuchungen bestätigen, dass gerade diese Komplementaritäten maßgeblich zum Erfolg von M&A beitragen, indem sie nicht nur Kosten senken, sondern auch Umsatz und Marktanteile steigern.

Die Bedeutung von Komplementarität erstreckt sich über die Zusammensetzung des Managementteams hinaus und ist insbesondere bei der Integration von Technologien und digitalen Kompetenzen von hoher Relevanz. Es ist von entscheidender Bedeutung, dass die erworbenen Unternehmen nicht nur passende Technologien und Prozesse einbringen, sondern auch komplementäre digitale Fähigkeiten, die das Potenzial haben, neue Geschäftsfelder zu erschließen und Innovationen zu fördern. Ein praktisches Beispiel hierfür ist die Übernahme eines Unternehmens, das fortgeschrittene Datenanalysemethoden beherrscht. Dies kann einem traditionellen Unternehmen ermöglichen, tiefere Einblicke in das Kundenverhalten zu gewinnen und maßgeschneiderte Angebote zu entwickeln. Umgekehrt kann das übernommene Unternehmen von den etablierten Vertriebskanälen und der Markterfahrung des Käuferunternehmens profitieren, um seine innovativen Lösungen einem größeren Kundenkreis anzubieten.

PRAXISBEISPIEL: FALLANALYSE FUNKE DIGITAL INVESTMENTS

Funke Digital Investments, ein Teil der traditionsreichen Funke Mediengruppe, steht für eine innovative Verbindung von unternehmerischer Kultur und digitaler Expertise. Mit einem klaren Fokus auf Wachstumsunternehmen im digitalen Sektor geht Funke weit über die Rolle eines reinen Finanzinvestors hinaus. Die Gruppe nutzt ihre umfassenden Ressourcen – von starker Reichweite über ein breites Netzwerk bis hin zu tiefgreifendem Fachwissen – um ihre Portfoliounternehmen nachhaltig zu fördern und zu skalieren.

Die Gruppe konzentriert sich auf den D/A/CH-Raum mit einem Investmentvolumen von 1–25 Mio. EUR und zielt auf profitable Unternehmen in den Wachstums- oder Exitphasen ab. Ihre Investitionscluster umfassen Digital Publishing, Classifieds & Marketplaces und Digital Marketing. Funke Digital Investments hat ein diversifiziertes Portfolio aufgebaut, das von Stellenbörsen über digitale Termin- und Kundenverwaltung bis hin zu Social-Media-Publishing reicht. Die Gruppe nutzt ihre starke Reichweite und ihr Netzwerk, um das Wachstum ihrer Portfoliounternehmen zu fördern. Beispiele für erfolgreiche Akquisitionen und Integrationen sind:

- **FUNKE Works:** Spezialisiert auf Stellenbörsen,
- **Shore:** Anbieter digitaler Termin- und Kundenverwaltung (SaaS),
- **Media Partisans:** einflussreicher Social-Media-Publisher,
- **joblocal:** Plattform für die regionale Jobsuche,
- **Trendence:** Marktforschung im HR-Bereich,
- **Winlocal:** lokale Onlinemarketinglösungen,
- **prettysocialmedia:** großes Social-Media-Netzwerk,
- **Musterhaus.net:** führendes Hausbauportal,
- **uberall:** Spezialist für Location Marketing.

Die Herausforderung für Funke liegt darin, die richtigen Akquisitionen zu identifizieren, die einen strategischen Fit bieten und gleichzeitig das Potenzial haben, von den Ressourcen der Gruppe zu profitieren. Ziel ist, durch die Kombination von Online- und Offlinestrategien einzigartige Wertschöpfungsmöglichkeiten zu schaffen und die digitalen Angebote der Gruppe zu erweitern. Der Fall von Funke Digital Investments zeigt, wie eine strategisch ausgerichtete Investitions- und Wachstumsstrategie es einem Medienunternehmen ermöglichen kann, in der digitalen Wirtschaft erfolgreich zu sein. Durch die Kombination von finanziellen Ressourcen, Branchenexpertise und einem starken Netzwerk kann Funke nachhaltige Werte für seine Portfoliounternehmen und die gesamte Gruppe schaffen.

Für Führungskräfte bedeutet dies, dass sie bei der Suche nach Übernahmekandidaten nicht nur auf die Schließung digitaler Lücken achten, sondern auch auf das Potenzial, das eigene Geschäftsmodell mit einzigartigen Kompetenzen zu bereichern. Eine umsichtige Bewertung potenzieller Übernahmeziele und eine strategisch durchdachte Integrationsplanung sind dabei unerlässlich, um den Gesamtwert der fusionierten Unternehmen zu maximieren.

14 Strategien für die Zukunft: Methoden und Verfahren des Digitally Expanded Business

Als Abschluss von Teil C und als Ergänzung zu den vorgestellten Werkzeugen der digitalen Transformation ist es für das Topführungsteam eines Unternehmens entscheidend, den Blick über den Tellerrand zu wagen und weitere strategische Themen in Betracht zu ziehen. Die Ausrichtung auf Marktexpansion, Wertschöpfungstiefe und -breite sowie digitale Geschäftsfeldinnovation sind dabei zentrale Säulen, die je nach Unternehmenssituation unterschiedlich gewichtet werden können. Im Folgenden werden diese drei Richtungen näher beleuchtet und Handlungsempfehlungen für eine zukunftsorientierte Unternehmensführung gegeben.

14.1 Marktexpansion: Digitale Präsenz als Wachstumstreiber

Die digitale Marktexpansion geht weit über die geografische Präsenz hinaus. Es ist ein strategischer Schritt, der das Management dazu auffordert, digitale Kanäle zu nutzen, um eine globale Präsenz zu etablieren. Die Herausforderung liegt darin, digitale Technologien zu nutzen, um maßgeschneiderte Lösungen für lokale Märkte zu entwickeln, während gleichzeitig die globale Markenidentität gestärkt wird. Eine datengestützte Vision, die auf tiefgehenden Marktanalysen basiert, ist der Schlüssel, um neue Kundensegmente zu erschließen und Angebote zu personalisieren.

Beispielhafte Ansätze für die strategische Umsetzung:

- Nutzung von Big Data und KI für präzise Marktanalysen und Trendvorhersagen;
- digitales Marketing: Verwendung digitaler Kanäle zur Kundenwerbung, Social-Media-Kampagnen: Nutzung sozialer Medien zur Kundenansprache, SEO/SEM (Suchmaschinenoptimierung/-marketing): Verbesserung der Sichtbarkeit in Suchmaschinen;
- Aufbau von E-Commerce-Plattformen: Schaffung digitaler Verkaufsumgebungen; Nutzung von Onlinemarktplätzen: Verkauf über Onlinemarktplätze;
- Anpassung von Produkten/Dienstleistungen durch KI-gestützte Übersetzungstools: Verwendung von KI für die Anpassung an verschiedene Sprachen und Regionen;
- Nutzung digitaler Netzwerke und Plattformen für die Suche und Verwaltung von Partnerschaften: Verwendung digitaler Tools zur Identifizierung und Verwaltung von Geschäftspartnern.

14.2 Wertschöpfungstiefe und -breite: Digitale Integration als Fundament

Die Digitalisierung bietet eine einzigartige Gelegenheit, die Wertschöpfungskette zu vertiefen und zu erweitern. Das Management muss eine Strategie entwickeln, die digitale Technologien wie KI, IoT und Blockchain integriert, um Prozesse zu optimieren und neue Geschäftsmöglichkeiten zu erschließen. Die Herausforderung besteht darin, die richtigen Technologien auszuwählen und sie nahtlos in bestehende Prozesse einzubetten, um die Effizienz zu steigern und neue Werte zu schaffen.

Beispielhafte Ansätze für die strategische Umsetzung:

- **Implementierung von Industrie 4.0:** Integration von IoT und Datenanalyse in Produktionsprozessen,
- **Automatisierung und Robotik:** Verwendung von Robotern und Automatisierung zur Effizienzsteigerung in der Produktion,
- **Einsatz von IoT für Tracking:** Nutzung von IoT-Geräten zur Überwachung und Verfolgung von Produkten in der Lieferkette,
- **Predictive Maintenance:** Vorhersage von Wartungsbedarf basierend auf IoT-Daten, um Ausfälle zu vermeiden,
- **CRM-Systeme:** Managementsysteme zur Verwaltung von Kundenbeziehungen und -kommunikation,
- **Chatbots für Kundenservice:** automatisierte Chatbots zur Unterstützung und Interaktion mit Kunden,
- **agile Entwicklungsmethoden:** flexible und iterative Entwicklungsmethoden, um schnell auf Änderungen reagieren zu können,
- **Prototyping mit 3D-Druck:** Erstellung von Prototypen physischer Produkte,
- **Entwicklung digitaler Serviceangebote:** Schaffung digitaler Dienstleistungsangebote wie Apps oder Onlinetools zur Kundenunterstützung und -bindung.

14.3 Digitale Geschäftsfeldinnovation: Digitalen Wandel gestalten

Die Entwicklung neuer digitaler Geschäftsfelder ist ein entscheidender Schritt für zukunftsorientierte Unternehmen. Das Management muss eine Innovationskultur schaffen, die schnelles Lernen und Anpassungsfähigkeit fördert. Die Herausforderung liegt darin, das Kerngeschäft zu stärken, während man neue digitale Angebote entwickelt, die auf den neuesten Technologien basieren und echten Mehrwert bieten.

Beispielhafte Ansätze für die strategische Umsetzung:

- Nutzung von KI für personalisierte Produkte und Dienstleistungen: KI-Einsatz mit dem Ziel, maßgeschneiderte Produkte und Dienstleistungen für Kunden zu erstellen,

- Entwicklung plattformbasierter Geschäftsmodelle: Schaffung von Geschäftsmodellen, die auf digitalen Plattformen und Ökosystemen basieren,
- Loyalty-Programme mit Gamificationelementen: Einbindung spielerischer Elemente in Kundenbindungsprogramme, um die Kundeninteraktion zu fördern,
- Analyse von Kundendaten zur Entwicklung neuer Geschäftsideen: Nutzung von Kundendatenanalysen, um neue Geschäftsmöglichkeiten zu identifizieren und zu monetarisieren,
- Aufbau von digitalen Ökosystemen und Partnerschaften: Schaffung von digitalen Netzwerken und Partnerschaften, um das Geschäftsumfeld zu erweitern und zu stärken.

Die hier vorgestellten Ansätze sind mehr als nur isolierte Strategien; sie sind die Bausteine für eine zukunftssichere Unternehmensführung. Durch die Integration dieser Elemente in einen kohärenten Plan kann das Management nicht nur auf aktuelle Trends reagieren, sondern diese aktiv mitgestalten und das Unternehmen erfolgreich in die digitale Zukunft führen. Die digitale Transformation ist kein einmaliges Projekt, sondern ein fortlaufender Prozess. Die in diesem Kapitel vorgestellten Ansätze – CE, DIL und Digital M&A – bilden zusammen eine kraftvolle Triade, die es etablierten Unternehmen ermöglicht, in der digitalen Ära zu wachsen und zu gedeihen.

Jedes dieser Elemente spielt eine entscheidende Rolle bei der Gestaltung zukunftsfähiger Unternehmen, die nicht nur am Puls der Zeit agieren, sondern auch die Weichen für morgen stellen. Die Marktexpansion durch digitale Kanäle, die Vertiefung der Wertschöpfungskette und die Innovation in neuen Geschäftsfeldern sind dabei nicht nur strategische Ziele, sondern auch Ausdruck einer Unternehmenskultur, die den digitalen Wandel als ständigen Begleiter und Impulsgeber versteht.

Bevor wir dieses Kapitel abschließen, ist es wichtig, sich daran zu erinnern, dass die digitale Transformation eine Reise und kein Ziel ist. Sie erfordert ein Umdenken auf allen Ebenen des Unternehmens, die Bereitschaft, bestehende Geschäftspraktiken zu hinterfragen und die Fähigkeit, schnell auf Veränderungen zu reagieren. Unternehmen, die diese Herausforderungen meistern, werden nicht nur in der Lage sein, ihre aktuelle Position zu sichern, sondern auch dazu, neue Horizonte zu entdecken und zu erobern.

15 Fallbeispiel: Klöckner&Co – Stahlharter Wandel durch digitale Innovation

15.1 Ausgangslage und Anstoß zur Transformation

Klöckner&Co, ein traditionsreiches Unternehmen im Stahl- und Metallhandel, stand vor der Herausforderung, sich in einer zunehmend digitalisierten Welt zu behaupten. Die Notwendigkeit einer Transformation wurde deutlich, als sich die Marktbedingungen änderten und eine Agilität erforderten, die mit den bestehenden Prozessen nicht zu erreichen war. Gisbert Rühl, der CEO von Klöckner, initiierte daher einen radikalen Wandel, um das Unternehmen zukunftsfähig zu machen.

Rühl erkannte, dass eine schrittweise Anpassung nicht ausreichen würde. Stattdessen wurde eine umfassende Digitalstrategie entwickelt, die darauf abzielte, das Unternehmen von einem traditionellen Händler in ein digitales, plattformbasiertes Unternehmen umzuwandeln. Im Zuge dessen wurde kloeckner.i ins Leben gerufen, ein digitaler Innovationszweig mit Sitz in Berlin, der die digitale Transformation vorantreiben sollte. Später folgte die Gründung von XOM Materials, einer unabhängigen digitalen Plattform für den Handel mit Stahl und anderen Materialien, die als eigenständiges Start-up fungieren sollte.

Um diese ambitionierte Transformation zu realisieren, setzte Klöckner auf eine strategische Neuausrichtung, die sowohl interne Prozesse als auch die Interaktion mit Kunden und Lieferanten digitalisierte. Die Veränderung war tiefgreifend: von der Einführung einer neuen IT-Infrastruktur über die Automatisierung von Lieferketten bis hin zur Implementierung modernster Datenanalytik. Klöckner&Co strebte danach, nicht nur am Markt zu bestehen, sondern diesen aktiv mitzugestalten und zu führen. Die Digitalisierung wurde als Kernstrategie verstanden, um die Effizienz zu steigern, Kundenerlebnisse zu verbessern und neue Geschäftsmodelle zu entwickeln.

15.2 Herausforderungen und Lösungsansätze

Die Digitalisierung bei Klöckner umfasste den Einsatz verschiedener digitaler Werkzeuge. Dazu gehörte ein Onlineshop, der es Kunden ermöglichte, Bestellungen direkt über das Internet aufzugeben. Ein weiteres Instrument war ein Vertragsportal, das die Abwicklung von Verträgen digitalisierte. Des Weiteren wurde ein Teilemanager eingeführt, der die Bestandsverwaltung erleichterte, sowie ein Tracker, der Kunden Transparenz über den Status ihrer Bestellungen gab. Diese Tools trugen dazu bei, dass bis Ende 2019 rund 29% des Umsatzes von Klöckner online generiert wurden.

XOM Materials strebte danach, den Stahlhandel zu revolutionieren, indem es eine breite Palette von Dienstleistungen anbot, die von maßgeschneiderten Angeboten bis hin zu Finanzierungs-, Versicherungs- und Logistikdienstleistungen reichten. Trotz des langsamen Starts und der anfänglichen Kosten zeigte XOM ein stetiges Wachstum und zählte schließlich etwa 50 Verkäufer und 600 registrierte Kunden.

Die Umsetzung dieser digitalen Transformation verlief jedoch nicht ohne Herausforderungen. Insbesondere die Anpassung der Belegschaft an neue Arbeitsweisen und die Förderung der digitalen Kompetenz waren kritische Faktoren. Klöckner&Co setzte sich intensiv für die Schulung seiner Mitarbeitenden ein und gründete eine Digital Academy, um die digitalen Fähigkeiten der Belegschaft zu stärken.

Die interne Herausforderung, die Mitarbeitenden auf die neuen digitalen Arbeitsweisen einzustellen, wurde durch umfangreiche Schulungs- und Weiterbildungsprogramme gemeistert. Die Digital Academy von Klöckner&Co ermöglichte es den Mitarbeitenden, digitale Fähigkeiten zu erlernen und sich an die neuen Technologien anzupassen. Die Automatisierung des Anfrageprozesses war ein Paradebeispiel für die Effektivität der digitalen Transformation. Durch die Einführung KI-gestützter Systeme konnte der Prozess der Angebotserstellung von mehreren Tagen auf wenige Sekunden reduziert werden, was nicht nur die Kundenzufriedenheit steigerte, sondern auch interne Ressourcen entlastete.

15.3 Fazit und Ausblick

Die digitale Transformation von Klöckner&Co zeigt exemplarisch, wie ein traditionelles Unternehmen sich neu erfinden und an die Erfordernisse eines digitalen Marktes anpassen kann. Unter der Leitung von Gisbert Rühl hat Klöckner signifikante Fortschritte gemacht, um nicht nur seine internen Prozesse zu digitalisieren, sondern auch eine führende Rolle in der Schaffung digitaler Plattformen für den Materialhandel zu übernehmen. Während die Reise noch nicht abgeschlossen ist und weiterhin Herausforderungen bestehen, insbesondere in Bezug auf die vollständige Akzeptanz und Nutzung digitaler Angebote durch alle Kunden, zeigt Klöckner&Co, dass Mut und Vision essenziell für die erfolgreiche Transformation in einer sich schnell verändernden Industrielandschaft sind (Fallstudie angelehnt an Klöckner&Co SE, 2020).

Teil D: Erarbeitung einer Strategie des New Digital Business

Management Summary
Im New Digital Business (Abb. 37) werden drei Handlungsfelder gestaltet und aktiv genutzt, um neue, digitale Geschäftsfelder aufzubauen und mittels beispielsweise digitalen Ökosystemen und Plattformen oder durch Internationalisierung erfolgreich umzusetzen.

Die digitalen Technologien können neue strategische Potenziale und Wettbewerbsvorteile befördern, die von Unternehmen zum Aufbau neuer Märkte, Produkte und Dienstleistungen genutzt werden können. Diese strategischen Optionen können in neuen Geschäftsfeldern resultieren, die mittels eines gewählten Geschäftsmodells umgesetzt werden. Dies kann auch zu neuen Unternehmen im Unternehmensportfolio führen. Digitale Ökosysteme schaffen neuen Märkte, in denen Marktteilnehmer mit gleichen oder ähnlichen digitalen Technologien arbeiten und eine neue Wertschöpfung generieren. Digitale Plattformen sind die Marktplätze, auf denen die Leistungen ausgetauscht werden. Durch die mögliche Skalierung digitaler Plattformen können diese stark wachsen und hohe Profite generieren; die Risiken sind aber ebenfalls hoch. Je nach Strategieoption können digitale Ökosysteme und Plattformen an bestehenden Wertschöpfungsketten partizipieren (z. B. mittels einer darunter liegenden digitalen Wertschöpfungskette) oder neue Märkte aufbauen. Digitale Technologien ermöglichen Unternehmen einen direkteren und in vielen Fällen einfacheren Zugang zu ausländischen Märkten. Im Zentrum steht die Expansion digitaler Plattformen in neue geografische Märkte; auch E-Commerce-Shops können im Ausland vermarktet werden. Durch Partnerschaften können Logistikprozesse definiert werden, welche die Distribution physischer Leistungen ermöglicht. Das digitale Marketing mit seinen Plattformen und Formaten ist eine wichtige funktionale Strategie, um die Leistungen des Hauptsitzes in den neuen internationalen Märkten zu vermarkten.

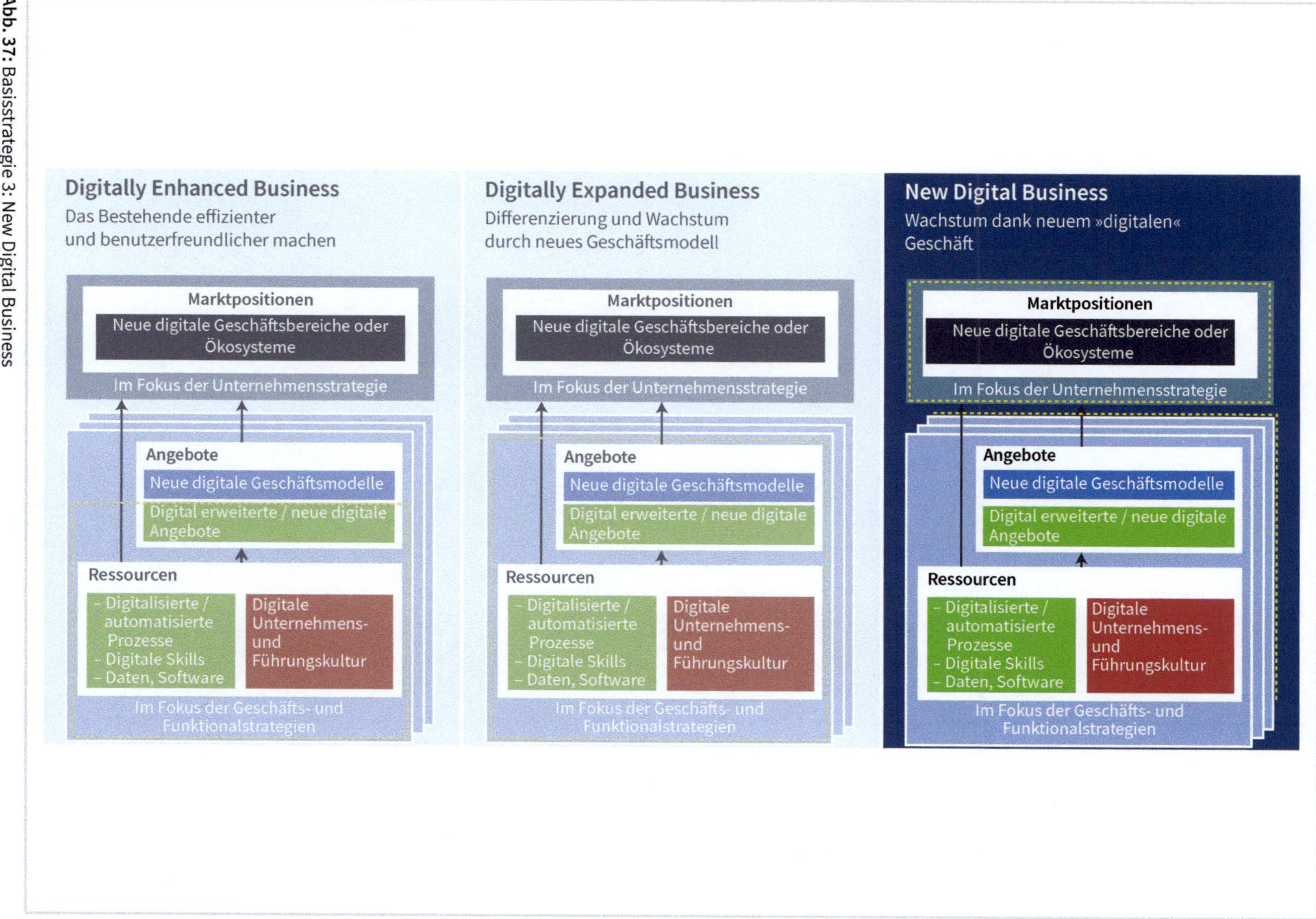

Abb. 37: Basisstrategie 3: New Digital Business

16 Geschäftsfelder und Geschäftsmodelle entwickeln

16.1 Einleitung: Geschäftsfelder

Ein Geschäftsfeld ist ein abgegrenzter Bereich eines Unternehmens, der beispielsweise über Unterschiede in den Faktoren Nachfrage, Leistung und Technologie definiert wird. In den meisten Fällen wird dieser in einer eigenständigen Geschäftseinheit (Strategic Business Unit) geführt. Darin befinden sich die angebotenen Produkte und Dienstleistungen mit deren Entwicklung und Vermarktung sowie dem Vertrieb. Für jedes Geschäftsfeld kann es eine unterschiedliche Zielgruppe, besondere Produkte oder Dienstleistungen geben, und es kann jeweils eine spezifische Technologie eingesetzt werden. Entsprechend sind auch die Marketing- und Vertriebsstrategien für jedes Geschäftsfeld eines Unternehmens unterschiedlich. Die Geschäftsfelder wiederum werden vom Hauptsitz oder der zentralen Firmenleitung gesteuert und kontrolliert.

Ein klassischer Telefonnetzanbieter kann beispielsweise die Geschäftsfelder Mobilfunk und Festnetz ebenso unterscheiden wie Privat- und Firmenkunden sowie Datenabos über unterschiedliche Technologien (Fiber, Kabel, Funk) anbieten. Ein Fahrradhändler wiederum könnte die drei Geschäftsbereiche Verkauf klassisch-traditioneller Fahrräder, Verkauf E-Bikes sowie Reparaturdienstleistungen aufbauen. In einigen Fällen führen neue Geschäftsmodelle (z. B. Subskriptionsangebote oder Servicedienstleistungen) zu neuen Geschäftsfeldern.

Geschäftsfelder / Strategic Business Units

Ein strategisches Geschäftsfeld bzw. eine strategische Geschäftseinheit ist eine Unternehmenseinheit, die im Rahmen der Strategieentwicklung im Unternehmen definiert und kontrolliert wird. Es ist ein eigenständige Unternehmenseinheit, die sich auf ein Geschäftsfeld mit eigenem Produktangebot und definiertem Marktsegment konzentriert. Strategische Geschäftsfelder verfügen meistens über eine eigene Leitung, ein eigenes Team sowie separate Strategien und Finanzpläne. In großen Unternehmen könnten Geschäftsfelder in übergeordneten Geschäftseinheiten zusammengefasst sein.

16.2 Diversifikation im Unternehmen

Wenn ein Unternehmen seine Produkte und Dienstleistungen über den Kernbereich hinaus um neue Produkte erweitert und auf neuen Märkten anbietet, also aktiv neue Geschäftsfelder erschließt, betreibt es eine Diversifikationsstrategie. Das Ziel dabei ist ein Risikoausgleich, denn wenn ein Bereich nicht so gut läuft, kann der Verlust idealerweise durch andere Bereiche aufgefangen werden. Ein anderes Ziel kann weiteres Wachstum sein, wenn dieses im Kernbereich nicht oder nur eingeschränkt möglich ist. So können gewinnbringende Geschäftsfelder eines

Unternehmens dessen noch verlustgenerierenden, neuen, aber wachsenden Geschäftsfelder finanzieren.

Diversifikation kann in verschiedene Richtungen gehen: Bei der **horizontalen** Diversifikation handelt es sich um eine Erweiterung des bestehenden Produktprogramms um zusätzliche Typen oder Dienstleistungen. Beispielsweise kann ein Fahrradhändler zusätzlich auch Räder für Kleinkinder verkaufen und somit eine neue Zielgruppe und einen neuen Markt erschließen. Eine neue Dienstleistung wäre etwa ein Onlineshop für Ersatzteile mit einem automatischen Preisrechner für die Reparatur von defekten Fahrrädern.

Die zweite Richtung, die **vertikale** Diversifikation, ist die Aufnahme von Produkten ins Angebot, die zu einer vor- oder nachgelagerten Produktionsstufe gehören. Der Fahrradhändler würde dann etwa damit beginnen, selbst Reifen und Schläuche zu produzieren, statt diese von Lieferanten zu kaufen, und diese in seinem Onlineshop anzubieten.

Bei der dritten Richtung, die der **lateralen** Diversifikation, besteht zwischen der alten und der neuen Produkt-Markt-Kombination kein sachlicher Zusammenhang mehr. Angeboten wird also ein völlig anderes Produkt. Der Fahrradhändler könnte, weil er etwa seine Lagerfläche und die neu aufgebaute digitale Infrastruktur noch besser nutzen will und damit auch im Winter mehr Umsatz machen, zusätzlich Snowboards und Ski anbieten – inklusive Service und Ersatzteilen im Onlineshop.

Die Diversifikation ist auch entlang der Wertschöpfungskette (Abb. 38) möglich. Hier wird der Begriff der horizontalen Integration jedoch als Expansionsstrategie des Unternehmens (näher zum Start der Wertschöpfung [»backward«] oder zu deren Ende [»forward«]) verstanden, d.h. als Übernahme eines Unternehmens im gleichen Geschäftsbereich auf der gleichen Lieferebene der Wertschöpfungskette. Umgekehrt bezeichnet in diesem Fall die vertikale Integration die Expansionsstrategie der Unternehmen innerhalb einer Wertschöpfung auf einer unterschiedlichen Ebene.

16.3 Aufbau von Geschäftsfeldern

Die folgenden drei klassischen Strategieschritte helfen beim Aufbau neuer Geschäftsfelder:

1. **Strategische Situationsanalyse:** Im Rahmen einer Unternehmensanalyse wird, beispielsweise mittels Workshops, die aktuelle Situation des Unternehmens diskutiert. Themen sind dabei die Unternehmensziele, die Mission und Vision sowie die derzeitige Position in den Geschäftsfeldern, Marktsegmenten und Produktgruppen. Wichtiges Hilfsmittel ist die Analyse der Wertschöpfungskette (Kap. 6.6). Zu diesem Zweck werden die einzelnen wertschöpfenden Aktivitäten mit ihren Marktteilnehmern, den Wettbewerbsstärken/Marktanteilen und Beiträgen zur Wertschöpfung (inklusive der genutzten Daten und Technologien im Hinblick auf digitale Wertschöpfungsketten und Ökosysteme) analysiert, um die Poten-

ziale für eine Diversifikationsstrategie bzw. neue Geschäftsfelder herauszuarbeiten. Unter Berücksichtigung ökonomischer, sozialer, technologischer und politischer Entwicklungen lassen sich potenzielle Wachstumsmärkte und neue Geschäftsfelder definieren.

2. **Marktanalyse:** Das priorisierte potenzielle Geschäftsfeld im oder außerhalb des bestehenden Ökosystems wird nun detailliert betrachtet. Dabei werden Marktvolumen, Marktentwicklung und Marktpotenzial abgeklärt; auch soziale, wirtschaftliche, technologische und politische Einflussfaktoren werden wiederum berücksichtigt. Die identifizierten Trends und Entwicklungen werden abgebildet, und das neue Produkt oder die neue Dienstleistung wird nach ausgewählten Marktsegmenten differenziert. Die Wettbewerbssituation im neuen Geschäftsfeld bzw. in der entsprechenden Wertschöpfungskette wird abgeklärt, inklusive Zulieferindustrie, Abnehmer und Konkurrenz. Zusätzlich kann eine detaillierte Zielgruppenanalyse vorgenommen werden.
3. **Strategieplanung:** Bei positiven Resultaten aus der Situations- und Marktanalyse wird im dritten Schritt der Geschäftsfall (Business Case) in einem Businessplan bzw. einem Investitionsvorschlag zu Händen der Geschäftsleitung bzw. der Eigentümer dokumentiert. Dieser beinhaltet die Strategie, die das untersuchte und neue Geschäftsfeld erschließt. Dabei wird die exakte Positionierung des eigenen Unternehmens in Relation zu den Wettbewerbern erarbeitet, Alleinstellungsmerkmale und Leistungsportfolio werden definiert, und der Marketingmix wird definiert.

16.4 Digitale Geschäftsfelder und neue (digitale) Geschäftsmodelle

Es gibt unterschiedliche Typen von digitalen Geschäftsfeldern und -modellen, die für ein Unternehmen in Erwägung gezogen werden können. Dabei handelt es sich teilweise um völlig neue Geschäftsmodelle, die erst im Zusammenhang mit digitalen Technologien möglich geworden sind und zu Wettbewerbsvorteilen führen. Sie bedingen ein neues Denken und oft auch eine andere Art von Führung und Kultur im Fokus auf ein digitales Mindset.

Der Begriff »Geschäftsmodell« bezieht sich auf den Plan eines Unternehmens, wie es sein Geschäft betreibt – also wie es seine Produkte oder Dienstleistungen monetarisiert. Neue digitale Technologien, digitale Plattformen und die damit verbundenen neuen Marktteilnehmer und Konkurrenten haben dazu geführt, dass das Geschäftsmodell immer bedeutender wird. Ein relevanter Aspekt stellt in diesem Zusammenhang die **Netzwerkökonomie** dar: Sie basiert auf der Annahme, dass Produkte und Dienstleistungen geschaffen werden und die Wertschöpfung mittels digitaler Plattformen generiert wird. Bei der Netzwerkökonomie spielen Skaleneffekte eine riesige Rolle: In den meisten Fällen gewinnt eine einzige Plattform einen Markt (ein Anbieter; in Ausnahmefällen zwei bis drei). Mit jedem zusätzlichen Nutzer steigt der Netzwerkeffekt, und mehr Produkte und Dienstleistungen können potenziell an mehrere Nutzer verkauft werden; mit jeder Transaktion steigt zudem der Unternehmensgewinn. Vielfach genannte Beispiele sind Airbnb, eBay, Google, Facebook und Uber sowie in Deutschland Check24 oder Mobile.de oder in der Schweiz (Digitec) Galaxus und Ricardo.

Ein wesentlicher Bestandteil des Geschäftsmodells ist das Wertversprechen. Dieses beschreibt die Waren oder Dienstleistungen, die ein Unternehmen anbietet, und zeigt, warum sie für die Kundschaft einen Wert darstellen.

Zu den wichtigen und bekannten neuen Geschäftsmodellen gehören (Krättli & Peter, 2021):

- **Auktionsmodell:** Der Markt bestimmt den Preis des Produkts oder der Dienstleistung (z. B. eBay, Ricardo).
- **Partnerschaften:** Strategische Partnerschaften erweitern das ursprüngliche Angebot (z. B. Autoversicherungen, angeboten von einer Bank).
- **Cross-Selling:** Ein Unternehmen verkauft dem Kunden Angebote aus anderen Produktkategorien (z. B. ein Lebensmittelgeschäft, das auch Fahrräder und Kleider anbietet, etwa Aldi).
- **Crowdfunding:** Ein neues Produkt wird von der Crowd (der Masse) durch Spende und Leihgaben finanziert – vielfach mit einem Gegenwert in Form des (vergünstigten) Produkts (z. B. über Kickstarter oder Indiegogo).
- **Crowdsourcing:** Ein Produkt oder eine Dienstleistung wird mithilfe der Crowd (der Masse) erstellt (z. B. Apps, Staumeldungen im Radio).
- **Direktverkauf:** Unternehmen, die traditionell über den stationären Handel verkauften, bieten Produkte oder Dienstleistungen auch direkt – zum Beispiel über einen E-Shop – an (z. B. Feldschlößchen, Levi's Jeans).
- **E-Commerce:** Unternehmen verlagern ihre Distributionskanäle verstärkt ins Internet (z. B. Eduscho).
- **Pauschalpreise:** Der Pauschalpreis deckt die Einzelpreise mehrerer Produkte oder Leistungen als Paket ab (z. B. Pauschalreise).
- **Dynamische Preise:** Die Preise werden je nach Marktnachfrage und -angebot laufend angepasst (z. B. Fluggesellschaften oder Hotelplattformen wie booking.com).
- **Franchising:** Das Unternehmen (die Franchisegeberin) bietet seine Produkte oder Dienstleistungen via Partnernetzwerk (Franchisenehmern) an (z. B. Hilton-Hotels, McDonald's, Pizza Hut).
- **Freemium-Modell:** Die (meist werbefinanzierte) Einstiegsvariante ist kostenlos, die komplette (meist werbefreie) Version mit erweitertem Leistungsumfang aber kostenpflichtig (z. B. Spotify).
- **Lizenzierung:** Die Lizenz gibt das Recht, das Produkt oder die Dienstleistung eines Unternehmens in einem anderen Markt oder als Bestandteil eines neuen Produkts gegen eine Gebühr zu nutzen (z. B. die Produktion von Rucksäcken unter der Schweizer Marke »Wenger« in den USA).
- **Open Source:** Das Produkt (vielfach Software) kann kostenlos genutzt werden; das Unternehmen verdient Geld mit den zugehörigen Dienstleistungen (z. B. LibreOffice).
- **Pay-per-Use-Modell:** Die Kundschaft bezahlt pro Anwendungsfall bzw. für die einzelne Nutzung (z. B. Co-Working-Sitzungsräume, Automiete via Mobility, Baumaschinenmiete zum Stundentarif).

- **Miete:** Das Produkt oder die Dienstleistung wird der Kundschaft zu einem vorgängig festgesetzten Preis zur Nutzung überlassen (z. B. Büroräume, Computer und Multifunktionsgeräte wie Drucker/Scanner).
- **Peer-to-Peer/digitale Plattform:** Das Unternehmen bietet nur die Plattform an; Verkäufer und Käufer tätigen die Transaktionen direkt untereinander (z. B. Airbnb, Uber). Aus Peer-to-Peer-Geschäftsmodellen entstehen Ökosysteme und digitale Plattformen (vgl. Kap. 2).
- **Subskriptionsmodell:** Das Produkt wird zu einem Pauschalpreis abonniert und muss deshalb nicht gekauft werden (z. B. Software, Zeitungsabo). Der Unterschied zum Mietmodell zeigt sich etwa beim Anbieter Mobility: Der Zugang zum Flottenpool wird als Subskription im Jahresabo angeboten, die eigentliche Fahrzeugnutzung entspricht dann allerdings einer Miete.

Eine wichtige Voraussetzung für das Erkennen und Erschließen neuer Geschäftsfelder und -modelle ist das eigene (digitale) Mindset. Es braucht dazu die Bereitschaft, auch bisher sehr erfolgreiche Standbeine des Unternehmens infrage zu stellen. Zudem ist eine sorgfältige Analyse der Marktsituation und der eigenen Stärken und Schwächen notwendig (vgl. Kap. 20). Wenn ein neues Geschäftsfeld erschlossen wird, sind der Marketingmix (speziell die Produktqualität), der Markt bzw. das Marktwachstum, die Kostenentwicklung, in einigen Fällen auch der Standort, an dem die Dienstleistung angeboten wird, kritische Erfolgsfaktoren. Diese Faktoren können sich unter Umständen sehr schnell ändern, weshalb es wichtig ist, sie zu überwachen und regelmäßig neu zu analysieren, um Anpassungen vorzunehmen.

AUS DER PRAXIS: UMSETZUNG NEUER GESCHÄFTSFELDER UND -MODELLE

Nachfolgende Beispiele zeigen die Umsetzung neuer Geschäftsfelder und -modelle:

Greenpeace – Diversifikation des Portfolios

Die Umweltorganisation Greenpeace bietet heute weit mehr an als das Durchführen von Umweltaktionen. Die Tätigkeitsfelder des Unternehmens umfassen unter anderem den Verkauf von Ökoenergie und den Versandhandel von ökologischen Produkten. Es hat sich also im Laufe der Jahre in neue Felder diversifiziert. Weitere Informationen: https://www.greenpeace.de/bzw. https://green-planet-energy.de.

Vorwerk und Thermomix – Neue Technologien und Vernetzung

Ein Beispiel für digitale Wettbewerbsvorteile ist der deutsche Direktvertrieb Vorwerk. Dessen Küchenmaschine Thermomix wurde digitalisiert und in ein komplettes Ökosystem zum Thema Ernährung eingebunden. Per App können sich Familien untereinander abstimmen, was gekocht werden soll. Dazu gibt es online eine große Rezeptdatenbank, die speziell auf den Thermomix abgestimmt ist. Die nächste Stufe sieht dann die Lieferung der benötigten Zutaten direkt über eine zugehörige App vor. Hierzu hat sich Vorwerk mit dem Detailhandel vernetzt, dessen Lieferservice die Bestellungen vor die Tür bringt. Vernetzung bedeutet hier also auch, dass Unternehmen aus verschiedenen

Branchen kooperieren, um gemeinsam die gestiegenen Kundenanforderungen bedienen zu können. Weitere Informationen: https://www.vorwerk.com.

Amazon – Digitale Wertschöpfungskette und Netzwerkökonomie
Ein klassisches US-amerikanisches Vorzeigeunternehmen ist Amazon. 1993 analysierte Jeff Bezos die 20 größten Versandhandelsunternehmen in den USA, um herauszufinden, welche von ihnen effizienter gestaltet werden könnten, indem das Internet genutzt wurde. 1994 gründete er Amazon. Das Unternehmen nutzte von Beginn an digitale Technologien, um anders als seine Mitbewerber im Markt zu agieren. Er konzentrierte sich zuerst auf eine einzelnes Geschäftsfeld (Bücher) und zielte auf die Skalen-/Netzwerkeffekte der Netzwerkökonomie ab. In der 30-jährigen Unternehmensgeschichte wurden fortan die Wertschöpfungskette vertikal (mit neuen Produktkategorien, welche vielfach einen starken Technologiefokus haben – z. B. Amazon Web Services) und horizontal (durch Forward- und Backward-Integrationen, z. B. mittels eigener Lagerhallen und sogar Amazon-Flugzeugen) erweitert (Abb. 38). Weitere Informationen: https://en.wikipedia.org/wiki/History_of_Amazon.

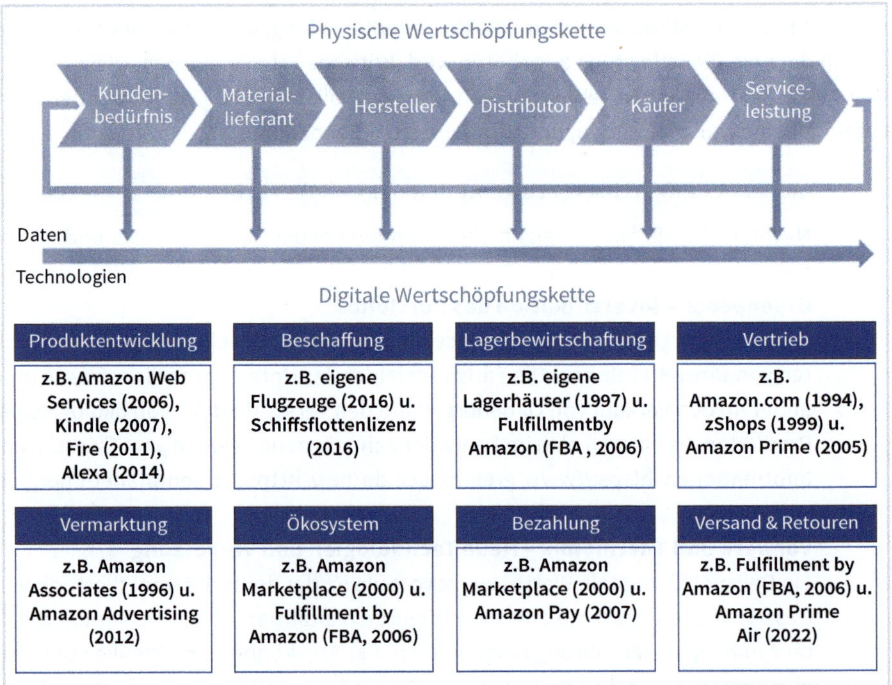

Abb. 38: Amazons Wertschöpfungskette mit Eigenleistungen (vereinfachte Darstellung über mehrere Geschäftsfelder hinweg / eigene Darstellung angelehnt an Schreiber, 2016)

Checkliste »Digitale Geschäftsfelder und neue (digitale) Geschäftsmodelle«

Potenziale digitaler Technologien

- ☐ Sind die neuen digitalen Technologien bekannt, und verstehen Geschäftsleitung und Mitarbeitende, was neu daran ist und wie daraus strategische Potenziale entstehen?
- ☐ Welche neuen Märkte, Netzwerke (Unternehmenspartnerschaften) und Skaleneffekte (Wachstumspotenziale) entstehen daraus?

Digitales Mindset, digitale Kultur und digitale Kompetenzen

- ☐ Verfügt das Unternehmen über die notwendigen Rahmenbedingungen (Kultur, Werte, Kompetenzen), um digitale Wettbewerbsvorteile zu entwickeln? (Vgl. Teil D)?

Analyse der Wertschöpfungskette

- ☐ Wurden Märkte und Wertschöpfungskette analysiert, und entstanden im Hinblick auf neue digitalen Technologien Ideen für neue strategische Geschäftsfelder?
- ☐ Gibt es Diversifikationspotenziale, die zum Beispiel mittels Akquisition (Firmenübernahmen) oder Partnerschaften (z. B. mit Start-ups) erschlossen werden können?
- ☐ Verfügt das Unternehmen über einen Innovationsprozess, um neue strategische Gelegenheiten zu identifizieren und zu testen (vgl. Teil D)?

Geschäftsmodelle

- ☐ Weshalb existiert das Unternehmen (noch), bzw. welche Wertschöpfung wird erbracht?
- ☐ Mit welchen Geschäftsmodellen könnte eine erhöhe Wertschöpfung generiert werden?
- ☐ Welche Geschäftsmodelle könnten in neuen Geschäftsfeldern resultieren?
- ☐ Mit welchen Teams bzw. welchen Prozessen entwickeln und testen wir neue potenzielle Geschäftsfelder?

17 Digitale Ökosysteme und Plattformen

17.1 Ökosysteme und digitale Plattformen als digitale Wettbewerbsvorteile

Die digitale Transformation ist ein Wettbewerb der Geschäftsmodellinnovationen. Gewinnen werden jene Unternehmen, die nicht nur die besseren Leistungsversprechen machen, sondern diese auch einhalten. Nicht Produkte oder Kanäle werden digitalisiert, sondern die komplette Wertschöpfungskette und damit alle Geschäftsmodelle. In manchen Fällen sind die Entwicklungen digitaler Technologien und digitaler Geschäftsfelder/-modelle zu anspruchsvoll oder auch zu aufwendig, als dass sie von einem einzelnen Unternehmen bewältigt werden könnten. Eine in den letzten 20 Jahren verstärkt genutzte Praxis ist es deshalb, sich in Ökosystemen mit anderen Unternehmen zusammenzuschließen, die die gleiche Technologie nutzen, oder auf digitalen Plattformen mit anderen Unternehmen zusammenzuarbeiten, die ein ähnliches Produkt anbieten oder im gleichen/ähnlichen Markt tätig sind. Hierfür wird auch der Begriff der **Plattformökonomie** verwendet. Der Vorteil hiervon sind Technologieinnovation, höhere Reichweite und Skalierung, wobei die gesamten Investitionen von mehreren Unternehmen getragen werden. Die Nachteile liegen in den hohen strategischen Risiken (z.B. durch die Öffnung des eigenen Marktes für Mitbewerber) sowie den finanziell notwendigen, meistens hohen Investitionen in Infrastruktur und Vermarktung (Reinhardt, 2020).

Der Begriff Ökosystem stammt ursprünglich aus der Biologie, wo er als lokaler oder regionaler Bereich beschrieben wird, in dem Pflanzen, Tiere und andere Organismen sowie Wetter und Geografie zusammenkommen, um einen Lebensraum zu bilden. Jeder Faktor in einem Ökosystem hängt direkt oder indirekt von jedem anderen Faktor ab. Eine Änderung der Temperatur eines Ökosystems wirkt sich beispielsweise häufig darauf aus, welche Pflanzen dort wachsen. Tiere, die auf Pflanzen als Nahrung und Unterschlupf angewiesen sind, müssen sich an die Veränderungen anpassen, in ein anderes Ökosystem auswandern oder sterben.

Wenn Unternehmen gemeinsame Ziele verfolgen und dadurch einen Wirtschaftsraum schaffen, der auf gleicher oder ähnlicher Technologie basiert, wird dies als **digitales Ökosystem** beschrieben. Dabei geht es darum, gemeinsam bzw. unternehmensübergreifend neue Produkte oder Lösungen zu entwickeln, die allen beteiligten Partnern von Nutzen sind. Unternehmen schließen sich in solchen Ökosystemen zusammen, weil viele Aufgaben und Anforderungen durch die technologische Entwicklung so komplex geworden sind, dass eine einzelne Unternehmung sie gar nicht mehr bewältigen könnte. Vor allem zur Bearbeitung neuer Märkte, die durch die Digitalisierung erst entstehen, braucht es diese neue Form der Zusammenarbeit.

In Ökosystemen wird die Wertschöpfungskette zu einem Wertschöpfungsnetzwerk; Lösungen werden über die Branche hinaus entwickelt und können so besser an die Bedürfnisse des Marktes angepasst werden. Eine Gruppe von Unternehmen erbringt unter einer gemeinsamen

Marke gemeinsam eine Leistung für die Kunden – zum Beispiel als Tourismusdestination, die verschiedene Dienstleister und Produktanbieter vereint. Dabei teilen sich die Kooperationspartner Ressourcen, insbesondere Maschinen, Mitarbeitende, Daten, KI-Anwendungen sowie den Kundenzugang.

Auch zur Schaffung von Innovationen kann es sinnvoll sein, die Unternehmensgrenzen neu zu überdenken. Im Verbund bieten sich Möglichkeiten der Produkt-, Prozess- und Organisationsentwicklung, die eine einzelne Unternehmung nicht hat. Zudem sind neue Ansätze im Talentmanagement, bei der Nutzung von gesammelten Daten sowie zum Beispiel der KI-Entwicklung im Ökosystem denkbar.

Digitale Ökosysteme und Plattformen

Ein digitales Ökosystem ist ein soziotechnisches System, in dem Marktteilnehmer einen Wirtschaftsraum unter Einbezug digitaler Technologien schaffen. Ökosysteme sind von der Biologie inspiriert, wo Pflanzen, Tiere und andere Organismen sowie Wetter und Landschaft an einem geografischen Ort, zusammenwirken und einen Lebensraum schaffen. Eine digitale Plattform ist eine softwarebasierte Onlineinfrastruktur, die Inter- und Transaktionen zwischen Marktteilnehmern (Anbietern und Konsumenten) ermöglicht. Der Aufbau einer digitalen Plattform ist mit vielen Chancen verbunden (z. B. Partizipation in Wertschöpfungsketten oder Skalierbarkeit), hat aber auch hohe Risiken (z. B. strategische Risiken wie Kannibalisierung sowie Infrastruktur- und Vermarktungsinvestitionen).

Eine digitale Plattform bildet den technischen Kern des digitalen Ökosystems und somit die Basis der Ökosystemdienstleistung. Darin kommen die von den Ökosysteminitiatoren festgelegten Regeln zur Anwendung. Neben der Kerntätigkeit einer Ökosystemleistung (z. B. Suche und Reservierung von Übernachtungen auf Airbnb und Booking.com, Suche und Bestellung von Produkten von Marktplatzteilnehmenden bei Amazon oder eBay) kann die digitale Plattform zusätzliche unterstützende Funktionalitäten umfassen, etwa die Abwicklung von Zahlungen, verschiedene Versandoptionen, Bewertungen von Produkten oder Dienstleistungen oder die Verwaltung von Verträgen.

Plattformen sind Unternehmen, die Angebot und Nachfrage oder Bedürfnisse und Arbeit zusammenbringen. Die Idee einer Plattform ähnelt der eines digitalen Katalogs. Verfügbare Leistungen von verschiedenen Anbietern werden online gebündelt, dort an Kundensegmente vermarktet und zugänglich gemacht sowie schlussendlich verrechnet und geliefert (digital oder physisch). Plattformen produzieren häufig gar nichts. Sie konzentrieren sich darauf, Angebot und Nachfrage zu synchronisieren sowie durch die Integration von Technologien, Daten, Angeboten/Leistungen und Nutzern zu wachsen. Das Sammeln von Daten dient Personalisierung, Vermarktung sowie der Entwicklung künstlicher Intelligenz.

17.2 Das Topmanagement und die Etablierung von Rahmenbedingungen für digitale Ökosysteme und strategische Allianzen

In der fortschreitenden Phase der digitalen Transformation ist es für das Topmanagement entscheidend, die Weichen für die Entwicklung von tragfähigen digitalen Ökosystemen und strategischen Partnerschaften zu stellen. Die Kooperation mit Start-ups und Forschungseinrichtungen, die zuvor eine unterstützende Rolle spielte, wird zur unverzichtbaren Komponente. Topführungskräfte sind nun gefordert, strategische Allianzen zu schmieden und zu fördern, die über den Austausch von Wissen hinausgehen und in kooperativen Entwicklungsprojekten resultieren.

Neueste Studien wie die von Senyo, Liu und Effah (2019) heben die Relevanz von digitalen Ökosystemen hervor, in denen Individuen und Organisationen in Verbindung mit digitalen Technologien in einem soziotechnischen System interagieren, um auf gemeinschaftlichen digitalen Plattformen Werte zu generieren. Diese Kooperationen optimieren Prozesse und Informationsflüsse und ermöglichen eine unmittelbare Reaktion auf Umweltsignale. Die Vernetzung innerhalb des Ökosystems, die es Firmen erlaubt, Forschung zu betreiben und Wissen über Möglichkeiten zu sammeln und zu nutzen, um ihre finanzielle Performance zu steigern, hat sich als Schlüsselkompetenz im digitalen Zeitalter herausgestellt (Tan et al., 2015). Firmen entwickeln in digitalen Ökosystemen neue Strategien, um den Herausforderungen neuer Märkte zu begegnen, indem sie auf einigen Gebieten konkurrieren und auf anderen kooperieren (Mas&Gómez, 2021).

Die Fähigkeit zur Vernetzung innerhalb des Ökosystems befähigt Unternehmen dazu, digitale Wirtschaftsherausforderungen zu meistern, indem sie neue interne und externe Akteure integrieren und koordinieren. Diese Kompetenz fördert zudem die Zusammenarbeit und Kommunikation zwischen Unternehmen und unterstützt innovative Arbeitsweisen auf digitalen Plattformen, wie etwa Crowdsourcing und Crowdfunding.

Für das Topmanagement bedeutet dies, dass es nicht nur interne Ressourcen effektiv einsetzen, sondern auch externe Partnerschaften pflegen muss, die zur Bildung eines robusten digitalen Ökosystems beitragen. Dies verlangt ein Überdenken und Erweitern der traditionellen Managementfähigkeiten, um in der digitalen Wirtschaft erfolgreich zu agieren. Führungskräfte müssen Veränderungen im Kundenverhalten erkennen und durch Investitionen in digitale Technologien rasch und wirkungsvoll auf Kundenbedürfnisse reagieren können, um die Unternehmensleistung zu steigern.

17.3 Wie können digitale Ökosysteme/Plattformen skalieren?

Durch die rein digitale Erbringung der Ökosystemleistung über die digitale Plattform bietet sich die Möglichkeit einer sehr schnellen und vergleichsweise kostengünstigen Skalierung. **Skalierung** heißt, dass ein Unternehmen mit der bereits investierten Infrastruktur viele neue Nutzer mit Produkten und Dienstleistungen versorgen kann; die variablen Kosten pro Nutzer sind also sehr niedrig.

So ist die Skalierung mit digitalen Plattformen über Ländergrenzen hinweg bis hin zu einem globalen Angebot möglich (vgl. Kap. 18 zur Internationalisierung). Obwohl die Erbringung der Ökosystemleistung in den meisten Fällen rein digital erfolgt (mit Ausnahme der physisch gelieferten Leistungen), darf nicht unterschätzt werden, wie viel Aufwand notwendig ist, um die Ökosystemteilnehmer (Anbieter und Konsumenten) anzuziehen und zu betreuen. Diese Tätigkeiten sind zwar digital unterstützbar, erfordern vom Ökosysteminitiator trotzdem einen hohen Organisationsaufwand und hohe Investitionen.

Ein attraktiver Marktplatz mit vielen Marktteilnehmern sowie innovative Funktionalitäten und praktische Mehrwerte ziehen Partner und Kundschaft an. Gerade beim Aufbau bietet ein Ökosystempartner, der über einen breiten Kundenstamm verfügt und mit dem gemeinsamer und einzigartiger Kundennutzen geschafft wird, einen entscheidenden Vorteil. Standardisierte Schnittstellen und Verträge beschleunigen die Anbindung von Partnern und somit die Skalierung des Ökosystems. Erfolgreiche Ökosysteme experimentieren zudem kontinuierlich mit neuen Monetarisierungsmodellen (Kap. 17.5).

Ökosysteme können sich dem Zwang der Skalierung bei skalierbaren Produkten ebenso wenig entziehen wie der Organisation der Kundenbeziehung über eine Plattform. Im Unterschied zur Plattformwirtschaft ermöglichen Ökosysteme es aber auch kleineren Unternehmen, gegen große Anbieter zu bestehen, weil ihnen nicht nur Technologien geliefert werden, sondern auch ein Marktzugang. Aus Sicht der Kunden verspricht die Synchronisation mehrerer Unternehmen Vereinfachung und Zeitersparnis (wenn z. B. Daten nicht mehrmals erfasst werden müssen). Zudem müsste es Ökosystemen gelingen, smarter, d. h. nachhaltiger, effizienter und sparsamer mit Ressourcen umzugehen. Das Versprechen einer Wirtschaft der Ökosysteme gleicht damit jenen der Kreislaufwirtschaft.

17.4 Disruption mit digitalen Ökosystemen/Plattformen

Als **disruptive digitale Technologie** bezeichnet man neue Geschäftsmodelle, Plattformen, Produkte oder Dienstleistungen, die Bestehendes verdrängen, so wie das Auto das Pferd verdrängt hat und Elektromotoren voraussichtlich die Verbrennungsmotoren ablösen werden. Sie sorgen für Marktverschiebungen. Digitale Ökosysteme und Plattformen werden in vielfältiger Form jede Branche verändern. Sie bieten Unternehmen die Chance zu disruptiven Veränderungen mit neuen Geschäftsmodellen. In der einfachsten Form ist es so beispielsweise mit E-Commerce-Lösungen nicht mehr notwendig, teure Filialen zu unterhalten, weil dazu keine physischen Ladenlokale notwendig sind.

In disruptiver Form ist hier das Beispiel von Pickwings in der Transportbranche zu nennen (Kap. 17.5), das in einer Branche als Disruptor die Wertschöpfungskette beeinflusst: Pickwings bietet den Anbietern Marktzugang und Technologie, verlangt jedoch für jeden Geschäftsfall eine Kommission und partizipiert dadurch an der Wertschöpfung bestehender Marktteilnehmer (der Transporteure).

Wer ein erfolgreiches digitales Ökosystem für einen (neuen) Markt oder eine Organisation aufbauen bzw. entwickeln will, muss zunächst den Markt und die Anspruchsgruppen (Stakeholder) der Organisation gut verstehen. Wird ein digitales Ökosystem nach den Prinzipien der Plattformökonomie gebaut, wird spätestens bei der Suche nach idealen Wertschöpfungsnetzwerken Marktkenntnis allein nicht mehr genügen. Im digitalen Ökosystem gelten eigene Regeln, Dynamiken und Wirkmechanismen. Statt Kunden-Anbieter-Beziehung greifen hier verstärkt Netzwerkeffekte zwischen vielen Marktteilnehmern in verschiedenen Rollen. Die große Herausforderung hierbei ist es, die eigene Rolle zu finden und so auszugestalten, dass die gewünschten Effekte erreicht werden.

Um beim Aufbau eines digitalen Ökosystems erfolgreich zu sein, sind neben fundierter Kenntnis des eigenen Markts also Expertise und Erfahrung in digitalen Ökosystemen und weiteren Disziplinen zwingend notwendig. Weiterhin spielen beispielsweise auch Daten und deren gewinnbringende Nutzung in digitalen Ökosystemen eine große Rolle: Sie rücken zunehmend in den Kern der Geschäftstätigkeit.

Zur Umsetzung des digitalen Ökosystems gehört zwangsläufig die Überarbeitung der Strategie. Dazu ist in der Regel ein sehr hoher finanzieller Aufwand nötig. Typisch sind lange Aufbauphasen, in denen in die stetige Weiterentwicklung von Infrastrukturen, Plattform und Ökosystem investiert wird. Auch die Vermarktung mit ihren Kommunikationsleistungen ist in der Regel sehr kostenintensiv. In der Konsequenz benötigt ein Initiator einen langen Atem und sollte nicht auf einen schnellen Return-on-Investment setzen. Die Chancen für Initiatoren sind groß, Risiko und Aufwand aber ebenfalls.

Sobald das Design des eigenen digitalen Ökosystems abgeschlossen ist, geht es an die Umsetzung. Dazu gehört zwangsläufig der Aufbau der technologischen Basis. Doch allein mit einer digitalen Plattform hat man noch kein digitales Ökosystem. Es gilt nun, potenzielle Marktteilnehmer anzusprechen (Abb. 39) und für das eigene digitale Ökosystem zu gewinnen. Wichtig ist, die Balance zwischen Produzenten/Anbietern und Konsumenten zu schaffen. Nur wenn die Plattform kaufwillige Nutzer hat, werden die Produzenten/Anbieter ihre Angebote platzieren; und nur wenn es viele gute Angebot hat, werden die Konsumenten/Nutzer auf die Plattform kommen und einen Kauf tätigen. Mittels gezielter Impulse/Marketingmaßnahmen werden gut aufeinander abgestimmte Mengen der verschiedenen Teilnehmergruppen für das Ökosystem gewonnen. Die Herausforderung ist deshalb die Abstimmung der Gruppen: ohne Angebot keine Nachfrage und ohne Nachfrage kein Angebot.

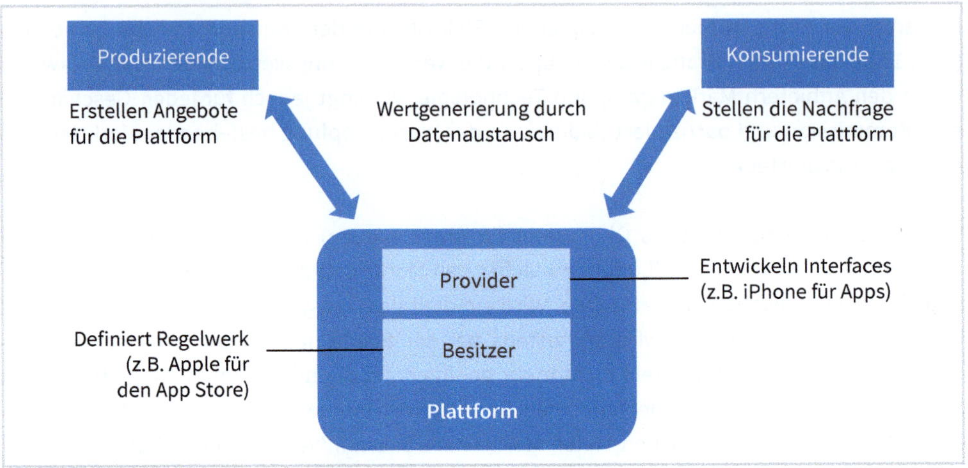

Abb. 39: Elemente einer digitalen Plattform (Schumacher et al., 2019)

17.5 Ökosysteme im Überblick

Im Peer-to-Peer-Geschäftsmodell wird die Unternehmung zum Koordinator verschiedener Partner und Vermittler. Es werden nicht mehr oder nicht hauptsächlich Produkte entwickelt und verkauft; im Mittelpunkt steht die Zusammenarbeit aller beteiligten Partner, damit innerhalb des Wertschöpfungsnetzwerks alle Beteiligten profitieren. Das Unternehmen fungiert in der Plattformökonomie als Bindeglied zwischen Angebot und Nachfrage (siehe oben). Der eigentliche Besitz eines solchen Unternehmens besteht nur aus auf Servern gehosteten Algorithmen und Netzwerken, die Menschen verbinden (Reinhardt, 2021).

Traditionelle Unternehmen müssen zunächst eine Finanzierung erhalten, um investieren zu können. Sie müssen Fachkräfte einstellen und hohe Investitionen tätigen, was ein gewisses Risiko darstellt (vgl. die Fallstudie zu Siroop weiter unten). Uber hat beispielsweise unabhängige Vertragspartner, die selbst für Kauf und Wartung ihrer Fahrzeuge verantwortlich sind. Die auf Airbnb gehandelten Wohnungen gehören Drittpersonen. Auch Wertminderung beim Einsatz sowie Ausfälle müssen die Vertragspartner auffangen. Damit fällt das komplette Risiko vom anbietenden Unternehmen weg.

Dieses Wirtschaftsmodell ist deshalb ideal für Start-ups mit wenig Kapital, aber einem fundierten technischen Wissen und Netzwerk. Das Peer-to-Peer- bzw. Plattformgeschäftsmodell wird mit digitalen Technologien gebaut, schöpft aber seinen Wert aus der realen Welt. Selbst Netflix verkauft digitale Dienstleistungen, die (zumindest heute noch) aus der realen, physischen Welt stammen. Nicht mehr Arbeitsverträge sorgen für Stabilität, sondern die Abhängigkeit der jeweils selbstständig agierenden Vertragspartner beim Initiator bzw. Betreiber der Plattform.

Digitale Ökosysteme und Plattformen

Drei Beispiele digitaler Ökosysteme und Plattformen sind Flixbus, Pickwings und das Open Banking der Schweizerischen Bankiervereinigung.

Mobilität am Beispiel Flixbus
Die Ökosystemleistung von Flixbus besteht in der Vermittlung von Fahrten für Passagiere, die von unabhängigen Busunternehmen angeboten werden. Diese Vermittlung wird rein digital geleistet. Die aus der digitalen Vermittlung folgende Teilnahme an einer Busfahrt findet physisch in der realen Welt statt. Hieran wird auch deutlich, dass ein digitales Ökosystem ganz bewusst und zielgerichtet initiiert wird: Ein Ökosysteminitiator erkennt einen möglichen Bedarf und kreiert einen Ökosystemservice, den er dann den Marktteilnehmern zu deren Zusammenarbeit anbietet. Weitere Informationen: https://www.flixbus.de.

Pickwings – Entwicklung einer digitalen Wertschöpfungskette in einem etablierten Markt
Gemäß Pickwings fahren ungefähr 25% aller Lkw leer auf den Straßen herum. Diese Leertransporte bestehender Transportunternehmen (Anbieter) bietet Pickwings in der Schweiz auf seiner digitalen Plattform Konsumierenden (Firmen und Privatkunden, die Güter/Pakete versenden möchten) an und verkauft sie. Mithilfe eines dynamischen Preismodells werden die Preise in Echtzeit basierend auf den verfügbaren Transportressourcen in den Regionen berechnet. Pickwings partizipiert als digitale Plattform in der bestehenden Wertschöpfungskette von Transportunternehmen und hat durch die Skalierung das Potenzial, digitaler Marktführer zu werden. Weitere Informationen: https://pickwings.ch/.

Finanzen am Beispiel Open Banking
Das Open Banking der Schweizerischen Bankiervereinigung bezweckt die unaufhaltsame regulatorische Öffnung der Banken für Drittanbieter. Unter Berücksichtigung regulatorischer Vorgaben und Programmierschnittstellen können Bankkunden ihre persönlichen Daten (wie Kontoinformationen, Depot-, Versicherungs- oder Produktdaten) anderen Banken, Finanzdienstleistern, FinTechs und InsurTechs zur Verfügung stellen. Dieses digitale Ökosystem, die Open-Banking-Plattform, verbindet das Kernbanksystem mit Drittanbietern und senkt so die Eintrittsschwelle für Unternehmen, die neue Finanzdienstleistungen und -produkte anbieten. Das Ergebnis sind digitale Kreditantragsstrecken und die Kontoeröffnung in Web-3-Applikationen wie Metaverse. Die Zukunft von Banking, Beratung und Verkaufs von Produkten und Dienstleistungen findet nicht mehr nur in der Filiale oder im Onlinebanking statt, es eröffnet sich eine Vielzahl neuer möglicher Vertriebskanäle. Weitere Informationen: https://www.swissbanking.ch/de/themen/digitalisierung-innovation-cyber-security/open-banking.

Verschiedene Plattformstrategien sind denkbar, je nach Marktsituation, Größe und Rolle der Unternehmen bzw. Ökosysteminitiatoren:

Digitale Großmacht

Ökosysteme, zu denen auch Marktplätze zählen, haben eine enorme Marktmacht entwickelt: Amazon erzielt beispielsweise über Amazon Marketplace jedes Jahr Handelsumsätze im dreistelligen Milliardenbereich (2022 über 500 Mrd. USD). Rund zwei Drittel der dort tätigen Händler versenden auch über Amazon. Gleichzeitig gehen Umsätze an Amazon Payments. Manche haben gar ihr Shopsystem bei Amazon mit Amazon Webstore entwickelt (Abb. 38).

Um ein solches Ökosystem zu betreiben, brauchen die Betreiber nahezu unbegrenzte Ressourcen bezüglich Kapital, Personal und IT-Infrastruktur. Die selbst vertriebenen Produkte sind dabei zweitrangig. Um die notwendige Marktmacht und Reichweite zu erreichen, ist ein langer Atem nötig. Als digitale Großmacht kontrolliert Amazon fast die gesamte Wertschöpfungskette und hat sich eine dominante, in einigen Märkten fast monopolartige Marksituation geschaffen.

Digitale Marktführer im Teilmarkt

Eine weitere Plattformstrategie ist die Marktführerschaft in einem spezifischen Markt oder Marktsegment (Teilmarkt), mit dem Ziel, dort die Führerschaft zu übernehmen. Beispiele hierfür sind Zalando für Kleider in Europa oder Brack für Elektronik- und Konsumentenprodukte in der Schweiz. Die Internationalisierung ist vielfach eine strategische Priorität für digitale Marktführer, so zum Beispiel bei der Schweizer Plattform Digitec Galaxus mit ihrer europäischen Expansionsstrategie.

Die oben genannten Organisationen sind vielfach Plattformanbieter bzw. Händler, die mit großem Kapitalaufwand in den Markt drängen und später erfolgreich skalieren. In dieser Kategorie ist nur erfolgreich, wer den Verdrängungswettbewerb gewinnt. Für große Unternehmen ist dies eine Plattformstrategie, um sich in ihrer Branche gegen eine digitale Großmacht im eigenen geografischen Markt zu verteidigen; für kleine bis mittelgroße Unternehmen ist diese Plattformstrategie aufgrund des Investitionsbedarfs ungeeignet, außer sie schaffen es, dass alle Marktteilnehmer partizipieren (z. B. durch den Zusammenschluss von Unternehmen in einem Branchenverband).

Partizipation an digitalen Plattformen

Dies betrifft Unternehmen, die in einer Nische tätig sind oder mit relativ austauschbaren Produkten handeln. Entweder schaffen sie es selbst, digital nicht austauschbar zu sein und eine eigene digitale Plattform aufzubauen, die verschiedene Marktteilnehmer integriert (sie entwickeln also nicht nur eine E-Commerce-Lösung für das eigene Unternehmen), oder sie partizipieren an einer digitalen Plattform einer digitalen Großmacht oder eines digitalen Marktführers.

Schweizer Fallstudie Siroop

Weil die Netzwerkeffekte eine enorme Rolle für den Erfolg einer digitalen Plattform spielen, sind wie beschrieben hohe IT-Vermarktungsinvestitionen nötig, um diese zu etablieren und den Wettbewerb mit bekannten Plattformen zu gewinnen. Dies hat vor 20 Jahren eBay in der Schweiz erlebt, als Ricardo es geschafft hat, Konsumenten besser und schneller als eBay auf ihrer Plattform zu aktivieren.

Auch Siroop, das Start-up von Coop und Swisscom, hat nicht funktioniert. 2018 wurde die Plattform eingestellt. Im letzten vollen Geschäftsjahr 2017 standen einem Umsatz von 2 Mio. CHF Gehälter in Höhe von 19 Mio. CHF und Werbekosten von 21 Mio. CHF gegenüber. Siroop hat gezeigt, wie schwierig es ist, eine digitale Plattform aufzubauen.

Nicht nur die Netzwerkeffekte spielen mit. Siroop musste ein neues Team aufbauen, die Marke und Leistungen kommunizieren, Anbieter und Kundschaft motivieren, die Plattform zu nutzen, und die Plattform mit viel Technologieeinsatz entwickeln.

Aus den Beispielen eBay und Siroop wird deutlich, wie wichtig es für Firmen ist, auf die richtige Plattform zu setzen: auf eine Plattform, die es schafft, schnell nicht nur genügend Verkäufer (Produzenten bzw. Anbieter) mit attraktiven Angeboten anzulocken, sondern auch genügend Kundschaft (Konsumenten) mit Kaufabsicht.

Checkliste »Digitale Ökosysteme und Plattformen«

Analyse des Marktes / der Branche

- ☐ Wie ist die Wertschöpfung organisiert?
- ☐ Welche Geschäftsmodelle gibt es aktuell?
- ☐ Wer hat welche Bedürfnisse und Interessen?
- ☐ Welche Strategien verfolgen die Mitbewerber/Wettbewerber?
- ☐ Wie entwickelt sich der Markt in der Zukunft?

Digitales Ökosystem

- ☐ Welche Leistungen könnten im Ökosystem anderes oder neu entwickelt werden?
- ☐ Welche digitalen Wettbewerbsvorteile ergeben sich daraus?
- ☐ Welche Rollen gibt es, bzw. wer ist Kunde, Partner oder Konkurrent?
- ☐ Welche digitalen Technologien werden das digitale Ökosystem fördern?
- ☐ Welche Daten entstehen daraus, die ihrerseits für neue Leistungen genutzt werden können?
- ☐ Mit welchem Geschäftsmodell soll das Ökosystem betrieben werden?

Digitale Plattformen

- ☐ Welche Leistungen werden erbracht?
- ☐ Welches Geschäftsmodell wird umgesetzt, bzw. wie wird an der Wertschöpfung partizipiert?
- ☐ Welche digitalen Technologien und Interfaces werden genutzt?
- ☐ Wie werden die Anbieter (Lieferanten, Verkäufer) akquiriert?
- ☐ Wie werden die Konsumenten (Nutzer, Konsumenten, Firmen) akquiriert?
- ☐ Welche Regeln (Richtlinien) werden zur Partizipation auf der Plattform definiert?

17.6 Internationalisierung mittels digitaler Ökosysteme und Plattformen

Internationalisierte digitale Plattformen, die länder- oder sprachenspezifisch eingesetzt werden (Lokalisierung auf kulturelle Eigenschaften, Sprachen, Währungen, Logistik und Abrechnung etc.) ermöglichen es, neue Handelswege zu erschließen, neue Märkte zu bearbeiten oder global tätige Bestandskunden international mit Produkten und Dienstleistungen zu bedienen.

Digitale Plattformen (oder E-Commerce-Lösungen) sind deshalb ideal dazu geeignet, neue geografische Märkte im Rahmen einer Internationalisierungsstrategie zu testen und zu erschließen.

18 Internationalisierung mittels digitaler Strategien

18.1 Wie digitale Technologien helfen, international erfolgreicher zu sein

Um im Ausland bzw. in anderen geografischen Märkten wirtschaftlich aktiv zu werden, müssen Unternehmen ihre Produkte und Dienstleistungen den jeweiligen Gegebenheiten vor Ort anpassen sowie dazu passende Organisations- und Logistikstrukturen aufbauen.

Die Digitalisierung vereinfacht die Internationalisierung deutlich. Früher waren dazu in der Regel große Investitionen nötig: Ein Unternehmen musste in jedem Land, in dem es aktiv war, Niederlassungen eröffnen und betreiben sowie Mitarbeitende rekrutieren. Der Datenaustausch und die Zusammenarbeit waren mit viel Aufwand verbunden. Durch die digitale Infrastruktur, digitale Ökosysteme (mit Verbindungen in die physische Wertschöpfungskette) und zeitgemäße Technologien für die Datenübermittlung können Unternehmen heute auf digitalen Plattformen und mittels E-Commerce in vielen Länder zugleich aktiv sein. Dies ermöglicht Wachstumsstrategien durch Marktzugänge mittels digitaler Strategien. Im Unternehmen sind Mitarbeitende ortsunabhängig tätig, kommunizieren über das Internet miteinander und arbeiten in weltweit vernetzten Systemen zusammen.

Die Internationalisierung hat ebenfalls Auswirkungen auf das bestehende Geschäftsmodell des Unternehmens. Besonders wichtig ist es, die Herausforderungen und Konsequenzen der Internationalisierung mittels digitaler Strategien zu verstehen. Ein Forschungsprojekt, das europäische Unternehmen mit hohem Wachstumspotenzial untersuchte, welche digitale Technologien zur Internationalisierung einsetzen (Teruel et al., 2022), zeigte, dass die Internationalisierungsaktivität europäischer Unternehmen verbunden mit der Einführung digitaler Technologien zunimmt und der Grad der Digitalisierung ein wichtiger Faktor für die Internationalisierungsaktivität und Wachstumschancen darstellt.

Digitale Technologien haben viele digital Start-ups hervorgebracht, die durch digitalisierte Wertschöpfungsketten charakterisiert sind. Wie eine Autorengruppe (Vadana et al., 2021) argumentiert, nutzen diese Unternehmen die Digitalisierung entlang ihrer Wertschöpfungsketten auch für die Internationalisierung. Die Ergebnisse zeigen, dass die Digitalisierung von Wertschöpfungskettenaktivitäten die Wiederverwendung von Ressourcen erleichtert, um innovative Produkte und Dienstleistungen zu entwickeln und Marktgelegenheiten für internationale Wachstumsstrategien schafft.

Internationalisierung mittels digitaler Strategien

Unternehmen können digitale Technologien nutzen, um den Zugang zu ausländischen Märkten effizienter zu gestalten. Dabei spielen digitale Plattformen eine ebenso wichtige Rolle wie E-Commerce-Lösungen. Digitales Marketing (E-Mail-Marketing, Social Media etc.) wird operativ speziell zu Markenaufbau und Kundengewinnung im Ausland eingesetzt, da es mit relativ geringem Aufwand die Zielgruppen erreicht und so eine Geschäftstätigkeit ermöglicht.

18.2 Mit E-Commerce in neue geografische Märkte eintauchen

Ziel des Ausbaus von Geschäftsbeziehungen im Ausland ist für Unternehmen meist zusätzliches Wachstum oder die Option ihrer international tätigen Kundschaft ebenfalls eine internationale Abdeckung anzubieten. Sind Organisationen mit einem Produkt oder einer Dienstleistung in ihrem Stammland erfolgreich, bieten sich ihnen durch grenzüberschreitenden E-Commerce gute Chancen, das Geschäft zu skalieren, weitere Absatzmärkte zu finden und zu erschließen.

Durch die Internationalisierung mittels digitaler Strategien können Unternehmen also auf neuen Märkten präsent sein, auf denen vielleicht weniger Wettbewerb herrscht oder auf denen ihr Produkt stärker nachgefragt wird. Dort können sie entsprechend schneller wachsen. Dieser Vorteil ist besonders für Unternehmen aus kleineren Ländern wie etwa Österreich oder Schweiz relevant. Durch das internationale Wachstum minimieren solche Unternehmen ihre Risiken und werden robuster: Wenn der Markt in einem Land schwieriger wird und die Umsätze sinken, können sie die Verluste durch Gewinne in anderen Märkten kompensieren. Für größere Länder wie Deutschland können digitale Plattformen oder E-Commerce-Lösungen in den meisten Fällen einfach adaptiert und den lokalen Gewohnheiten und Vorschriften angepasst werden. Mit intelligenten Logistiklösungen und Partnerschaften ist auch der grenzüberschreitende Warenfluss reibungslos möglich.

Nicht zuletzt spielen aber gesetzliche, politische und gesellschaftliche Rahmenbedingungen eine Rolle bei den Überlegungen, wo ein Unternehmen aktiv sein möchte. Die Erarbeitung und Umsetzung einer internationalen E-Commerce-Strategie ist mit einer Reihe von Herausforderungen verbunden. Es gilt, die jeweiligen Eigenheiten der Länder – etwa bezüglich Steuern oder Logistik – zu berücksichtigen.

18.3 Die Governance internationaler Strategien

Governance ist das Regel- und Steuerungssystem eines Unternehmens. Dabei handelt es sich um ein Koordinationssystem, in dem verschiedene Interessen verhandelt, verwaltet und entsprechende Maßnahmen umgesetzt werden. Dies umfasst in der Regel mehrere Ebenen:

- **Organisationsstrukturen:** die interne Gliederung des Unternehmens,
- **Verhaltensnormen:** Unternehmensleitbilder, Werte und Philosophie des Unternehmens,

- **Prozesse/Verfahrensabläufe:** Prozessdefinitionen für wiederkehrende Aktivitäten,
- **Prinzipien, Richtlinien und Rahmenwerke:** Regelwerke im Unternehmen, beispielsweise zu Compliance-Anforderungen des Unternehmens,
- **Ressourcen:** alle relevanten Größen vom Informationsfluss über IT-Infrastrukturen bis hin zu den Mitarbeitenden, deren Fähigkeiten und Kompetenzen.

Jedes Unternehmen verfolgt mit seiner Governance eigene Ziele. Das kann beispielsweise die ordentliche und gute Geschäftsführung sein oder das Sichern der Stabilität der Märkte.

Da jedes Land seine eigenen Gesetze und Regeln etwa bezüglich Steuern, Arbeitsrecht oder Sozial- oder Umweltstandards hat, ist die Governance von Niederlassungen bzw. der Tätigkeit in ausländischen Märkten erfolgskritisch. Dazu kommen unterschiedliche Währungen sowie Zoll- und Exportbestimmungen – und natürlich die unterschiedlichen Sprachen, Sitten und Gebräuche.

Verträge, Dokumentationen, Arbeitsmaterialien und IT-Systeme müssen übersetzt und an die jeweiligen Landesbestimmungen angepasst werden. International tätige Unternehmen müssen entscheiden, in welcher Sprachen sie kommunizieren und zusammenarbeiten möchten. Zudem wird der IT- und Datensicherheit (vgl. Kap. 9) eine wichtige Rolle beigemessen. Speziell in technologisch und wirtschaftlich weniger entwickelten Ländern stellt die Infrastruktur Unternehmen vor Herausforderungen: Straßenverkehr, Stromversorgung und Finanzwesen können weniger zuverlässig und nicht immer funktionstüchtig sein. Dasselbe kann für die öffentliche Verwaltung zutreffen.

Auch kulturelle Unterschiede wie die Sitten und Gebräuche müssen beachtet werden, Vorstellungen in Bezug auf die Arbeitsbedingungen sowie moralische Werte können von denjenigen im Herkunftsland stark abweichen. Wichtige Themen sind hier etwa die Gleichstellung der Geschlechter, die Work-Life-Balance oder die Loyalität gegenüber dem Arbeitgeber. Auch die Abläufe beim Recruiting oder die Erwartungen, wie sich eine Führungskraft verhalten sollte, oder Gepflogenheiten im höflichen Umgang miteinander unterscheiden sich weltweit stark. Durch die unterschiedlichen kulturellen Hintergründe der Menschen kann es leicht zu Konflikten und Missverständnissen in der alltäglichen Kommunikation und Zusammenarbeit kommen. Eine gut ausgebaute Governance kümmert sich um all diese Bereiche und sichert damit die erfolgreiche Zusammenarbeit über die Grenzen und Kulturen hinweg.

18.4 Digitales Marketing als virtueller Zugang zu ausländischen Märkten

Neben den Vertriebszugängen via digitale Plattformen bzw. E-Commerce-Shops spielt das digitale Marketing mit seinen Plattformen und Kanälen eine entscheidende Rolle, da dadurch ein virtueller Zugang zu ausländischen Märkten realisiert werden kann. Die Aufgaben des digitalen

Marketings können in den meisten Fällen vom Hauptsitz aus koordiniert und ausgeführt werden, teilweise in Zusammenarbeit mit Agenturen im Zielland.

Somit wird das digitale Marketing eine der wichtigsten Unternehmensfunktionen im digitalen Zeitalter und ein Handlungsfeld der digitalen Transformation. Das von Peter und Niedermann (2020) entwickelte digitale Marketingtoolkit bietet eine Orientierungshilfe zur Planung und Umsetzung von digitalem Marketing und besteht aus den folgenden sieben Bausteinen (s. auch Abb. 40):

- Grundverständnis des neuen digitalen Marketings,
- Marketingkonzept,
- Branding – Unternehmens- und Produktmarken,
- Content-Marketing,
- virtueller Zugang – digitale Kanäle und Formate,
- Marketing-Controlling – Erfolgskontrolle und Optimierung,
- Marketinginfrastrukturen – Erfolgsfaktoren für die Umsetzung.

Baustein 1: Grundverständnis des neuen digitalen Marketings
Wir befinden uns in einer Zwischenphase, die entstand, weil sich das klassische Marketing nicht ganzheitlich und schnell genug dem digitalen Zeitalter angepasst hat. Ohne das neue digitale Marketing geht es heute nicht mehr. Es bietet die Möglichkeit, in ausländischen Märkten einfacher und schneller zu kommunizieren, um Kunden zu finden und Produkte/Dienstleistungen zu verkaufen. Mit der gleichen Leichtigkeit können jedoch auch Mitbewerber aus dem Ausland im lokalen Markt Zugang erhalten.

Baustein 2: Marketingkonzept
Das klassische Marketingkonzept dient weiterhin als Grundlage aller Marketingaktivitäten. Markt-, Konkurrenz- und Kundenanalysen sowie die Strategieentwicklung mit ihren Marketingzielen bilden die Rahmenbedingungen für das digitale Marketing.

Baustein 3: Branding – Unternehmens- und Produktmarken
Die Marken orientieren sich am Marketingkonzept. Sie definiert die Werte, die das Unternehmen über die Zielgruppen und diversen Marketingkanäle und -instrumente hinweg in den ausländischen Märkten kommunizieren will.

Baustein 4: Content-Marketing
Im digitalen Zeitalter will die Kundschaft nicht mehr nur informiert, sondern auch unterhalten werden. Content-Marketing unterstützt alle Instrumente im digitalen Marketing- bzw. Kommunikationsmix und trägt maßgeblich dazu bei, dass Kunden auf Websites bleiben, E-Mails lesen und Videos anschauen. Für die Internationalisierung ist es wichtig, gesellschaftlich-kulturelle Besonderheiten des Zielmarktes zu berücksichtigen und Content (Inhalte) von Beginn an so zu gestalten, dass eine Adaption in mehreren Sprachen möglich ist.

Baustein 5: Virtueller Zugang – Digitale Kanäle und Formate
Die Kommunikationskanäle und -formate des digitalen Marketings ermöglichen den Kontakt und die Interaktionen zwischen Unternehmen, Kunden, Werbetreibenden, Agenturen, Plattformen, Zwischenhändlern und Influencern. Dazu gehört primär die eigene Website, aber auch E-Mail-, Mobile- und Video-Marketing, Suchmaschinenoptimierung und -werbung (SEO, SEA), Affiliate-Marketing und Display Advertising, gefolgt von Social Media und Social Paid. Die weniger bekannten Instrumente Native Advertising und Digital Signage schließen diesen Baustein ab.

Baustein 6: Marketing-Controlling – Erfolgskontrolle und Optimierung
Das digitale Marketing profitiert davon, dass die meisten Plattformen, Kanäle und Instrumente messbar sind. Investitionen einer Kampagne können so einem Ergebnis zugewiesen werden. Dadurch sind Analysen und die dafür notwendigen Tests und Optimierungen im digitalen Marketing wichtig und weit verbreitet.

Baustein 7: Marketinginfrastrukturen – Erfolgsfaktoren für die Umsetzung
Die Erfolgsfaktoren beinhalten organisatorische, kulturelle, technologische, prozessbezogene und rechtliche Komponenten. Die digitale Transformation hilft bei der generellen Modernisierung des Unternehmens und die Customer&User Experience treibt Unternehmen an, ihren Kunden das bestmögliche Erlebnis zu bieten.

Abb. 40: Das digitale Marketingtoolkit bietet eine Orientierungshilfe zur Planung und Umsetzung des digitalen Marketings (Peter&Niedermann, 2020).

PRAXISBEISPIELE: INTERNATIONALISIERUNG MITTELS DIGITALER STRATEGIEN/ E-COMMERCE

Die beiden folgenden Beispiele verdeutlichen die Internationalisierung im digitalen Zeitalter:

Deutscher Onlinemodehändler expandiert nach Tschechien

Der Onlinemodehändler Breuninger erschließt laufend neue Märkte. Beispielsweise startete breuninger.com im Herbst 2022 in Tschechien einen eigenen Onlineshop für den lokalen tschechischen Markt. Nach dem Launch des Shops in Polen im Jahr 2021 hatte Breuninger Mitte 2022 bereits sein Onlinebusiness in die Niederlande, nach Belgien, Luxemburg, Spanien und Italien ausgeweitet. Der Onlineshop in tschechischer Sprache ist analog zu den bestehenden Shops in anderen europäischen Märkten aufgebaut. Auch das Sortimentsangebot ist vergleichbar. Für den Versand nach Tschechien werden drei bis fünf Tage gerechnet. Die Konfektionierung der Pakete erfolgt zentral im Warendienstleistungszentrum in Sachsenheim, Deutschland. Weitere Informationen: https://www.e-breuninger.de/de/medienportal/breuninger-eroeffnet-online-shop-fuer-tschechien.

Schweizer Onlineshop Digitec Galaxus expandiert nach Deutschland

Der Digitec Galaxus-Shop, einer der größten Onlinehändler der Schweiz, hat Ende 2018 auch in Deutschland Fuß gefasst. Zuerst beschränkte sich die deutsche Version des Onlineshops fast ausschließlich auf Unterhaltungselektronik und Technik. Die Auswahl an Büro- und Haushaltsmaterialien fiel zunächst eher klein aus. Auf der Schweizer Webseite findet sich hingegen ein breiteres Sortiment von Tierfutter bis hin zu Uhren oder Schmuck. Ab einem Einkauf im Wert von mindestens 30 EUR ist der Versand auch in Deutschland kostenfrei.

Der deutsche Ableger von Digitec Galaxus unterscheidet sich insgesamt kaum von der Schweizer Version. Das deutsche Angebot unterliegt aber anderen Regeln als das schweizerische. So ist es in Deutschland unzulässig, nicht den vollen Preis einer Rücksendung zu erstatten, bloß weil die Verpackung geöffnet wurde.

Im Herbst 2021 folgte der Onlineshop in Österreich. 2022 hat der internationale Umsatz der Plattform erstmals die 100-Mio.-Euro-Grenze überschritten und steigt seither kontinuierlich an. 2023 expandierte Galaxus nach Frankreich, Italien und zuletzt (im Mai 2023) in die Niederlande. Weitere Informationen: https://www.galaxus.ch/de/page/digitec-galaxus-steigert-umsatz-um-87-prozent-26085.

18.5 Mit digitalen Technologien und Strategien die Internationalisierung vorantreiben

In drei Schritten kann die Internationalisierung mittels digitaler Technologien erfolgen: 1. strategische Analyse, 2. Potenziale digitaler Strategien/Technologien ermitteln, 3. digitale Strategien in der Internationalisierung umsetzen.

Schritt 1: Strategische Analyse
Die Internationalisierung des Unternehmens sollte grundsätzlich als separate strategische Initiative geplant werden. Dies kann die Form einer Expansion oder Diversifikation, mit oder ohne neuem strategischem Geschäftsfeld und unter Einbezug digitaler Technologien erfolgen. Wird die strategische Analyse bezüglich Marktpotenzial, Eintrittsstrategie, Marketingmix, strategischen Partnern und ggf. Logistik abgeschlossen und liegt der Entscheid für eine Internationalisierung vor, wird das Potenzial digitaler Strategien untersucht.

Schritt 2: Potenziale digitaler Strategien bzw. Technologien ermitteln
Die Internationalisierung kann unter Einbezug digitaler Technologien stattfinden. Dies kann in Form eines digitalen Ökosystems mit digitaler Plattform als Marktplatz erfolgen (und ggf. durch die Anpassung des Geschäftsmodelles) oder als E-Commerce-Shop, der international zugänglich gemacht wird. Für die Vermarktung des Unternehmens empfehlen sich die Instrumente des digitalen Marketings. Die Potenziale werden analog dem Vorgehen im Heimmarkt identifiziert und bewertet.

Schritt 3: Digitale Strategien in der Internationalisierung umsetzen
Digitale Plattformen und E-Commerce-Lösungen müssen für das Zielland bzw. die Zielregion in vieler Hinsicht angepasst werden. Dazu gehören gesetzliche Vorschriften, die auch eine lokale Firmengründung zur Folge haben könnten, Vorgaben zur Datenablage/-verwaltung und landesspezifisch kulturelle Eigenheiten inklusive Sprache und Währung. Unter Umständen muss ein lokales Team für die Entwicklung und Vermarktung der Leistungen sowie die Abwicklung der Geschäfte rekrutiert werden; alternativ werden Partnerschaften mit lokalen Unternehmen eingegangen. Die Umsetzung digitaler Strategien im Ausland bedarf in den meisten Fällen eines separaten Businessplans.

Nutzen Sie die Checkliste, um digitale Wettbewerbsvorteile mittels Internationalisierung und digitalem Marketing zu realisieren.

Checkliste »Internationalisierung mittels digitaler Strategien«

Strategische Analyse Internationalisierung

- ☐ Welche Bestandteile der Wertschöpfungskette sollen internationalisiert werden?
- ☐ Verfügt das Unternehmen über eine Internationalisierungsstrategie?
- ☐ Sind Marktpotenzial, Eintrittsstrategie, Marketingmix und strategische Partner definiert?

- ☐ Sind Governancestrukturen definiert worden?
- ☐ Liegt ein Businessplan für die Unternehmensinternationalisierung vor?

Potenziale digitaler Strategien bzw. digitaler Technologien

- ☐ Welche Bestandteile der digitalen Wertschöpfungskette sollen internationalisiert werden?
- ☐ Können digitale Ökosysteme identifiziert, neu aufgebaut oder repliziert werden?
- ☐ Können bestehende digitale Plattformen internationalisiert werden?
- ☐ Gibt es bestehende E-Commerce-Lösungen, die internationalisiert werden können?
- ☐ Wie werden die Instrumente des digitalen Marketings für die Internationalisierung genutzt?

Digitale Strategien in der Internationalisierung umsetzen

- ☐ Welche gesetzlichen Anpassungen müssen vorgenommen werden?
- ☐ Welche landesspezifischen gesellschaftlich-kulturellen Anpassungen müssen vorgenommen werden?
- ☐ Wie wird die Niederlassung geführt (Strategie, Rechtsform, Team, Governance)?
- ☐ Wie werden die physischen Leistungen erbracht (z. B. mittels Logistikpartner)?
- ☐ Liegt ein Businessplan für die internationale digitale Strategie vor?

Teil E: Umsetzung und Verankerung der gewählten Strategie

Management Summary
In diesem Teil werden die Erfolgsfaktoren der Umsetzung und Verankerung digitaler Basisstrategien für die Erschließung von Wettbewerbsvorteilen beschrieben. Dazu gehören die Führung digitaler Portfolios mittels Projekt-Portfolio-Management (PPM) und das Projektmanagement. Empfohlen wird die Visualisierung des Portfolios, um das Monitoring und die Kommunikation an interne und externe Anspruchsgruppen zu vereinfachen. Mittels Change-Management wird der Strategiewandel aktiv begleitet. Hier spielt die Kommunikation mit den identifizierten Anspruchsgruppen eine entscheidende Rolle. Es soll sowohl über die ganze Strategieperiode aktiv kommuniziert werden als auch das Tempo des Veränderungsprozesses bis hin zur realisierten Strategie aufrechterhalten bleiben. Schlussendlich helfen definierte Ziel- und Messgrößen – mittels Key Performance Indicators (KPI) und Objectives & Key Results (OKR) – dabei, die Digitalstrategie bei der erfolgreichen Umsetzung zu begleiten.

19 Die transformative Kraft digitaler Strategien

19.1 Digitale Basisstrategien zur Entwicklung digitaler Wettbewerbsvorteile

Digitalisierung und digitale Transformation gehen weit über einen reinen technologischen Wandel hinaus. Sie haben einen umfassenden Einfluss auf die strategische Unternehmensplanung, Unternehmensprozesse, Marketing, Organisations- und Projektmanagement sowie auf die Anforderungen an das Leadership im Unternehmen. Darüber hinaus bringen sie gesellschaftliche Veränderungen mit sich. Der Transformationsprozess wird von der zunehmenden Vernetzung digitaler Infrastrukturen, wie dem Internet der Dinge (IoT), vorangetrieben. Zudem gewinnt die Nutzung von Daten, sei es Big Data oder Analytics – mit oder ohne KI bei allen Unternehmensfunktionen an Bedeutung.

Die Zukunft wird Lösungen hervorbringen, sodass intelligente Maschinen Aufgaben übernehmen, die bisher ausschließlich Menschen vorbehalten waren. Ein Beispiel dafür sind autonome Fahrzeuge. Diese technologischen Fortschritte verändern grundlegend die Arbeitswelt und stellen Unternehmen vor neue Herausforderungen. Digitalisierung und digitaler Transformation bringen daher einen tiefgreifenden Wandel, der die gesamte Gesellschaft prägt und Unternehmen zwingt, sich anzupassen und innovative Lösungen zu finden. Nur wer diesen Transformationsprozess aktiv gestaltet, wird langfristig erfolgreich sein.

Ausprägungen und Entwicklungsstufen der digitalen Transformation
Aus der Analyse zahlreicher Fallstudien wird ersichtlich, dass Unternehmen eine oder mehrere digitale Basisstrategien mit individuellen Zielen verfolgen. Diese insgesamt drei Ausprägungen der digitalen Transformation von Unternehmen erfordern die Entwicklung von Erfolgspotenzialen in unterschiedlichen Bereichen des ROM-Modells.

Digitally Enhanced Business. Mit dem primären Ziel der Effizienzsteigerung geht es hier um die Vereinfachung und Digitalisierung bestehender Prozesse und Funktionen. Typische Anwendungsbereiche sind die Digitalisierung der Interaktion zwischen der Organisation und ihren Kunden, die digitale Umgestaltung von Kern- oder Produktionsprozessen oder die Automatisierung von HR-Prozessen. Auch als Grundlage für weitere Schritte werden in dieser Phase oft agile Praktiken eingeführt und neue Fähigkeiten aufgebaut. Der Fokus dieses Ansatzes liegt somit auf der *Ressourcenebene*. Teile der Angebotsebene können ebenfalls betroffen sein. Ohne ein Durchlaufen dieses Schritts können die Phasen 2 und 3 selten erfolgreich umgesetzt werden.

Digitally Expanded Business. Diese oft unternehmensweite Umgestaltung von Organisationen kommt einer Neuerfindung des bestehenden Geschäfts gleich. Mit dem Aufbau eines digitalen Geschäftsmodells wird die Grundlage für Differenzierung und neues Wachstum im bestehenden

Markt geschaffen. Ein Beispiel ist ein Einzelhändler, der ein vollständig integriertes Kundenerlebnis über all seine physischen und digitalen Kanäle bietet. Die Angleichung traditioneller organisatorischer Silos, die Einführung geeigneter Governancemodelle sowie die Hinzunahme neuer Talente sind wichtige Voraussetzungen für eine erfolgreiche Transformation. Betroffen in diesem Ansatz sind somit die *Angebots- und Ressourcenebene* des Unternehmens.

New Digital Business. Bei diesem Diversifikationsschritt geht es um die Schaffung neuer Erlösquellen. Dies kann durch das Erschließen neuer geografischer Märkte über digitale Vertriebswege, Vor- und Rückwärtsintegrationen über digitale Wertschöpfungssysteme (Ökosysteme) oder den Aufbau neuer Geschäftsfelder bewerkstelligt werden. Letzteres kann beispielsweise über den Zukauf von Start-ups oder organisch über den selbstständigen Aufbau etabliert werden. Diese Basisstrategie betrifft einerseits die Ebene der *Marktpositionen* (Portfolio), andererseits je nach Umsetzungsansatz auch die *Angebots- und Ressourcenebene.*

Die drei Ansätze werden üblicherweise sequenziell angewendet: Mit einem Start im Digitally Enhanced Business werden einerseits Prozesse digitalisiert, andererseits Kompetenzen aufgebaut, die den späteren Schritt zum Digitally Expanded Business überhaupt erst ermöglichen. Um ein New Digital Business aufzubauen, sind entsprechende Erfahrungen aus den beiden vorausgehenden Stufen empfehlenswert.

19.2 Erfolgsfaktoren für die erfolgreiche Umsetzung und Verankerung der Transformation

Die digitale Transformation wird primär als Managementherausforderung betrachtet (Kirchgeorg&Beyer, 2016), weil sowohl Produktivitätspotenziale und wirtschaftliches Wachstum angetrieben, gleichzeitig aber auch Geschäftsmodelle, Strategien, Prozesse und Strukturen transformiert werden sollen. Auch Start-ups greifen durch den technologischen Wandel die Kerngeschäfte etablierter Unternehmen an.

Wie eine Grundlagenstudie zur digitalen Transformation (Peter, 2017) zeigte, wird das **fehlende Know-how** als größte Herausforderung für (erfolgreiche) Transformationsprojekte angesehen, und zwar erstaunlicherweise das fehlende Know-how der Führungskräfte, also derjenigen Gruppe, die dem Unternehmen den größten Fortschritt in der Digitalisierung und der Innovationsstärke zutraut: Fast die Hälfte aller an der Umfrage beteiligten Unternehmen erachteten das fehlende Know-how der Führungskräfte als größte Barriere, gefolgt vom fehlenden Know-how der Mitarbeitenden (Abb. 41).

Als zweiter Hauptgrund folgt der **hohe Zeitaufwand** bzw. **fehlende Zeit**. Auch die **fehlende Veränderungsbereitschaft** bei den Führungskräften und Mitarbeitenden (jeweils bei einem Drittel der Unternehmen) ist von hoher Bedeutung und zeigt die Wichtigkeit der Aufgabe, die Teams in der Projektvorbereitung zu sensibilisieren, Wissen zu vermitteln und den Führungsansatz bzw.

die kulturelle Komponente des Veränderungsprozesses zu beachten. Abb. 41 fasst alle in der genannten Studie ermittelten Barrieren/Herausforderungen und Risiken der digitalen Transformation zusammen.

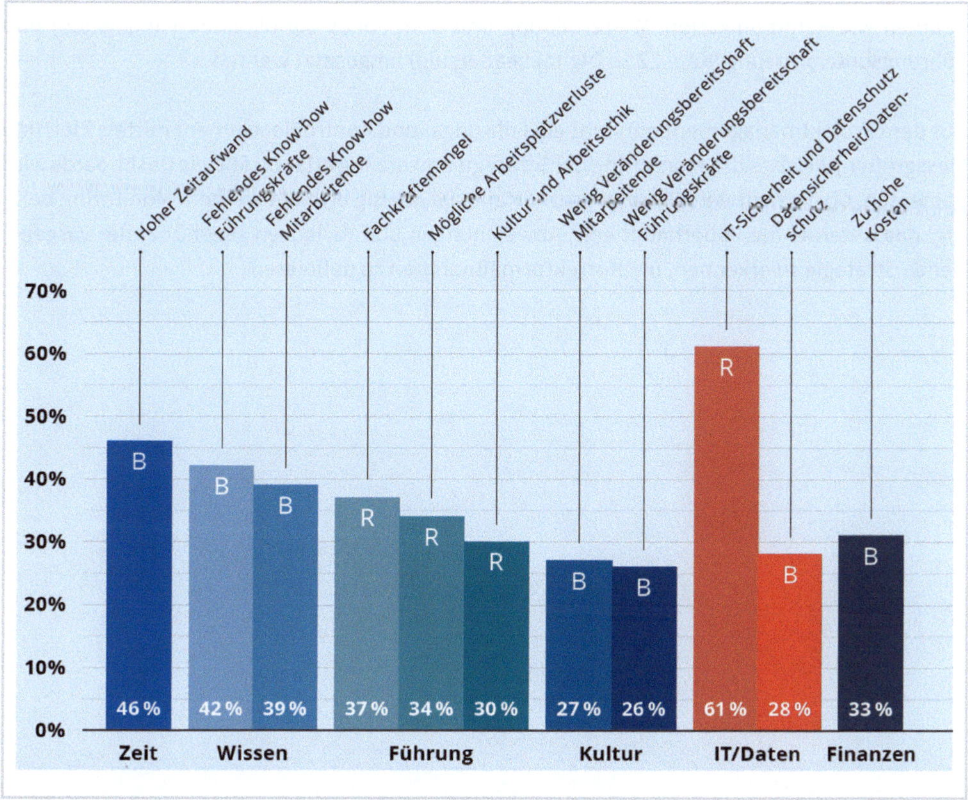

Abb. 41: Herausforderungen der digitalen Transformation: Barrieren (B) und Risiken (R) (Kaltenrieder et al., 2023)

Grundsätzlich gilt: Werden Barrieren und Risiken frühzeitig vom Management adressiert, können Transformationsprojekte erfolgreicher umgesetzt werden. Es ist für die digitale Transformation erfolgskritisch, dass die identifizierten Herausforderungen diskutiert und entsprechende Maßnahmen frühzeitig definiert werden. Diese Maßnahmen fließen ins Projektmanagement und in den Veränderungsprozess (ins Change-Management) ein und bedürfen einer periodischen Kontrolle, um die Notwendigkeit weiterer Maßnahmen zu erkennen.

Zur erfolgreichen Realisierung digitaler Strategien gehören deshalb das Führen eines digitalen Portfolios und das Projektmanagement, das auf klassischen Projektmanagementgrundlagen beruht. Das Portfolio wird beschrieben und im besten Fall visualisiert, damit das Unternehmen die dokumentierte Strategie mit dem Portfolio zur internen und im geringeren Ausmaß zur externen Kommunikation nutzen kann. Mit den Methoden des Projektmanagements, etwa Projektplanung mit Risikomanagement, werden die strategischen Initiativen/Maßnahmen umgesetzt.

Change-Management hat zum Ziel, die harten Veränderungen wie beispielsweise neue Organisationsstrukturen, Prozesse und Technologien sowie softe Veränderungen wie Kultur- und Wertewandel zu begleiten. Im Zentrum stehen die Identifikation der Treiber und Auswirkungen auf Unternehmen und Mitarbeitende. Sie bilden die Grundlage, auf der unterstützende Maßnahmen wie Kommunikation, Weiterbildung (mit dem Fokus auf digitalen Fähigkeiten) und Führungsunterstützung (Kap. 22 zu Digital Leadership) umgesetzt werden.

Aus dem Projektmanagement entsteht ein Führungs- und Kontrollinstrument mittels Ziel- und Messgrößen, welches das Monitoring der Strategieumsetzung erlaubt. Mittels Dashboards wird gemessen, ob die digitalen Wettbewerbsvorteile nachhaltig erreicht werden. Monitoring befähigt das Unternehmen überhaupt erst, Abweichungen und Varianzen gegenüber der vorgegebenen Strategie zu erkennen, um Korrekturmaßnahmen zu definieren.

20 Projektmanagement, Change-Management und Monitoring

20.1 Führung digitaler Portfolios und Projektmanagement

Projektmanagement umfasst die Planung, Überwachung, Steuerung und Fertigstellung eines Projekts. Außerdem regelt es alle Schritte, die zur Erreichung der Projektziele notwendig sind. **Projektportfolios** bieten eine Übersicht der für die digitale Strategie umsetzbaren strategischen Initiativen und Projekte.

Das **Projektportfoliomanagement** (PPM) ermöglicht die zentralisierte Verwaltung der strategischen Projekte des Unternehmens zur Realisierung der digitalen Strategie. Obwohl die verschiedenen Projekte möglicherweise miteinander verlinkt sind, werden sie unter einem Dach (Portfolio) verwaltet, um deren Chancen und Risiken, aber auch konkurrierende Ressourcen wie Teams oder Infrastrukturen zu überwachen und zu verwalten. Mit einem laufenden Monitoring wird sichergestellt, dass die Projekte in direktem Zusammenhang mit der digitalen Strategie bzw. den Unternehmenszielen stehen.

Nach Oltmann (2008) unterscheidet sich das klassische Projektmanagement vom Projektportfoliomanagement: Beim Projektmanagement geht es um die Ausführung und Lieferung, also darum, Projekte erfolgreich umzusetzen. Im Gegensatz dazu konzentriert sich das PPM darauf, die richtigen Projekte zur richtigen Zeit durchzuführen, indem die Projekte als Portfolio von strategischen Investitionen ausgewählt und verwaltet werden.

Das Problem liegt darin, dass fast alle Unternehmen mehr Projekte als verfügbare Ressourcen haben. Oftmals fällt es der Unternehmensführung schwer, Nein zu sagen. Effektive Unternehmen konzentrieren ihre begrenzten Ressourcen auf die besten Projekte und lehnen es ab, Projekte durchzuführen, die gut, aber nicht gut genug sind, um die Digitalstrategie umzusetzen und dadurch die digitalen Wettbewerbsvorteile zu erzielen.

Ein optimiertes digitales Portfolio kann in wichtigen Punkten aus dem Gleichgewicht geraten. Es kann beispielsweise ein unangemessenes Risikoprofil aufweisen, wodurch das Unternehmen entweder zu viel oder zu wenig Risiko eingeht. Andererseits können die Marktgelegenheiten mit zu risikoreichen Projekten überschätzt werden, was zum Scheitern der Digitalstrategie führen kann. Oder die internen Ressourcen stehen schlichtweg nicht zur Verfügung.

Ein PPM kann mittels Visualisierungen erstellt werden. Die Achsen/Dimensionen werden je nach Digitalstrategie, Unternehmenszielen oder Marktreife individuell definiert. In der Praxis haben sich die beiden Dimensionen »Entwicklung von Unternehmens-/Marktwerten« und »Machbarkeit« bewährt (Abb. 42).

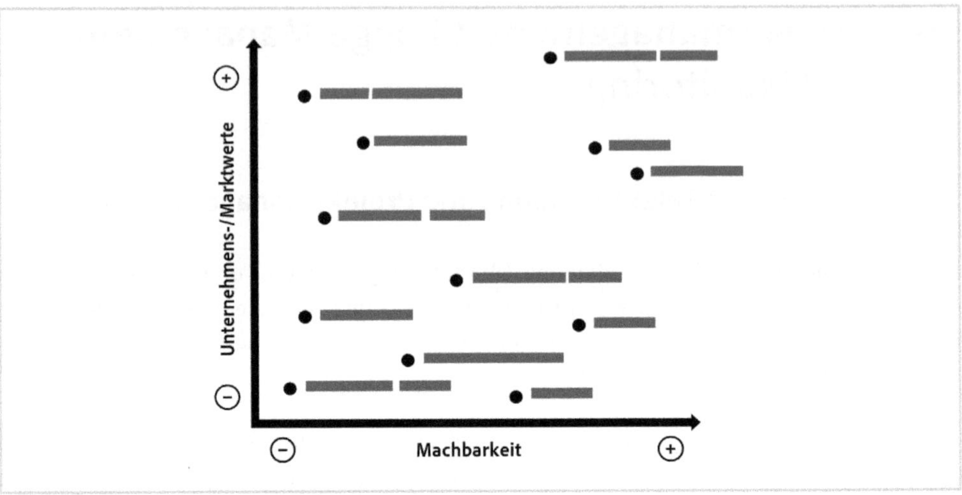

Abb. 42: Visualisierung des Projektportfolios (Peter, 2024)

Projektportfoliomanagement (PPM)

Nach Oltmann (2008) gilt es, drei Faktoren für ein erfolgreiches PPM zu beachten:
- Das PPM richtet sich nach der (digitalen) Strategie aus: Jedes definierte Projekt muss eine Rolle bei der Umsetzung der Strategie einnehmen.
- Jedes Projekt maximiert den Wert des PPM: Nur so kann das »beste« Preis-Leistungs-Verhältnis erzielt werden. Als Portfolio müssen die Projekte eine hohe Rendite auf die Investitionen erzielen.
- Das PPM soll ausgeglichen sein: Es sollte nicht zu einseitig ausgeprägt sein, weil es zum Beispiel zu riskant ist oder sich zu sehr auf kurzfristige Resultate konzentriert.

Diese Grundlagen für das PPM und die sich im Portfolio befindlichen Projekte werden im Projektmanagement entwickelt:
- Projektbeschreibungen mit Zielen, Terminen, Investitionsvolumen, Ressourcenbedarf, Risiken und Verantwortlichkeiten,
- Rollenbeschreibungen (z. B. Projektleitung oder IT-/Daten-Sicherheitsverantwortung),
- Methoden (z. B. Projektmonitoring),
- Vorlagen (z. B. Projektstatusbericht),
- Prozessbeschreibungen (z. B. für die Übergabe von Arbeitspaketen oder Kontrolle von IT-Updates),
- Managementsysteme (z. B. ISO 9001 oder 27001).

Ohne Projektmanagement mangelt es an Strategie, Führung, Fokus, definierten Zielen, realistischer Planung und Qualitätskontrolle. Ohne diese Faktoren werden strategische Initiativen und Projekte der Digitalstrategie unübersichtlich, Ziele unrealistisch, und der Aufwand kann ins Unermessliche steigen. Darüber hinaus fehlt ein allgemeiner Überblick über den Stand des Projekts, was einen erfolgreichen Abschluss eher unrealistisch macht.

Das Einmaleins des Projektmanagements

Die Projektplanung bzw. das Projektmanagement besteht aus den folgenden **Elementen**:

- Arbeitspakete erstellen: Wie können einzelne Ziele und Projektaufgaben zu Arbeitspaketen zusammengefasst werden?
- Erstellen Sie eine Projektstruktur: Wie passen die einzelnen Arbeitspakete zusammen?
- Projektaktivitäten identifizieren: Was wird in welcher Reihenfolge abgearbeitet? Erstellen Sie einen Zeitplan: Bis wann muss welches Arbeitspaket abgeschlossen sein?
- Ressourcen und Kosten zuordnen: Welche Mitarbeitenden, externen Berater, Infrastrukturen etc. werden wann und zu welchen Kosten ins Projekt eingebracht?
- Meilensteine als Kontrollpunkte setzen: In welche Phasen mit welchen Zwischenzielen lässt sich das Projekt einteilen?

20.2 Change-Management – Wandel aktiv begleiten

Change-Management ist der Prozess zur Planung und Umsetzung strategischer organisatorischer Veränderungen im Unternehmen. Je mehr Strategien und Projekte die Rahmenbedingungen in der Organisation verändern, desto mehr müssen sich auch die Führungskräfte und Mitarbeitenden verändern.

Change-Management ist ein Instrument zur Steuerung von strategischen Veränderungsprozessen im Unternehmen, die beispielsweise durch digitale Strategien hervorgerufen werden. Am Change-Management werden verschiedene Anspruchsgruppen (Stakeholder) aktiv beteiligt. Ein Prozess des Change-Managements umfasst häufig Strategien, die Teams bei der schrittweisen Umsetzung einer organisatorischen oder technischen Änderung unterstützen, die Änderung als Pilotprojekt in einem Teil der Organisation einführen oder die die Unterstützung wichtiger Stakeholder vor der Einführung einer neuen Initiative sicherstellen.

Strategische Veränderungen wirken sich auf Strukturen, Teams, Technologien, kulturelle Werte, die Zusammenarbeit und die Prozesse aus. Für die betroffenen Mitarbeitenden bedeutet dies, dass bestehende Verhaltensmuster, Methoden und Technologien angepasst werden müssen. Das löst zunächst Angst aus, erzeugt häufig Widerstände und in manchen Fällen auch Konflikte – Emotionen, die den Erfolg eines Projekts behindern und im schlimmsten Fall sogar zum Scheitern führen können. Genau hier setzt Change-Management an. Erst wenn Mitarbeitende von einer Idee überzeugt sind, kann ein Unternehmen die Projekte erfolgreich auf den Weg bringen. Daher ist es wichtig, die Ängste und Befürchtungen der Mitarbeitenden ernst zu nehmen und deren Energie produktiv für die Strategie und die Projekte zu nutzen.

Erfolgsfaktoren von Change-Management

Der bekannte Autor zum Thema Change-Management, John P. Kotter, empfiehlt die Umsetzung folgender Erfolgsfaktoren (Kotter, 1996):

- Demonstrieren Sie den Mitarbeitenden die Dringlichkeit, um deutlich zu machen, wie wichtig schnelles Handeln ist.
- Bauen Sie ein Führungsteam auf, um organisatorische Veränderungen zu leiten, zu koordinieren und zu kommunizieren.
- Entwickeln Sie eine strategische Vision und Initiativen, um zu skizzieren, wie sich die Zukunft von der Vergangenheit unterscheiden wird.
- Kommunizieren Sie die Vision, damit die Veränderung unterstützt wird.
- Beseitigen Sie Hindernisse auf dem Weg nach vorne.
- Streben Sie nach kurzfristigen Erfolgen, um die Mitarbeitenden zu motivieren.
- Treiben Sie den Veränderungsprozess weiter voran, und reduzieren Sie das Tempo nicht, bis die Strategie umgesetzt wurde.
- Konsolidieren Sie die Veränderungen in der Kultur, bis sie stark genug sind, um alte Gewohnheiten nicht mehr aufleben zu lassen.

Kommunikation ist der wichtigste Teil des Change-Managements. Es ist wichtig, die Betroffenen zu informieren und um ihre Unterstützung zu bitten. Oberstes Ziel ist die konstruktive Kommunikation des Veränderungsvorhabens, beginnend bei der Geschäftsführung bis hin zu den Mitarbeitenden.

Primär muss bei den Führungskräften die Bereitschaft zur Veränderung geweckt werden. Es geht darum, ihre Ängste ernst zu nehmen und sie auf ihre Aufgabe vorzubereiten, den Wandel für ihre Mitarbeitenden zu erleichtern. Je besser es den Führungskräften gelingt, die Sorgen und Frustrationen der Mitarbeitenden in Motivation umzuwandeln, desto schneller kann das Organisationsziel erreicht werden.

Schulungen und Workshops können dazu beitragen, die interne Unternehmenskommunikation zu festigen und Führungskräfte in die Lage zu versetzen, mit ihren Kollegen auf eine Weise zu kommunizieren, die mit den Zielen der Organisation übereinstimmt. Anschließend wird das ganze Unternehmen über die neue Strategie und die Änderungen informiert.

Bei einer Versammlung (»Townhall«) wird das Management in einer für die Belegschaft verständlichen Weise erklären, warum die Änderungen notwendig sind. Oft verstehen Mitarbeitende die Informationen nicht sofort, weil ihnen Emotionen und Zukunftsängste im Weg stehen. In einer solchen Situation hat die interne Unternehmenskommunikation die Aufgabe, die Botschaften aus der Strategie für eine schnelle Verbreitung über geeignete Informationskanäle so aufzubereiten, dass die Hintergründe für die Mitarbeitenden verständlich dargestellt werden. Es ist wichtig, Spekulationen und Gerüchte zu vermeiden.

Change-Management und Kommunikation müssen während des gesamten Veränderungsprozesses aktiv gepflegt werden. Es ist wichtig, die Mitarbeitenden laufend darüber zu informieren, wo die Unternehmung im Veränderungsprozess bzw. in der digitalen Transformation steht, und ihnen zu versichern, dass sich der Aufwand lohnt.

20.3 Definition und Monitoring von Ziel- und Messgrößen

Um zu überprüfen, ob die Umsetzung der Strategie nach Plan verläuft, lohnt es sich, den Erfolg regelmäßig mittels Ziel- und Messgrößen zu überwachen (Monitoring). Die Schwierigkeit des Monitorings besteht darin, dass eine ganzheitliche und strategische digitale Transformation mehrere Jahre dauert. Erste Transformationsinitiativen, die schnell messbare Vorteile bringen, können kurzfristig umgesetzt werden. Allerdings stellen mehrjährige Initiativen eine größere Herausforderung für die Unternehmungsführung dar. Das Management verliert möglicherweise den Fokus, die Energie oder das Interesse an den Transformationsprojekten, oder Führungskräfte und Projektmitglieder verlassen die Unternehmung, was dazu führt, dass Initiativen ins Stocken geraten.

Wenn es einer Organisation mit der strategischen digitalen Transformation ernst ist, sie Projekte skizziert, mittels Portfoliomanagement verwaltet und Budgets freigibt, muss sie auch ein langfristiges Monitoring etablieren.

Die wichtigsten Kennzahlen für erfolgreiche Digitalstrategien

Die drei wichtigsten Kennzahlen für alle Digitalstrategien und Transformationsstrategien sind (Peter, 2023):

- **Finanzen:** Verdient das Unternehmen mehr Geld? Steigt die Rentabilität?
- **Kundenorientierung:** Macht das Unternehmen die Kundschaft erfolgreicher und bindet sie dadurch?
- **Mitarbeiterorientierung:** Schafft das Unternehmen ein modernes Arbeitsumfeld, das von den Mitarbeitenden geschätzt wird, um so deren Motivation zu steigern?

Heutzutage konzentrieren sich viele Unternehmen immer noch auf »Business Cases« und Projektbudgets, die eine positive Kapitalrendite aufweisen. In der schnelllebigen digitalen Welt funktionieren diese prognostizierten Budgets und definierten Leistungsziele jedoch nur bedingt. Umso wichtiger ist eine regelmäßige Wissens- und Kulturarbeit auf Vorstands- und Managementebene, um neue Ansätze, Methoden und Kennzahlen in den Vordergrund der Strategie- und Technologiediskussionen zu stellen.

Petzold (2024) hat Handlungsempfehlungen zur Definition und Nutzung von Key Performance Indicators (KPI) und die Objectives&Key Results (OKR) für die digitale Transformation entwickelt. Diese werden nachfolgend zusammengefasst.

KPI und OKR in der digitalen Transformation

Petzold (2024) definiert KPI und OKR wie folgt:

- **Key Performance Indicators (KPI)** sind eine Art (relativer oder absoluter) Leistungsmessung. KPI bewerten den Erfolg und die Gesundheit einer Organisation oder einer bestimmten Aktivität (wie z. B. Projekte, Programme, Produkte und andere Initiativen), an der sie beteiligt ist. KPI bieten

einen Fokus für strategische und operative Verbesserungen und schaffen eine analytische Grundlage für die Entscheidungsfindung, um die Aufmerksamkeit auf das Wesentliche zu lenken.
- **Objectives & Key Results (OKR)** bilden aus einem qualitativen Ziel (Objective) und aus quantitativen Metriken (Key Results) einen Zielsetzungsrahmen, der von Einzelpersonen, Teams und weiteren Anspruchsgruppen verwendet wird. Organisationen können messbare Ziele definieren und ihre Auswirkungen/Ergebnisse mit Effekten mittels einer End-to-End-(E2E-)Ansicht und einem klaren Fokus auf die Strategieumsetzung verfolgen.

Unternehmen, die ihre digitalen Strategien effektiv umsetzen, verschaffen sich digitale Wettbewerbsvorteile, die mittels KPI und OKR gemessen werden können. Konkret liegt der Fokus auf der Verknüpfung der digitalen Transformation mit einer klaren Strategiesteuerung. Diese beinhaltet die Planung, die agile Umsetzung und die Messung der Ziele und Resultate von Output-Impact-Outcome durch die Koordination und Synchronisation mit KPI und OKR.

OKR sind ein einfaches Tool, mit dem Sie alle im Unternehmen auf messbare Ziele sensibilisieren und kurz-/mittelfristig einbeziehen können, sich mit Ihren wichtigsten Geschäftszielen zu verbinden, die Leistung zu steigern und bessere Ergebnisse zu erzielen. Der OKR-Prozess hängt stark von der Festlegung messbarer Ziele ab, die sich aus den Unternehmenszielen für ein Quartal (oder 3–5 Monate) herleiten lassen. Diese werden anhand von Schlüsselergebnissen gemessen. Die Unternehmensziele sollen klar, ehrgeizig und inspirierend sein, damit Mitarbeitende auf allen Ebenen sie verstehen und motiviert sind, sich für sie einzusetzen. Es ist wichtig, die Transparenz, Ausrichtung und den Fortschritt Ihrer OKR aufrechtzuerhalten, um die Umsetzung von Zielen zu beschleunigen und Ergebnisse zu erzielen. Dafür müssen Sie während des gesamten Quartals Check-ins mit Ihren Mitarbeitenden durchführen, um den gemessenen Fortschritt zu verfolgen.

Die Umsetzung erfolgt in sechs Schritten:
1. Setzen Sie in der Digitalstrategie konkrete und messbare Ziele (OKR). Diese Ziele sollten ambitioniert, aber erreichbar sein und den gewünschten Wandel und Fortschritt widerspiegeln.
2. Entwickeln Sie einen detaillierten Aktionsplan, der beschreibt, wie die strategischen Ziele erreicht werden sollen. Identifizieren Sie die Schritte, Ressourcen und Verantwortlichkeiten, die für die Umsetzung der Pläne erforderlich sind.
3. Definieren Sie nun die KPI, die als Messinstrumente dienen, um Fortschritt und Erfolg der strategischen Ziele zu überwachen. Wählen Sie KPI aus, die relevante Aspekte der Leistung und des Fortschritts des Unternehmens abbilden wie beispielsweise Umsatzwachstum, Kundenzufriedenheit, Produktivität.
4. Setzen Sie die Aktionspläne in die Tat um, und überwachen Sie regelmäßig den Fortschritt anhand der definierten KPI. Erfassen Sie Daten, analysieren Sie diese, und ziehen Sie Schlussfolgerungen, um die Umsetzung zu steuern und bei Bedarf Anpassungen vorzunehmen.
5. Stellen Sie sicher, dass Strategie, Ziele, Aktionspläne und Fortschrittsmessung an alle relevanten Stakeholder klar kommuniziert werden. Sorgen Sie für eine klare Ausrichtung und

für Verständnis in der gesamten Organisation, damit alle Mitarbeitenden gemeinsam an den Zielen arbeiten.

6. Nutzen Sie die Ergebnisse der Überwachung und Bewertung, um Strategie, Pläne und KPI kontinuierlich zu verbessern. Lernen Sie aus Erfolgen und Misserfolgen, passen Sie die Vorgehensweise an, und optimieren Sie die Aktionspläne, um die Zielerreichung zu maximieren. Die Verwendung von KPI und OKR in Strategie–Planung–Umsetzung–Steuerung hilft dabei, den Fokus auf klare Ziele und die Überwachung der Leistung zu legen. Sie bietet eine messbare Grundlage, um den Erfolg der digitalen Transformation und die Fortschritte in Richtung der strategischen Ziele zu bewerten und ihre Wirkung zu messen.

Tab. 5 zeigt eine Übersicht der wichtigsten Unterschiede und das Zusammenspiel von OKR und KPI.

	Key Performance Indicators (KPI)	**Objectives & Key Results (OKR)**
Anspruch	> 95 % als Indikator für die Gesundheit des Unternehmens	Zielkorridor 70–100 %, ambitionierte Ziele, Scheitern als Teil des Prozesses
Aufgabe	Messung der Performance (Leistung = Output) Identifikation Optimierungspotenzial	Entwicklung, Innovation, Probleme lösen Ziele, die Wirkung erzielen (Impact & Outcome)
Leitfrage	Wie performen wir?	Worauf fokussieren wir uns?
Zeitlicher Horizont	• 1–4 × im Jahr (dauerhaft) • Evergreens	3–5 Monate (ideal: alle 3 Monate)
Metriken	Spätindikatoren (oft nicht direkt beeinflussbar; *Legging*), aber wenn OKR erfüllt sind, stimmen auch KPI	Frühindikatoren auf der Ebene der Key Results (*Leading*) sind direkt beeinflussbar und konkreter Hebel für das Erreichen der KPI
Zweck	Controlling, um Leistung im Nachhinein zu bewerten, Optimierungspotenziale zu identifizieren	Gestaltung, um proaktiv zu fokussieren, Prioritäten zu setzen und Ziele zu erreichen
Worum geht es?	Zahlen, Daten, Fakten	Menschen, Emotionen, Sinn, Fokus Begeisterung, Motivation, Commitment
Fazit	KPI als laufender Pulscheck (Gesundheit) der Organisation (Unternehmen) bezüglich einzelner Werte Leistungskennzahl ist Gradmesser, ob im Unternehmen alles richtig läuft	OKR als Instrument, um Menschen (Team oder Teams) zu begeistern und die Organisation agil weiterzuentwickeln (Lessons Learned ist hier besser, schneller, agiler und zielorientierter als mit KPI)

Tab. 5: Gegenüberstellung OKR und KPI nach Petzold (2024)

Anhand eines Vorschlags von Accenture (Gasc & Sandquist, 2014) lassen sich OKR (»Objectives«) und KPI (»Metrics improved«) der digitalen Basisstrategien darstellen (Abb. 43). Die drei Basisstrategien zeigen sich in den durch digitale Strategien entwickelten Unternehmens- und Marktwerten (»Value of Digital Business«) mittels strategischer und optimierender Maßnahmen.

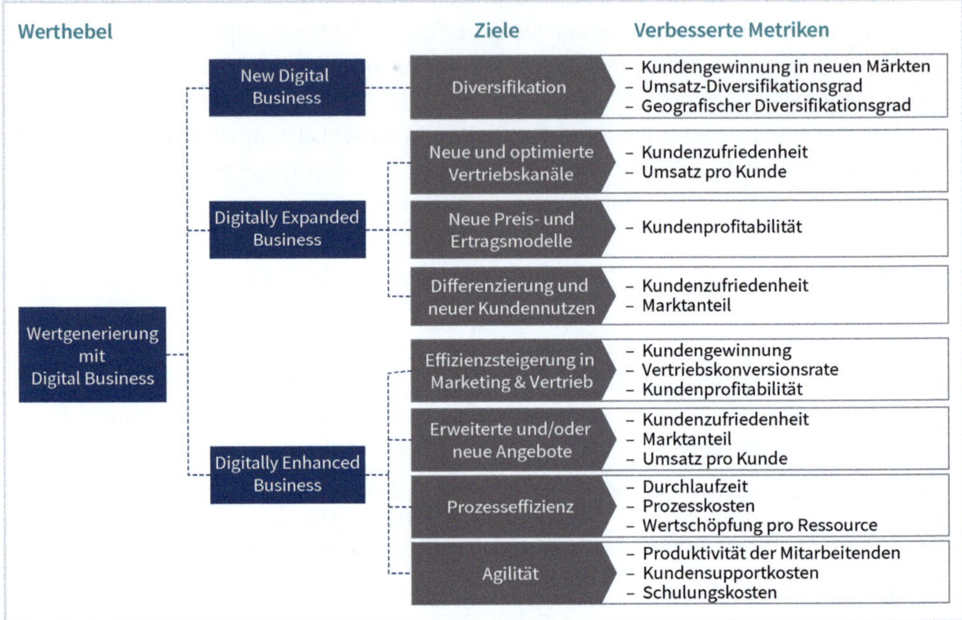

Abb. 43: Drei Basisstrategien verankert in der Empfehlung zu OKR und KPI (in Anlehnung an Gasc & Sandquist, 2014)

KPI und OKR eignen sich perfekt für die Führung und das Monitoring von Strategien – sie unterstützen die Fortschrittsmessung der digitalen Transformation. Unabhängig von der gewählten Basisstrategie – Digitally Enhanced Business, Digitally Expanded Business oder New Digital Business – befähigen das Monitoring und die entsprechenden Korrekturmaßnahmen Unternehmen zur Umsetzung und Verankerung der digitalen Strategie.

Teil F: Entwicklung von Digital Leadership

Management Summary

Die digitale Transformation beeinflusst nicht nur die technologische Infrastruktur eines Unternehmens, sondern verändert grundlegend die Art und Weise, wie Geschäftsmodelle entwickelt und umgesetzt werden. In diesem Teil werfen wir einen Blick auf die Rolle der Führungskräfte in diesem Veränderungsprozess. Es ist unerlässlich, dass sie nicht nur digitale Technologien verstehen und anwenden, sondern auch wissen, wie diese Technologien das Kerngeschäft transformieren und neue Wettbewerbsvorteile schaffen können. Die Führung in der digitalen Transformation umfasst daher sowohl die strategische Integration von Technologie in Geschäftsmodelle als auch die Förderung einer Unternehmenskultur, die Innovation und Anpassungsfähigkeit unterstützt. Dieser Teil bietet einen Leitfaden, wie Führungskräfte den dualen Ansatz erfolgreich umsetzen, um ihre Unternehmen in einer sich ständig wandelnden digitalen Welt voranzubringen.

21 Unternehmenskultur als Treiber der digitalen Transformation

BLICK IN DIE PRAXIS: EIN FIKTIVES SZENARIO MIT HANS LIEBERFELD

In diesem hypothetischen Beispiel sitzt Hans Lieberfeld, der visionäre CEO eines aufstrebenden Technologieunternehmens, in seinem modernen Büro, umgeben von beeindruckenden Displays und High-Tech-Gadgets. Während er an seinem Kaffee nippt, reflektiert er die digitalen Strategien, die sein Team in den letzten Monaten entwickelt hat. Obwohl die Technologie fortschrittlich und der strategische Plan klar ist, kommt ihm der Gedanke: Culture eats strategy for breakfast. Lieberfeld erkennt, dass selbst die brillanteste Strategie scheitern könnte, wenn sie nicht von einer unterstützenden und anpassungsfähigen Unternehmenskultur getragen wird. Kürzlich erlebte er Revierkämpfe zwischen seinen Managern – ein klares Zeichen, dass kulturelle Herausforderungen angegangen werden müssen, bevor die digitale Transformation erfolgreich sein könnte.

21.1 »Culture eats strategy for breakfast«

Der Ausspruch »Die Kultur verspeist die Strategie zum Frühstück« wird dem Managementexperten Peter Drucker zugeschrieben. Er hat in der Ära des digitalen Wandels, die von künstlicher Intelligenz und Big Data geprägt ist, eine besondere Bedeutung: Eine brillante Strategie verliert ohne eine unterstützende Unternehmenskultur an Effektivität. Daher sind Führungskräfte heute nicht nur gefordert, innovative Digitalstrategien technisch zu entwerfen, sondern auch eine Kultur zu pflegen, die die Adaption dieser Strategien unterstützt und dafür sorgt, dass das Innovationsniveau gehalten wird. Ein zentrales Ziel für Unternehmen ist daher, größere Agilität zu entwickeln. Dies beinhaltet gezielte Maßnahmen, um die Anpassungsfähigkeit an technologische Veränderungen zu erhöhen und die Entwicklung neuer Geschäftsmodelle aktiv zu beschleunigen, wie bereits in Teil A diskutiert. Das folgende Beispiel verdeutlicht, wie Agilität aus einer kulturellen Perspektive weit über technische Aspekte hinaus Bedeutung erlangt.

BEISPIEL: OHANA BEI SALESFORCE

Salesforce ist ein prägnantes Beispiel dafür, wie eine starke Unternehmenskultur den Unternehmenserfolg beeinflussen kann. Salesforce, ein globaler Leader im CRM-Bereich, ist für seine einzigartige »Ohana-Kultur« bekannt. Inspiriert vom hawaiianischen Familienkonzept Ohana, umfasst diese Kultur Mitarbeitende, Kunden und Partner und ist durch neun Kernwerte geprägt: Vertrauen, Kundenerfolg, Wachstum, Innovation, Zurückgeben, Gleichheit aller, Wohlbefinden, Transparenz und Spaß. Die Führung des Unternehmens mit CEO Marc Benioff an der Spitze lebt diese Werte vor, und Initiativen wie die Ohana-Gruppen und der Ohana Floor im Salesforce Tower fördern ein starkes Gemeinschaftsgefühl. Die Kultur erstreckt sich auch auf die Kunden, die als Teil der Ohana-Familie betrachtet werden, und findet ihren Höhepunkt in der jährlichen Dreamforce-Konferenz, die ein globales Publikum anzieht und die Stärke der Salesforce-Community demonstriert (Mollman, 2023).

Dieses Beispiel zeigt, dass der Führungsstil an die Anforderungen der digitalen Landschaft angepasst werden muss. Studien zeigen jedoch, dass heute etwa 90 % der Bemühungen zur digitalen Transformation an mangelnder digitaler Führungskompetenz scheitern (Ramesh & Delen, 2021). Ein Hauptgrund dafür ist die Vernachlässigung der Unternehmenskultur, die durch das Verhalten und die Kompetenzen der Führungskräfte geprägt wird. Um diesen Gap zu schließen, geht es darum, die digitale Kompetenz der Führungskräfte in den Blick zu nehmen. Nur digital kompetente Führungskräfte sind in der Lage, Misserfolge einer digitalen Transformation vorherzusehen und zu vermeiden. Führungspersonen müssen bestimmte Führungskompetenzen besitzen, die in der digitalen Zeit darüber entscheiden, ob sie kompetent handeln oder nicht.

21.2 Führungsqualitäten im digitalen Zeitalter: Mehr als nur technisches Know-how

Bei den Führungskompetenzen reicht in einer digitalen Ära technisches Wissen allein nicht mehr aus. Es geht beim Aufbau bestimmter Kompetenzen vielmehr darum, eine umfassende Palette neuer Fähigkeiten zu entwickeln, die sowohl technische Versiertheit als auch effektives Führungshandeln in einem dynamischen und von Unvorhersehbarkeit geprägten Umfeld umfassen. Es geht darum, ein Gleichgewicht zwischen technologischer Effizienz und menschlicher Kreativität zu schaffen, eine Umgebung, in der technologische Innovationen und menschliches Wohlbefinden Hand in Hand gehen. Tab. 6 gibt einen Überblick über die Schlüsselkompetenzen, die für effektive digitale Führung notwendig sind, und beschreibt, wie diese in der Praxis umgesetzt werden können.

Kompetenzbereich	Beschreibung	Beispiele für Fähigkeiten
Technologisches Verständnis	Fähigkeit, technologische Trends zu verstehen und anzuwenden	Kenntnisse im Bereich Cloud-Computing, KI, Datenanalyse
Strategisches Denken	Entwicklung und Umsetzung von digitalen Strategien	Langfristige Planung, Marktanalyse, Innovationsmanagement
Kommunikative Fähigkeiten	Effektive Kommunikation der digitalen Vision und Strategie	Klare und inspirierende Kommunikation, Konfliktlösung
Agilität und Anpassungsfähigkeit	Schnelle Anpassung an Veränderungen und Förderung einer agilen Kultur	Flexibilität, Offenheit für Neues, Förderung von Experimenten
Empowerment und Teamführung	Ermächtigung und Motivation von Teams, kreativ und innovativ zu sein	Teammotivation, Delegation, Talentförderung

Kompetenzbereich	Beschreibung	Beispiele für Fähigkeiten
Kulturelle Kompetenz	Förderung einer Kultur des Vertrauens, der Zusammenarbeit und der Innovation	Aufbau einer inklusiven und kollaborativen Arbeitsumgebung

Tab. 6: Beispielhafte Kompetenzen der digitalen Führung

Die digitale Transformation stellt somit nicht nur eine Herausforderung, sondern auch eine einzigartige Gelegenheit für Führungskräfte dar, sowohl technologische Kompetenz als auch eine transformative Unternehmenskultur zu fördern. Es geht darum, eine Umgebung zu schaffen, in der Mitarbeitende sich nicht nur an neue Technologien anpassen, sondern auch aktiv an deren Gestaltung teilhaben. Die Rolle der Führungskraft verändert sich dabei von einem traditionellen Leiter zu einem Befähiger, einem »Facilitator«, der Teammitglieder dazu inspiriert, ihr volles kreatives und innovatives Potenzial zu entfalten.

Darüber hinaus ist es für Führungskräfte essenziell, eine Kultur der Resilienz und Anpassungsfähigkeit zu etablieren, um den ständigen Wandel und die Unsicherheiten, die mit der digitalen Ära einhergehen, zu meistern. Eine solche Kultur ermöglicht es Unternehmen, nicht nur auf aktuelle Herausforderungen zu reagieren, sondern auch proaktiv zukünftige Trends und Möglichkeiten zu antizipieren und zu nutzen. Durch die Förderung von Vertrauen, Zusammenarbeit und kontinuierlichem Lernen können Führungskräfte sicherstellen, dass ihr Unternehmen nicht nur in der Gegenwart erfolgreich ist, sondern auch zukunftsfähig bleibt. Der digitale Wandel wird somit zu einem integrativen Prozess, der technologische Fortschritte mit menschlicher Kreativität und Innovation verbindet.

Die oben genannten Kompetenzen sind jedoch nicht in allen Unternehmen gleichermaßen ausgeprägt. Organisationen, die sich durch ein hohes Maß an technologischem Verständnis, strategischem Denken, kommunikativen Fähigkeiten, Agilität, Teamführung und kultureller Kompetenz auszeichnen, zeigen eine robustere und erfolgreichere Umsetzung digitaler Strategien. Solche Unternehmen, in denen diese Kompetenzen stark ausgeprägt sind, werden als digitale Führungsorganisationen oder Digital Leading Organizations (DLOs), bezeichnet. Im nächsten Abschnitt wird genauer besprochen, wie DLOs sich von traditionellen Unternehmen unterscheiden, welche Merkmale sie aufweisen und warum sie im digitalen Zeitalter oft erfolgreicher sind.

21.3 Digitale Führungsorganisationen im Vergleich zu traditionellen Unternehmen

DLOs unterscheiden sich signifikant von traditionellen Unternehmen durch ihre Reaktionsschnelligkeit und proaktive Haltung gegenüber den Herausforderungen und Chancen der digitalen Transformation. Sie zeichnen sich durch eine überlegene digitale Führungsstruktur aus, die sich besonders im Umgang mit den Herausforderungen der Digitalisierung manifestiert. Laut Brock und von Wangenheim (2019) sind DLOs durch ausgeprägte digitale Kompetenzen und organisatorische Agilität charakterisiert. Sie verfügen über engagierte Mitarbeitende, die über die notwendigen digitalen Fähigkeiten verfügen und von der Führungsebene starke Unterstützung erfahren. DLOs weisen zudem eine solide finanzielle Grundlage auf, fördern prozessuale Innovationen, integrieren nahtlos neue digitale Technologien und betrachten das Lernen aus Fehlschlägen als integralen Bestandteil des Wachstums. Abb. 44 liefert Einblicke, wie sich digitale von traditioneller Führung unterscheidet (Reinhardt, 2021).

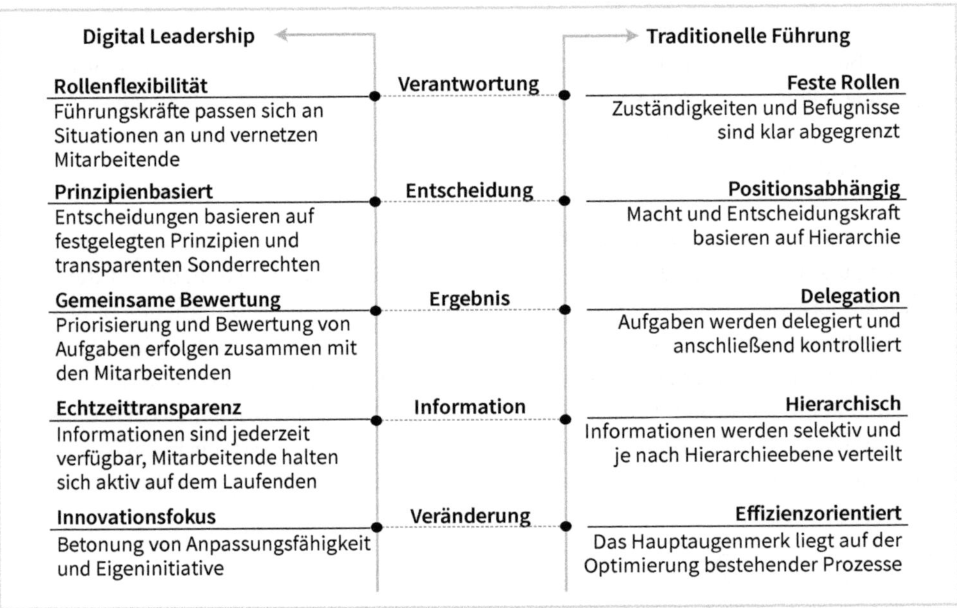

Abb. 44: Vergleich der Merkmale von traditioneller Führung und Digital Leadership (Reinhardt, 2024)

In der vernetzten Wirtschaft Europas setzen Topführungskräfte von Digital Leading Organizations (DLOs) auf einen Führungsstil, der Flexibilität, lebenslanges Lernen und Teamarbeit priorisiert. Ein prägnantes Beispiel ist das dänische Energieunternehmen Ørsted, das seine Geschäftsstrategie erfolgreich von fossilen Brennstoffen auf erneuerbare Energien umgestellt hat (Bednarčíková & Repiská, 2021). Die Führung dort versteht, dass in einer digitalen Ära starre Hierarchien einer dynamischen und vernetzten Denkweise weichen müssen. Die Entscheidungsfindung basiert auf gemeinsamen Prinzipien und Transparenz, wobei die Führungskräfte eng mit den Teams zusammenarbeiten, um innovative Lösungen zu fördern und umzusetzen. Die Betonung liegt auf der Schaffung einer offenen Kultur, die Anpassungsfähigkeit und Eigeninitiative hervorhebt.

Im Gegensatz dazu tendieren traditionelle Führungsansätze, wie sie beispielsweise in manchen traditionsreichen Schweizer Bankinstituten zu finden sind, dazu, in festgefahrenen Strukturen und Prozessen zu verharren. Dort basiert Führung oft auf festen Rollen und einer hierarchischen Befehlskette, was die Agilität einschränkt und die Fähigkeit zur Innovation hemmt. DLOs wie Ørsted sind darauf ausgerichtet, den digitalen Wandel nicht nur zu bewältigen, sondern ihn als Chance zur Entwicklung robuster und agiler Strategien zu nutzen, um den Anforderungen der digitalen Welt gerecht zu werden. Diese Unternehmen haben erkannt, dass die Förderung der digitalen Weiterbildung und der interdisziplinären Zusammenarbeit entscheidend ist, um auf dem digitalen Markt führend zu sein.

Im Vergleich dazu kämpfen traditionelle Unternehmen oft mit isolierten Abteilungen und überholten Geschäftspraktiken, was die interne Kommunikation und Kollaboration erschwert und dazu führt, dass sie Chancen für digitales Wachstum und Innovation verpassen können. Um jedoch ein vollständiges Bild der digitalen Führung zu zeichnen, darf man nicht pauschal von einer einheitlichen Führungskraft ausgehen. Vielmehr muss das Topmanagement verschiedene prototypische Rollen im Blick haben, die im nächsten Abschnitt erörtert werden: die Typologie digitaler Führungskonzepte.

21.4 Vielfalt der Führungsstile: Rollen im digitalen Transformationsprozess

Im Zeitalter der Digitalisierung ist es entscheidend, die spezifischen Rollen innerhalb des Führungsteams zu verstehen, um eine erfolgreiche Umsetzung der digitalen Strategie zu gewährleisten. Das Herzstück einer jeden Digitalstrategie ist nicht nur die Technologie selbst, sondern auch die Kompetenz und Bereitschaft der Führungskräfte, diese zu nutzen und voranzutreiben. Es bedarf einer sorgfältigen Reflexion der Zusammensetzung des Führungsteams, um zu beurteilen, ob die richtige Kombination aus Visionären, Experten und Change-Leadern vorhanden ist, um die Transformation nicht nur zu leiten, sondern auch im operativen Geschäft zu verankern. Ein Führungsteam, das sowohl die Tiefe technologischen Verständnisses als auch das Spektrum strategischer Führungsfähigkeiten besitzt, ist ein unverzichtbarer Treiber für die erfolgreiche Digitalisierung eines Unternehmens.

Mit Blick auf die verschiedenen Typen von Führungskräften erkennen wir ein Spektrum an Rollen, das von konservativen Verwaltern des Bestehenden bis zu bahnbrechenden Innovatoren reicht. Jeder Typ bringt einzigartige Stärken und Perspektiven in die Umsetzung der digitalen Transformation ein. Um die digitale Reife eines Unternehmens vollständig zu erfassen und zu entwickeln, bedarf es einer ausgewogenen Mischung dieser Führungspersönlichkeiten.

Im Folgenden werden wir die verschiedenen Führungstypen genauer betrachten und aufzeigen, wie ihre individuellen Beiträge das Gesamtbild der digitalen Strategie eines Unternehmens prägen können. Es folgt zunächst ein kurzer Überblick der verschiedenen Typen (Abb. 45):

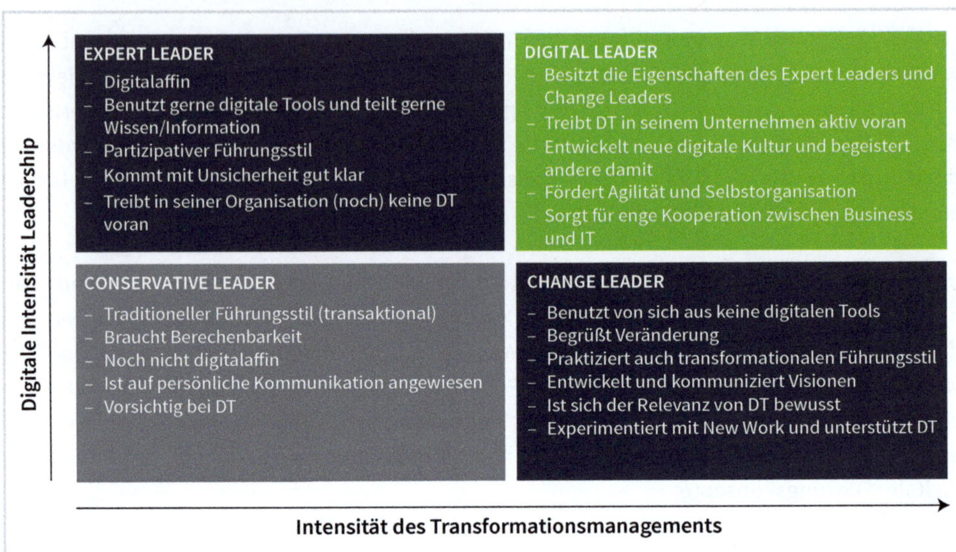

Abb. 45: Typologie digitaler Führungskonzepte (in Anlehnung an Crummenerl & Kemmer, 2015); DT = digitale Transformation

- **Konservative Führungskräfte:** Die Gruppe der Conservative Leaders bevorzugt einen traditionellen Führungsansatz und schätzt Berechenbarkeit. Sie erkennt die Vorteile der Digitalisierung, agiert jedoch vorsichtig bei deren Umsetzung. Ihre Stärke liegt in der persönlichen Kommunikation, jedoch zögern sie, sich vollständig auf digitale Prozesse einzulassen. Um ihre Rolle in der digitalen Ära zu stärken, sollten sie ermutigt werden, digitale Tools schrittweise zu integrieren und ihre Fähigkeiten in der digitalen Transformation zu erweitern.
- **Expertenführungskräfte:** Expert Leaders sind technologisch versiert und nutzen digitale Tools aktiv. Diese Führungskräfte zeichnen sich durch einen partizipativen Führungsstil aus und teilen proaktiv Wissen und Informationen. Während sie anpassungsfähig sind und gut mit Unsicherheit umgehen können, sind sie oft nicht die Haupttreiber der digitalen Transformation. Es ist wichtig, sie in die strategische Planung der digitalen Transformation einzubeziehen, um ihre technologische Expertise voll zu nutzen.
- **Digitale Führungskräfte:** Digital Leaders sind die Vorreiter der digitalen Transformation. Mit ihrem technischen Wissen und der Fähigkeit, transformative Veränderungen voranzutreiben, entwickeln sie eine digitale Kultur und inspirieren andere für ihre Vision. Digitale Führungskräfte sind entscheidend für die Schaffung und Aufrechterhaltung einer agilen und anpassungsfähigen Organisation in der digitalen Ära.
- **Change Leaders:** Sie erkennen die Bedeutung der digitalen Transformation, sind aber nicht unbedingt technologieaffin. Als Brückenbauer zwischen traditionellen und digitalen Ansätzen experimentieren sie mit neuen Arbeitsmethoden und begrüßen Veränderungen. Ihre Rolle ist es, die digitale Transformation zu unterstützen, indem sie die Mitarbeitenden in

den Prozess einbeziehen und eine Kultur der Offenheit und des kontinuierlichen Lernens fördern.

Die unterschiedlichen Führungsstile verdeutlichen, dass technisches Wissen allein nicht den Ausschlag für erfolgreiche digitale Transformation gibt. Es ist vielmehr die Fähigkeit, dieses Wissen in die Praxis umzusetzen und eine Kultur zu formen, die das Unternehmen und seine Mitarbeitenden für die digitale Zukunft stärkt. Topmanager stehen vor der Aufgabe, die passenden Führungspersönlichkeiten zu identifizieren und zu fördern, um die digitale Reise ihres Unternehmens optimal zu gestalten.

Im Zuge der digitalen Transformation durchlaufen Unternehmen typischerweise die drei Entwicklungsphasen Digitally Enhanced Business, Digitally Expanded Business und schließlich New Digital Business. Die sorgfältige Gestaltung der Führungsmannschaft für jede strategische Situation ist ein kritischer Faktor für den erfolgreichen Wandel. Abb. 46 enthält entsprechende Empfehlungen.

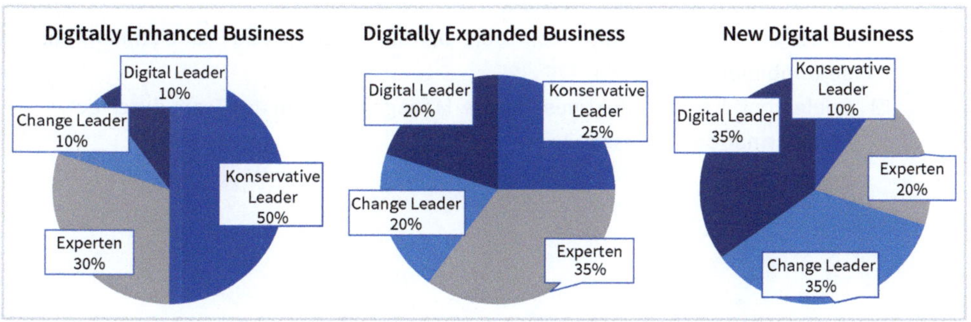

Abb. 46: Empfehlungen zur Gestaltung der Führungsmannschaft bei digitalen Strategievorhaben

Beim Digitally Enhanced Business ist ein Führungsteam mit einer starken Präsenz konservativer Leader empfehlenswert, die Stabilität und Risikomanagement gewährleisten. Sie benötigen die Ergänzung durch Expertenführungskräfte, welche die digitale Strategie mitgestalten und umsetzen. In dieser initialen Phase gilt es, digitale Initiativen auf einem soliden Fundament zu errichten, ohne das Kerngeschäft zu beeinträchtigen.

Mit dem Übergang zum Digitally Expanded Business ändert sich die Gewichtung hin zu Expertenführungskräften und digitalen Leadern. Diese sind nun maßgeblich, um Innovationen voranzutreiben und das Unternehmen in neue digitale Märkte zu lenken. Change Leader spielen zunehmend eine Rolle, da sie dabei helfen, die Organisation auf Veränderungen vorzubereiten und eine offene Kultur zu fördern.

Im Stadium des New Digital Business dominieren Change Leader und digitale Leader, die durch disruptive Phasen steuern und die digitale Neuorientierung des Unternehmens festigen. Wenngleich konservative und Expertenführungskräfte in dieser Phase in den Hintergrund treten, bleiben sie für die Bereitstellung von Kontinuität und Fachwissen wesentlich.

Es ist jedoch zu beachten, dass es keine universelle Formel für die Zusammensetzung des Führungsteams gibt. Die optimale Kombination hängt von der Unternehmenskultur, der Branche und den spezifischen Herausforderungen der digitalen Transformation ab. Führungskräfte sollten die Flexibilität besitzen, ihr Team dynamisch den wechselnden Marktbedingungen und internen Entwicklungen anzupassen. Mit den folgenden Tipps für die Gestaltung der digitalen Leadership können Unternehmen sicherstellen, dass ihre Führungsmannschaft bestmöglich für die digitale Transformation aufgestellt ist:

Checkliste: Tipps für die Gestaltung der digitalen Leadership

- ☐ Evaluieren Sie die aktuelle Führungskonstellation im Hinblick auf die digitale Strategie.
- ☐ Fördern Sie lebenslanges Lernen und eine flexible Rollenverteilung unter den Führungskräften.
- ☐ Investieren Sie in die digitale Weiterbildung, um ein durchgängiges Verständnis der Technologie zu gewährleisten.
- ☐ Bilden Sie interdisziplinäre Teams, die digitale Expertise und Branchenkenntnisse kombinieren.
- ☐ Implementieren Sie effektives Change-Management, um das Team durch den Transformationsprozess zu leiten.

22 Digital Leadership: Über technische Expertise hinaus

Kennen Sie das? Hans Lieberfelds agile Initiative

Eines Morgens stand Hans Lieberfeld vor seinem Team, bestehend aus Anna, der vorsichtigen IT-Leiterin, und Markus, dem dynamischen Leiter der Produktentwicklung. »Wir brauchen einen Wandel«, verkündete er. »Es ist Zeit für Agilität.« Die Reaktionen waren gemischt. Anna war skeptisch, Markus begeistert. Hans, normalerweise ein Zahlenmensch, sprach von Innovation und Schnelligkeit. In den nächsten Wochen führte Lieberfeld Workshops zu agilen Methoden ein. Er motivierte sein Team, über den Tellerrand zu blicken. Anna und Markus begannen, eng zusammenzuarbeiten, wobei sich ihre Stärken ergänzten. Die Veränderung war spürbar. Das Team entwickelte ein innovatives Softwareprodukt, das den Markt beeindruckte. Lieberfelds Vision hatte nicht nur zu einem erfolgreichen Produkt geführt, sondern auch zu einer neuen, dynamischen Arbeitsweise in seinem Team.

So wie im Falle von Hans Lieberfeld ist es bei der digitalen Führung wichtig, die Perspektive zu wechseln und das Wie der Führung in den Vordergrund zu stellen: Lieberfeld erkennt, dass es neben der Unternehmenskultur wichtig ist, darüber nachzudenken, wie die Führung praktisch verändert werden kann. Denn es ist eine Sache zu wissen, wer die digitale Reise anführt, aber eine ganz andere zu verstehen, wie diese Führungspersönlichkeiten das Unternehmen und seine Mitarbeitenden durch den digitalen Wandel leiten. Praktiker benötigen insofern einige handfeste Methoden, um den Herausforderungen der digitalen Welt gerecht zu werden. Diese besprechen wir im folgenden Abschnitt.

22.1 Praxis der transformationalen digitalen Führung

Für Führungskräfte in der heutigen schnelllebigen, technologiegetriebenen Welt ist Digital Leadership weit mehr als nur ein Schlagwort – es ist eine essenzielle Kompetenz, die über den bloßen Einsatz von Technologie im Geschäftsalltag hinausgeht. Transformationale Digital Leadership erfordert eine Kombination aus Fähigkeiten, Beziehungsmanagement und einem tiefen Verständnis der digitalen Werkzeuge, die die Effektivität und Effizienz der Führung steigern können. Im Mittelpunkt steht dabei das Ziel, eine Balance zwischen Agilität, Mitarbeiterbindung, Führungsstil und technologischer Unterstützung zu finden (Reinhardt, 2021).

Praktiker im Bereich der digitalen Führung müssen sich mit einer Vielzahl von Methoden vertraut machen, die ihnen dabei helfen, Teams in einer digitalisierten Arbeitsumgebung zu leiten. Es geht darum, agile Methoden wie Scrum oder Kanban zu nutzen, um Projekte effizienter zu gestalten und die Kommunikation zu verbessern. Die Führung durch Vorbilder spielt ebenfalls eine entscheidende Rolle: Digital Leaders sollten sich kontinuierlich fortbilden und ihr Wissen und ihre Erfahrungen teilen, um eine Kultur der fortwährenden Verbesserung zu schaffen.

Im Gegensatz zu traditionellen Führungskonzepten, die oft von starren Hierarchien und Top-down-Kontrolle geprägt sind, zeichnet sich Digital Leadership durch flache Hierarchien, Teamarbeit und Kollaboration aus. Es geht darum, Empowerment zu betonen und den Mitarbeitenden die Werkzeuge und das Vertrauen zu geben, eigenständig Entscheidungen zu treffen. Dadurch wird die Grundlage für eine dynamische und adaptive Organisationsstruktur gelegt, die das Unternehmen in der Lage versetzt, schnell auf Veränderungen zu reagieren und Innovationen zu fördern.

Transformationale Digital Leadership sieht den Führungsstil als einen evolutionären Prozess, in dem die Führungskräfte und ihre Teams gemeinsam neue Fähigkeiten entwickeln und sich selbstorganisiert an die digitalen Herausforderungen anpassen (Reinhardt et al., 2022). Es handelt sich um einen praktischen und erweiterten Ansatz der Führung, der den Einsatz von netzwerkbasierten sowie orts- und zeitunabhängigen Methoden hervorhebt, um den digitalen Wandel innerhalb der Organisation voranzutreiben.

Checkliste: Erfolg als Digital Leader

Um als Digital Leader erfolgreich zu sein, ist es wesentlich, folgende praktische Schritte zu beachten. Mit diesen Prinzipien und Methoden rüsten sich Praktiker für die Anforderungen der digitalen Führung und können so den innovatorischen Wandel innerhalb ihrer Organisationen erfolgreich gestalten.

- ☐ **Aktives Lernen:** Bauen Sie Ihre Kompetenzen kontinuierlich aus und bleiben Sie über neue digitale Trends und Werkzeuge auf dem Laufenden.
- ☐ **Kommunikative Führung:** Nutzen Sie digitale Kommunikationsplattformen, um transparent zu führen und den Informationsfluss zu optimieren.
- ☐ **Kulturelle Transformation:** Fördern Sie eine Unternehmenskultur, die Risikobereitschaft und Innovation unterstützt und Fehler als Lernmöglichkeiten sieht.
- ☐ **Agiles Projektmanagement:** Implementieren Sie agile Arbeitsmethoden, um Flexibilität und schnelle Reaktion auf Veränderungen zu ermöglichen.
- ☐ **Empowerment:** Ermächtigen Sie Ihre Mitarbeitenden, indem Sie ihnen Autonomie bei der Entscheidungsfindung zugestehen und ihre Eigeninitiative fördern.

Im digitalen Zeitalter gestaltet sich Führung ganz anders als in traditionellen Geschäftsmodellen. Es geht nicht mehr um starre Hierarchien und Top-down-Entscheidungen, sondern um das Schaffen von flachen Organisationsstrukturen, in denen Teamarbeit und Kollaboration nicht nur gefördert, sondern als essenziell betrachtet werden. Digital Leadership bedeutet, Empowerment in den Vordergrund zu stellen und als Vorbild zu agieren – ein echter Paradigmenwechsel, der für die digital geprägte moderne Wirtschaft von zentraler Bedeutung ist.

Die transformationale Führung, oft als Führung 4.0 bezeichnet, repräsentiert einen Führungsstil, der Mitarbeitende zu Veränderungen anregt und Werte wie Vertrauen und Respekt stärkt. In einer von digitalen Umbrüchen gekennzeichneten Welt wird diese Art der Führung zu einer spezifischen Anwendung, die darauf abzielt, gemeinsam und selbstorganisiert die digitalen

Herausforderungen zu meistern. Es handelt sich um einen praktischen Ansatz, der den Einsatz von netzwerkbasierten sowie flexiblen, orts- und zeitunabhängigen Führungsmethoden betont.

Praktisch bedeutet dies, dass Führungskräfte in der digitalen Transformation weniger als autonome Entscheider und mehr als Moderatoren und Koordinatoren von Wissen und Ressourcen agieren. Die transformationale Führung erweitert somit das traditionelle Führungsverständnis, indem sie einen wechselseitigen Austausch von Informationen zwischen Führungskräften und Mitarbeitenden betont. Dies ermöglicht es, komplexe Anforderungen effektiv zu kommunizieren und das Engagement der Mitarbeitenden auch in anspruchsvollen Situationen aufrechtzuerhalten.

Diese Umgestaltung des Führungsstils ist theoretisch begründet und zeigt sich in der Praxis als wirkungsvoll. Aktuelle Studien belegen, dass digitale Führung eng mit der Arbeitszufriedenheit und Leistung der Mitarbeitenden verknüpft ist. Führung im digitalen Zeitalter ist demnach eine Transformation, die eine Neuausrichtung der Kompetenzen erfordert, um die Beziehungen innerhalb des Unternehmens und dessen Stellung im Marktökosystem zu stärken.

Schon gewusst? Digital Leadership unterscheidet sich grundlegend von traditionellen Führungsmodellen

Die 2019 veröffentlichte Studie von Michael Gale zeigt, dass lediglich 28% der großen Unternehmen ihre digitale Transformation erfolgreich umsetzen, während viele Führungskräfte mit den erforderlichen Anpassungen kämpfen. Diese Ergebnisse weisen darauf hin, dass die meisten Führungskräfte Schwierigkeiten mit der Transformation haben, aber nicht direkt mit den 28% der erfolgreichen Unternehmen korreliert sind. Erfolgreiche digitale Führer, die ihre Unternehmen als dynamische Plattformen betrachten und nicht als traditionelle Geschäftsmodelle, investieren durchschnittlich 17,5 Stunden pro Woche in strategische Überlegungen und Innovationsmanagement, was ihr hohes Vertrauen in die Zukunftsfähigkeit ihrer Organisationen steigert.

Mit der Erkenntnis, dass Digital Leadership weit über die reine Beherrschung der Technologie hinausgeht und stattdessen die Kultivierung einer innovativen, agilen und mitarbeiterzentrierten Führungskultur verlangt, wenden wir uns nun dem Kernmerkmal zu, das den Erfolg von DLOs ausmacht: der Agilität.

22.2 Agilität als Kernmerkmal der Digital Leadership

In der Welt der Digital Leading Organizations ist Agilität nicht nur eine Reaktion auf Veränderungen, sondern auch ein Motor für die Entwicklung innovativer Geschäftsmodelle. Agilität ist somit eine Grundvoraussetzung, um in der digitalen Landschaft zu bestehen. Die folgenden Beispiele und Methoden zeigen auf, wie Agilität in der Führungspraxis umgesetzt wird:

- **Geschäftsstrategie und agile Tools:** Ein agiles Projektmanagementtool kann die Teamzusammenarbeit verbessern und zu schnelleren Entwicklungszyklen führen, was besonders in dynamischen Marktumgebungen unerlässlich ist.
- **Technologieintegration:** Eine iterative Herangehensweise erlaubt es, neue Technologien schrittweise zu testen und zu verbessern, was sowohl Flexibilität als auch Stabilität in den Innovationsprozess bringt.
- **Innovationsmanagement:** Durch die Einführung agiler Entwicklungsframeworks können Unternehmen wie Softwarefirmen die Time-to-Market ihrer Produkte erheblich reduzieren.
- **Teamdynamik:** Agile Teams fördern Eigenverantwortung und interdisziplinäre Zusammenarbeit. Agile Arbeitsmethoden haben in einem Technologieunternehmen zur Steigerung der Produktivität geführt, indem sie die Zusammenarbeit und Flexibilität verbessert haben.

In traditionellen Unternehmen ist das Prinzip der Agilität oft nicht stark ausgeprägt. Um sie dabei zu unterstützen, agiler zu werden, ist es entscheidend, geeignete Praktiken einzuführen. Hier sind einige praxisnahe Empfehlungen, ergänzt durch Beispiele:

Agile Methoden einführen

- **Scrum und Kanban:** Diese Methoden fördern Flexibilität und verbessern die Zusammenarbeit. Zum Beispiel könnte ein Versicherungsunternehmen Scrum nutzen, um die Entwicklung neuer digitaler Kundeninteraktionstools zu beschleunigen.
- **Design Thinking:** Ein kreativer Ansatz, um innovative Lösungen zu finden. Ein Einzelhändler könnte Design-Thinking-Workshops abhalten, um neue Ideen und Optimierungsoptionen für die Onlinekundenerfahrung zu entwickeln.

Regelmäßige Retrospektiven

- **Feedbackschleifen:** Führen Sie in regelmäßigen Abständen Teammeetings durch, um Feedback zu sammeln und Prozesse anzupassen. Ein Produktionsunternehmen könnte monatliche Retrospektiven einberufen, um Produktionsabläufe zu optimieren.
- **Lessons-Learned-Sessions:** Nutzen Sie diese Sitzungen, um aus Erfolgen und Misserfolgen zu lernen und kontinuierliche Verbesserungen anzustoßen.

Interdisziplinäre Teams bilden

- **Crossfunktionale Teams:** Ermutigen Sie die Bildung von Teams, die verschiedene Abteilungen umfassen. Ein Technologieunternehmen könnte zum Beispiel Teams aus Entwicklern, Marketingspezialisten und Mitarbeitenden des Kundendienstes bilden, um ganzheitliche Lösungen zu entwickeln.
- **Diversität und Inklusion:** Fördern Sie Vielfalt in Teams, um verschiedene Perspektiven und Ideen einzubringen.

Training und Entwicklung

- **Digitale Schulungen:** Bieten Sie regelmäßige Fortbildungen an, um die digitalen Fähigkeiten der Mitarbeitenden zu verbessern. Beispielsweise könnte ein Logistikunternehmen Schulungen in Datenanalyse und Internet of Things anbieten.
- **Lern- und Entwicklungsprogramme:** Erstellen Sie Programme, die sowohl technische als auch Soft Skills fördern.

Kultur der Experimentierfreude

- **Innovationslabore:** Richten Sie spezielle Bereiche oder Teams ein, die neue Ideen ausprobieren. Ein Einzelhandelsunternehmen könnte ein Innovationslabor zur Erforschung von Augmented Reality im Einzelhandel einrichten.
- **Ideenwettbewerbe:** Veranstalten Sie regelmäßig interne Wettbewerbe, um neue Ideen und Konzepte zu fördern.

Flache Hierarchien

- **Dezentralisierte Entscheidungsfindung:** Ermöglichen Sie Teams, eigenständige Entscheidungen zu treffen. Ein Beispiel hierfür könnte ein Finanzdienstleister sein, der Filialleitern mehr Autonomie bei lokalen Marketingentscheidungen gibt.
- **Offene Kommunikationskanäle:** Fördern Sie offene Diskussionen und Transparenz auf allen Ebenen der Organisation.

Agile Produktentwicklung

- **Sprint-Planung:** Setzen Sie kurze Entwicklungszyklen um, um schneller auf Kundenbedürfnisse reagieren zu können. Ein Softwareunternehmen könnte zweiwöchige Sprints einführen, um seine Produkte schneller zu aktualisieren.
- **Prototyping:** Nutzen Sie Prototypen, um Ideen schnell zu testen und Feedback zu sammeln.

Kundenorientierung

- **Kundenfeedback einholen:** Nutzen Sie Umfragen und Feedbacktools, um direktes Kundenfeedback zu erhalten. Ein Onlinehändler könnte regelmäßige Kundenumfragen durchführen, um das Einkaufserlebnis zu verbessern.
- **User-centered Design:** Entwickeln Sie Produkte und Dienstleistungen mit einem starken Fokus auf die Nutzererfahrung.

Durch die Anwendung dieser Methoden und die Integration von Agilität in ihre Prozesse können traditionelle Unternehmen ihre Strukturen modernisieren, Innovationen vorantreiben und in der digitalen Welt erfolgreich sein.

Checkliste: Ist Ihr Unternehmen agil oder traditionell?

Prüfen Sie, wie agil Ihr Unternehmen ist, indem Sie diesen Selbsttest durchführen. Bewertungen reichen von 0 bis 5 (gar nicht bis vollständig zutreffend) für jede Aussage. Addieren Sie Ihre Punkte, um eine Gesamteinschätzung der Agilität Ihres Unternehmens zu erhalten.

Nr.	Aussagen	Punkte (0–5)
1	Wir nutzen regelmäßig Feedbackschleifen und Reviews, um unsere Produkte und Dienstleistungen zu verbessern.	
2	Unsere Teams organisieren sich selbst und setzen auf interdisziplinäre, crossfunktionale Zusammenarbeit.	
3	Wir treffen Entscheidungen basierend auf Daten und Kundenfeedback statt auf Hierarchie oder Intuition.	
4	Digitale Tools und Plattformen sind integraler Bestandteil unserer täglichen Arbeit.	
5	Wir fördern eine »Fail-fast-Mentalität«, um schnell aus Fehlern zu lernen und Innovationen voranzutreiben.	
6	Die kontinuierliche Weiterbildung in agilen Methoden und digitalen Technologien ist für alle Mitarbeitenden verpflichtend.	
7	Kundenfeedback wird systematisch erfasst und fließt direkt in die Produktentwicklung ein.	
8	Agile Methoden wie Scrum, Kanban oder Lean Start-up sind in unseren Projekten standardmäßig implementiert.	
9	Unsere Führungskräfte agieren als Coaches und Mentoren, nicht nur als Vorgesetzte.	
10	Wir betrachten den digitalen Wandel als eine kontinuierliche Reise, nicht als einmaliges Projekt.	

Bewertungserklärung:

- **0–20 Punkte: Traditionelle Ausrichtung:**
  - **Beschreibung:** Ihr Unternehmen folgt überwiegend traditionellen Strukturen und Arbeitsweisen. In dieser Kategorie sind Unternehmen oft durch starre Hierarchien, langsame Entscheidungsfindungsprozesse und eine geringe Fähigkeit zur Anpassung an Marktveränderungen gekennzeichnet. Die Bereitschaft, Risiken einzugehen, und die Offenheit für Innovationen sind begrenzt. Es besteht ein deutlicher Bedarf, moderne Arbeitsmethoden und eine Kultur der Agilität zu entwickeln.
  - **Empfehlung:** Beginnen Sie mit der Evaluierung Ihrer Unternehmenskultur und -strukturen. Fördern Sie die Einführung agiler Methoden und die Schu-

lung Ihrer Mitarbeitenden in diesen Bereichen. Ermutigen Sie zu einer offeneren Kommunikation und einer stärkeren Kundenorientierung.

- **21–40 Punkte: Übergangsphase zur Agilität:**
  - **Beschreibung:** In diesem Bereich zeigen Unternehmen einige agile Merkmale, jedoch gibt es noch signifikanten Raum für Verbesserungen. Sie haben möglicherweise bereits mit der Einführung agiler Praktiken begonnen, diese sind aber noch nicht vollständig in der Unternehmenskultur verankert. Elemente wie crossfunktionale Teams, schnelle Anpassungsfähigkeit und kundenorientierte Ansätze werden teilweise umgesetzt.
  - **Empfehlung:** Identifizieren Sie Bereiche, in denen traditionelle Praktiken noch vorherrschen, und setzen Sie gezielte Maßnahmen zur Förderung der Agilität um. Stärken Sie die digitale Kompetenz Ihrer Teams, und fördern Sie eine Kultur des kontinuierlichen Lernens und der Innovation.
- **41–50 Punkte: Hoher Grad an Agilität:**
  - **Beschreibung:** Ihr Unternehmen ist in dieser Kategorie als sehr agil einzustufen. Sie verfügen über flexible, anpassungsfähige Strukturen, eine starke Orientierung an Kundenbedürfnissen und nutzen agile Methoden effektiv. Die Entscheidungsprozesse sind schnell und datengetrieben, und es herrscht eine Kultur, in der aus Fehlern gelernt und Innovationen gefördert werden.
  - **Empfehlung:** Auch wenn Ihr Unternehmen bereits einen hohen Grad an Agilität erreicht hat, ist es wichtig, kontinuierlich an der Verbesserung und Anpassung dieser Praktiken zu arbeiten. Bleiben Sie offen für neue Ansätze und Technologien, um die Agilität weiter zu stärken und langfristig erfolgreich zu sein.

Nachdem wir die Schlüsselelemente der Agilität in der digitalen Führung betrachtet haben, richtet sich unser Fokus auf das nächste Thema: Welche Kompetenzen müssen Führungskräfte entwickeln, um in der digitalen Ära erfolgreich zu sein? In den folgenden Abschnitten werden wir uns eingehend mit den Kernkompetenzen der digitalen Führung beschäftigen.

23 Aufbau und Entwicklung strategischer Digitalkompetenz

Hans Lieberfeld und die digitalen Führungskompetenzen: Ein fiktives Szenario

Hans Lieberfeld, CEO eines fiktiven Technologieunternehmens, stand vor der Herausforderung, dass die digitale Transformation ins Stocken geraten war. Es fehlte an einem Chief Digital Officer (CDO), der dafür gebraucht wurde, um die digitalen und Führungskompetenzen im Team zu stärken. Lieberfeld betonte die Bedeutung dieser Rolle für den Erfolg des Unternehmens. »Wir benötigen jemanden, der sowohl digitale als auch Führungskompetenzen besitzt«, erklärte er seinem Team. Ein Plan zur Entwicklung eines Kompetenzmodells für den CDO wurde entworfen, das sowohl technische als auch soziale Fähigkeiten einschloss. Die Suche nach der idealen Person begann, um das Unternehmen nicht nur digital voranzubringen, sondern auch eine neue Ära in der Team- und Führungsentwicklung einzuleiten.

In der digitalen Ära sind Führungskräfte wie Lieberfeld gefordert, ein breites Spektrum an Fähigkeiten im Unternehmen neu zu entwickeln. Dies reicht von technischem Know-how über strategisches Denken bis hin zu ausgeprägten kommunikativen Fähigkeiten. Ziel ist es, Führungskräfte so zu qualifizieren, dass sie nicht nur digitale Innovationen verstehen, sondern diese auch aktiv vorantreiben. Der Aufbau digitaler Führungskompetenzen hängt dabei stark von der spezifischen Situation des Unternehmens ab (Abb. 47): Einige Unternehmen befinden sich in einer Phase, in der grundlegende digitale Fähigkeiten entwickelt werden müssen, während andere bereits fortgeschrittene digitale Führungskompetenzen benötigen.

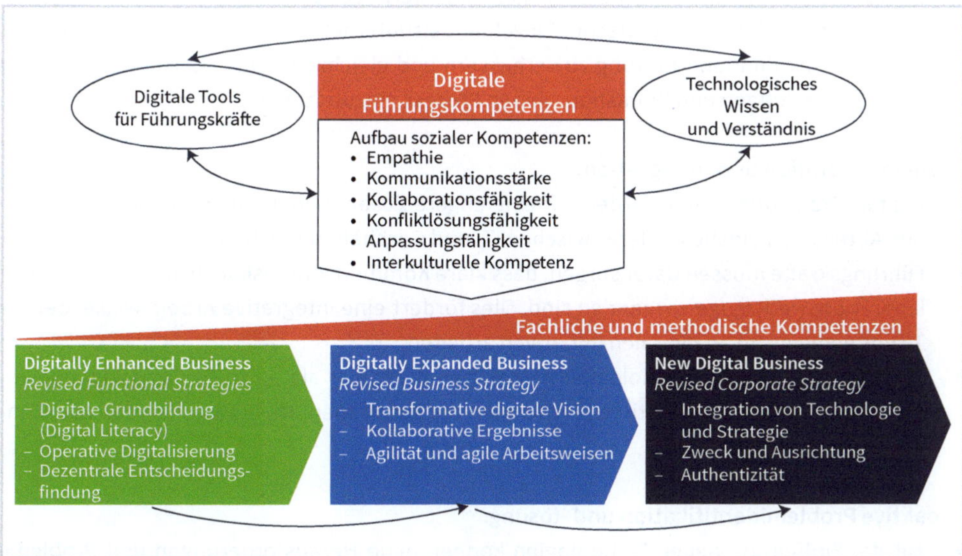

Abb. 47: Phasenorientierter Aufbau digitaler Führungskompetenzen

23.1 Aufbau von Führungskompetenzen bei Digitally Enhanced Business

Digitally Enhanced Business erfordert eine besondere Art der Führung, die technologische, organisatorische und kulturelle Herausforderungen umfasst. In dieser Situation geht es primär darum, bestehende Geschäftsprozesse durch digitale Technologien zu verbessern und effizienter zu gestalten. Dies erfordert von Führungskräften ein tiefgehendes Verständnis sowohl für die Technologie als auch für deren Einfluss auf das Geschäft.

Grundlagenverständnis digitaler Technologien:

- Führungskräfte müssen sich mit den Grundlagen digitaler Technologien wie Cloud-Computing, Datenanalyse und künstliche Intelligenz vertraut machen. Ein konkretes Beispiel hierfür ist ein französisches Fertigungsunternehmen, das durch den Einsatz von IoT-Technologien seine Produktionsprozesse optimiert und die Wartungseffizienz gesteigert hat.
- Dieses Verständnis hilft ihnen, fundierte Entscheidungen über die Einführung und Nutzung dieser Technologien in ihrem spezifischen Geschäftsbereich zu treffen. Es geht darum, wie diese Technologien Geschäftsprozesse effizienter und kundenorientierter gestalten können.

Führung in der Digitalisierung:

- In dieser Situation ist es entscheidend, dass Führungskräfte eine klare Vision und Strategie für die Digitalisierung kommunizieren und Mitarbeitende aktiv in den Transformationsprozess einbeziehen.
- Führungskräfte müssen eine Kultur der kontinuierlichen Verbesserung und des Lernens fördern und dabei helfen, Widerstände gegen Veränderungen zu überwinden.
- Ein Beispiel hierfür ist ein deutsches Einzelhandelsunternehmen, das digitale Technologien nutzt, um die Kundenerfahrung zu verbessern und gleichzeitig die Mitarbeitenden durch gezielte Schulungen und Workshops in den Prozess einzubeziehen.

Teamkollaboration und -integration:

- Digitale Transformation erfordert oft eine engere Zusammenarbeit zwischen verschiedenen Abteilungen, insbesondere zwischen IT- und Geschäftsbereichen.
- Führungskräfte müssen dafür sorgen, dass klare Kommunikationskanäle und effektive Kollaborationswerkzeuge vorhanden sind. Dies fördert eine integrative Arbeitsweise, bei der Teams gemeinsam an digitalen Initiativen arbeiten.
- Ein niederländisches Technologieunternehmen dient hier als Beispiel, das durch die Einführung digitaler Kollaborationsplattformen die Zusammenarbeit zwischen den Abteilungen verbessert hat.

Proaktive Problemidentifikation und -lösung:

- Mit der Einführung neuer Technologien können neue Herausforderungen und Probleme auftreten.

- Führungskräfte müssen proaktiv handeln, um potenzielle Probleme zu identifizieren und Lösungen zu entwickeln, bevor sie zu größeren Hindernissen werden. Dies erfordert eine Kombination aus technischem Verständnis und organisatorischen Fähigkeiten.
- Ein italienisches Fertigungsunternehmen könnte als Beispiel dienen, das durch proaktive Analyse der Daten aus seinen vernetzten Maschinen potenzielle Produktionsprobleme vorhersagt und behebt.

Insgesamt ist in dieser Situation die Entwicklung von Führungskompetenzen darauf ausgerichtet, die Technologie effektiv in bestehende Prozesse zu integrieren und gleichzeitig die organisatorische und kulturelle Transformation zu unterstützen.

23.2 Aufbau von Führungskompetenzen bei Digitally Expanded Business

Beim Digitally Expanded Business stehen Unternehmen an einem entscheidenden Punkt ihrer digitalen Reise. Es geht nicht mehr nur darum, bestehende Prozesse zu digitalisieren, sondern vielmehr darum, die Digitalisierung als Mittel zu nutzen, um das Geschäft grundlegend zu erweitern oder sogar völlig neu zu gestalten.

Strategisches Denken und Innovationsfähigkeit:

- Führungskräfte müssen in dieser Situation in der Lage sein, über den traditionellen Geschäftsbetrieb hinauszudenken und zu erkennen, wie digitale Technologien neue Geschäftschancen eröffnen können.
- Sie müssen ein tiefes Markt- und Kundenverständnis mit technologischer Einsicht kombinieren, um innovative Geschäftsmodelle und -strategien zu entwickeln und umzusetzen.
- Ein Beispiel ist ein schwedisches Energieunternehmen, das durch den Einsatz von Smart-Grid-Technologien neue Dienstleistungen im Bereich der Energieeffizienz entwickelt hat, um sich von herkömmlichen Energieanbietern abzuheben und neue Einnahmequellen zu erschließen.

Stakeholdermanagement:

- Da die Erweiterung des Geschäfts oft das Betreten unbekannten Terrains bedeutet, ist es entscheidend, alle Stakeholder effektiv einzubinden und zu managen.
- Ein Beispiel ist ein portugiesisches Telekommunikationsunternehmen, das seine Stakeholder aktiv in den Prozess der Entwicklung neuer digitaler Kommunikationsdienste einbezogen hat, um sowohl interne als auch externe Unterstützung zu gewinnen.

Ressourcenallokation und Priorisierung:

- Führungskräfte müssen kluge Entscheidungen treffen, wo und wie Ressourcen am besten eingesetzt werden, um das größte Potenzial der Digitalisierung zu nutzen.

- Beispielsweise muss ein spanisches Einzelhandelsunternehmen entscheiden, in welche digitalen Technologien es investiert, um seine Onlinepräsenz zu stärken und gleichzeitig seine physischen Geschäfte zu modernisieren.

Kontinuierliches Lernen und Anpassungsfähigkeit:

- Die schnelle Entwicklung in der digitalen Welt verlangt von Führungskräften und ihren Teams, sich kontinuierlich weiterzubilden und anzupassen.
- Zum Beispiel könnte ein italienischer Modeeinzelhändler regelmäßige Schulungen und Workshops durchführen, um die Mitarbeitenden in den neuesten E-Commerce- und Digitalmarketingstrategien zu schulen.

Insgesamt erfordert Digitally Expanded Business von Führungskräften strategisches Denken, Innovationsfähigkeit und Anpassungsfähigkeit. Sie müssen neue Wege erkunden, um das Potenzial der Digitalisierung voll auszuschöpfen und das Unternehmen erfolgreich in die Zukunft zu führen.

23.3 Aufbau von Führungskompetenzen bei New Digital Business

Beim New Digital Business stehen Unternehmen vor der Herausforderung, bestehende Geschäftsmodelle nicht nur zu überdenken, sondern auch ganz neue Wege zu beschreiten. Hier geht es darum, die Grenzen des Möglichen zu erweitern und disruptive Innovationen zu schaffen.

Experimentierfreudigkeit und Risikobereitschaft:

- Führungskräfte müssen in dieser Phase bereit sein, neue Ideen auszuprobieren und das Scheitern als Teil des Lernprozesses zu akzeptieren.
- Beispielsweise könnte ein niederländisches Tech-Start-up mit der Entwicklung einer innovativen Plattform für virtuelle Realität experimentieren, um den Bildungsbereich zu revolutionieren.

Datengetriebene Entscheidungsfindung:

- Die Einführung neuer digitaler Geschäftsmodelle macht die Nutzung und Analyse von Daten noch wichtiger.
- Ein französisches Einzelhandelsunternehmen könnte beispielsweise Datenanalyse nutzen, um die Kundennachfrage genauer zu verstehen und personalisierte Einkaufserlebnisse zu schaffen.

Stakeholdereinbindung:

- Die Schaffung neuer Geschäftsmodelle kann erhebliche Auswirkungen auf verschiedene Stakeholder haben.

- Ein Beispiel ist ein polnisches Fintechunternehmen, das eng mit seinen Kunden und Partnern zusammenarbeitet, um eine neue digitale Zahlungsplattform zu entwickeln, die den Bedürfnissen der Nutzer entspricht.

Skalierbarkeit und Anpassungsfähigkeit:
- Neue digitale Geschäftsmodelle sollten so konzipiert sein, dass sie leicht skaliert und an sich ändernde Marktbedingungen angepasst werden können.
- Ein italienisches Modeunternehmen könnte beispielsweise eine E-Commerce-Plattform entwickeln, die schnell an neue Modetrends angepasst werden kann und gleichzeitig eine globale Reichweite hat.

Ein konkretes Beispiel könnte ein traditionelles Reisebüro in Deutschland sein, das eine KI-gesteuerte App entwickelt, um personalisierte Reisevorschläge basierend auf Nutzerdaten zu erstellen. Hierbei müssen die Führungskräfte sowohl technologische Aspekte berücksichtigen als auch die Mitarbeitenden in den Veränderungsprozess einbeziehen, um das Potenzial der digitalen Initiative voll auszuschöpfen. Wichtig ist es, durch Marktforschung und Kundenfeedback die App kontinuierlich zu verbessern und Monetarisierungsmodelle wie Abonnements oder werbebasierte Einnahmen zu entwickeln, während gleichzeitig Datenschutz und Nutzererfahrung im Vordergrund stehen.

Insgesamt erfordert New Digital Business von Führungskräften ein hohes Maß an Kreativität, strategischem Denken und Anpassungsfähigkeit. Es geht darum, disruptive digitale Chancen zu erkennen und das Unternehmen in eine erfolgreiche digitale Zukunft zu führen.

24 Microsofts Wandel: Ein neues Paradigma der digitalen Führung

Am Ende dieses Buches wenden wir uns einer praxisnahen Fallstudie zu: Microsofts Transformation unter der Führung von Satya Nadella. Diese Fallstudie zeigt uns auf, wie die zuvor diskutierten digitalen Führungskompetenzen in einem realen Kontext Anwendung finden und wie ein etabliertes Unternehmen sich erfolgreich an die Herausforderungen und Chancen der digitalen Ära anpasst.

24.1 Hintergrund

Im Jahr 2014, kurz vor der Ernennung von Satya Nadella zum CEO, stand Microsoft vor entscheidenden Herausforderungen. Der PC-Markt erlebte einen Niedergang, und Fehlinvestitionen, wie die Übernahme von Nokia, deuteten auf eine dringende Notwendigkeit zur Veränderung hin. Microsofts Produkte und Unternehmenskultur schienen überholt, was sich in einem stagnierenden Aktienkurs widerspiegelte. Ursprünglich als Pionier im Bereich PC-Software etabliert, musste sich das Unternehmen nun an der Schwelle eines neuen Zeitalters mit tiefgreifenden Veränderungen auseinandersetzen. Der Aufstieg mobiler Technologien und das Erstarken des Cloud-Computings forderten Microsofts traditionelles Geschäftsmodell, das auf Desktop-Computing und Softwarelizenzen basierte, grundlegend heraus.

Die Ernennung Nadellas zum CEO im Jahr 2014 leitete eine neue Ära ein, die durch Innovationsbereitschaft und den Mut zum Wandel gekennzeichnet war. Nadella, geboren in Indien und ausgebildet an der Universität von Wisconsin, brachte eine frische, weltweit orientierte Perspektive in das Unternehmen. Er initiierte eine transformative Führungsstrategie, welche die Marktanteile und Innovationskraft von Microsoft revitalisierte. Durch strategische Entscheidungen, wie die kostenfreie Bereitstellung von Windows und den Rückzug aus dem Mobiltelefonmarkt, schuf Nadella Freiräume für Wachstum in neuen Technologiebereichen. Unter seiner Führung vollzog Microsoft einen tiefgreifenden Wandel, der das Unternehmen von seinen Wurzeln als Softwarehersteller zu einem führenden Akteur im Bereich Cloud-Technologie und KI transformierte.

24.2 Schlüsselkomponenten der digitalen Transformation von Microsoft

Die digitale Transformation von Microsoft unter Satya Nadella war ein umfassender Prozess, der weit über technologische Neuerungen hinausging. Nadella erkannte die Notwendigkeit einer tiefgreifenden Neuausrichtung der Unternehmenskultur, um Microsoft für das digitale

Zeitalter zu rüsten. Es waren drei Hauptkomponenten, die diese Transformation prägten: die kulturelle Neuausrichtung, die technologische Neuerung und die Modernisierung des Arbeitsplatzes.

Fokus auf Kultur und Führung: Die Transformation bei Microsoft begann mit einem fundamentalen Wandel der Unternehmenskultur. Anstelle der früheren Kultur, die von internem Wettbewerb und Silodenken geprägt war, schuf Nadella eine Atmosphäre, die Kooperation, Innovation und ein Growth Mindset betonte. Dieser Ansatz förderte eine Kultur des Lernens und des offenen Austauschs von Ideen, wobei Fehler als Lernchancen und nicht als Rückschläge angesehen wurden. Die Führungskräfte wurden dazu angehalten, als Mentoren und Katalysatoren für Veränderungen zu wirken, anstatt sich auf traditionelle hierarchische Rollen zu beschränken.

Technologische Neuausrichtung: Ein weiterer entscheidender Aspekt von Microsofts Transformation war die strategische Fokussierung auf zukunftsweisende Technologien. Nadella erkannte das Potenzial in Bereichen wie Cloud-Computing, KI und IoT. Microsoft investierte massiv in diese Technologiefelder und positionierte sich als führender Anbieter von Cloud-Diensten und KI-Lösungen. Diese Neuausrichtung ermöglichte es Microsoft, neue Märkte zu erschließen und sich als unverzichtbarer Partner in der digitalen Welt zu etablieren.

Modernisierung des Arbeitsplatzes: Ein wesentlicher Bestandteil der digitalen Transformation von Microsoft war die Modernisierung der Arbeitsplätze. Nadella implementierte ein Konzept des modernen Arbeitsplatzes, das auf der Integration von Cloud-Technologien, IT-Sicherheit und verbesserten Nutzererfahrung basierte. Dieser Ansatz ermöglichte es den Mitarbeitenden von Microsoft, effizienter, flexibler und vernetzter zu arbeiten. Die Einführung moderner Arbeitsplatztechnologien förderte nicht nur die interne Kollaboration und Produktivität, sondern diente auch als Vorbild für andere Unternehmen, die nach Lösungen für eine digitalisierte Arbeitswelt suchten.

24.3 Lehren aus dem Erfolg von Microsoft

Die bemerkenswerte Transformation von Microsoft unter der Leitung von Satya Nadella liefert wertvolle Erkenntnisse für Unternehmen in der digitalen Ära. Die grundlegende Neugestaltung der organisatorischen Struktur und Unternehmenskultur von Microsoft hat das Unternehmen an die Spitze des digitalen Fortschritts katapultiert. Dies zeigt eindrücklich, wie ein etablierter Technologiekonzern sich erfolgreich neu erfinden und führend im digitalen Wandel positionieren kann.

Bedeutung von adaptiver Führung:

- Nadellas Rolle bei Microsoft hebt die Bedeutung adaptiver Führung in Zeiten des Wandels hervor. Nadella demonstrierte, wie entscheidend es ist, eine klare Vision der Zukunft zu haben und gleichzeitig flexibel auf technologische Veränderungen zu reagieren.

- Adaptive Führung bedeutet, die Belegschaft in den Transformationsprozess einzubeziehen, eine Umgebung zu schaffen, in der Innovation gedeiht und Fehler als Lernchancen angesehen werden.
- Die Fähigkeit, Unternehmen und Mitarbeitende durch den digitalen Wandel zu führen, während man stets die langfristige Vision im Blick behält, ist ein Schlüsselelement des Erfolgs.

Kultureller Wandel ist unerlässlich:

- Microsofts Übergang von einer konkurrierenden, silobasierten Kultur zu einer kooperativen und lernorientierten Umgebung illustriert, wie wichtig der kulturelle Wandel für den digitalen Erfolg ist.
- Eine transformative Kultur, die Innovation und Kreativität fördert und gleichzeitig die Anpassung an neue Technologien und Arbeitsweisen erleichtert, ist entscheidend für die Schaffung einer agilen und anpassungsfähigen Organisation.
- Dieser kulturelle Wandel erfordert ein Umdenken auf allen Unternehmensebenen und ist zentral für die Entwicklung einer dynamischen und innovativen Unternehmensumgebung.

Technologie als Befähiger/Enabler:

- Microsofts Schwerpunkt auf Cloud-Computing, KI und IoT zeigt, dass der Einsatz moderner Technologien unerlässlich für die Wettbewerbsfähigkeit ist. Diese Technologien sind nicht nur Werkzeuge, sondern ermöglichen auch die Entwicklung neuer Geschäftsmodelle und Strategien.
- Erfolg in der digitalen Transformation erfordert mehr als die bloße Implementierung von Technologie. Es geht darum, ein tiefes Verständnis dafür zu entwickeln, wie diese Technologien Geschäftsprozesse verbessern und die Kundenerfahrung bereichern können.
- Der strategische Einsatz von Technologie zielt darauf ab, bestehende Prozesse zu optimieren und gleichzeitig neue Geschäftsmöglichkeiten zu erschließen, um einen echten Wettbewerbsvorteil zu schaffen.

Agilität als Kernprinzip:

- Ein entscheidender Aspekt des Erfolgs von Microsoft war die Einführung und Förderung agiler Praktiken. Dies umfasste die Ermächtigung und Unterstützung interner Teams, die bereits vor Nadellas Amtsantritt mit agilen Methoden experimentierten. Die Kultur der Agilität wurde unter Nadellas Führung zum Mainstream und ermöglichte eine schnellere und effektivere Reaktion auf Kundenbedürfnisse und Marktveränderungen.
- Die Kultur der Agilität und Fähigkeit zur schnellen Anpassung wurde unter Nadellas Führung zum Mainstream, was eine schnellere und effektivere Reaktion auf Kundenbedürfnisse und Marktveränderungen ermöglichte.

Microsofts Transformation unterstreicht, dass Anpassungsfähigkeit, visionäres Denken und kultureller Wandel die Schlüsselelemente für langfristigen Erfolg in der digitalen Wirtschaft sind. Diese Erkenntnisse bieten wertvolle Orientierungspunkte für Unternehmen, die sich in einer sich ständig verändernden technologischen Landschaft behaupten wollen.

Checkliste für Führungskräfte: Umsetzung von Digital Leadership nach dem Vorbild von Microsoft

- ☐ Verstehen Sie digitale Technologien: Erlernen Sie die Grundlagen von Cloud-Computing, Datenanalyse und KI, um fundierte Entscheidungen zu treffen.
- ☐ Führen Sie durch digitale Veränderungen: Kommunizieren Sie eine klare Digitalisierungsstrategie, fördern Sie eine Kultur des Lernens, und beziehen Sie Ihre Mitarbeitenden ein.
- ☐ Fördern Sie Teamarbeit und Integration: Stellen Sie effektive Kommunikations- und Kollaborationswerkzeuge bereit, um die Zusammenarbeit verschiedener Abteilungen zu erleichtern.
- ☐ Seien Sie proaktiv bei Problemidentifikation und -lösung: Erkennen und lösen Sie frühzeitig Herausforderungen, die mit der Einführung neuer Technologien einhergehen.
- ☐ Entwickeln Sie strategisches Denken: Erkennen Sie Möglichkeiten, wie digitale Technologien Ihr Geschäft erweitern oder neu definieren können.
- ☐ Managen Sie Stakeholder effektiv: Gewinnen Sie Unterstützung für Ihre digitale Strategie durch klare Kommunikation von Vorteilen und Risiken.
- ☐ Priorisieren Sie Ressourcen und Projekte: Treffen Sie fundierte Entscheidungen zur Allokation von Ressourcen und zur Projektpriorisierung.
- ☐ Kultivieren Sie kontinuierliches Lernen: Fördern Sie eine Kultur der ständigen Anpassung und des Lernens innerhalb Ihres Teams.
- ☐ Experimentieren Sie, und seien Sie risikobereit: Fördern Sie eine Kultur des Experimentierens, und akzeptieren Sie, dass Scheitern Teil des Lernprozesses ist.
- ☐ Nutzen Sie datengetriebene Entscheidungsfindung: Analysieren Sie Daten, um neue digitale Geschäftsmodelle zu entwickeln und zu bewerten.
- ☐ Binden Sie alle Stakeholder ein: Berücksichtigen Sie die Bedürfnisse und Anliegen aller Beteiligten bei der Einführung neuer Geschäftsmodelle.
- ☐ Planen Sie auf Skalierbarkeit und Flexibilität hin: Entwickeln Sie digitale Geschäftsmodelle, die anpassungsfähig und skalierbar sind.
- ☐ Implementieren Sie Agilität: Fördern Sie agile Praktiken und Methoden im gesamten Unternehmen, um schnell auf Marktveränderungen reagieren zu können.

Literaturverzeichnis

Amann, A. (2023). *The Success of Nest and How it Almost Wasn't.* ninetwothree.co. https://www.ninetwothree.co/blog/the-success-of-nest-and-how-it-almost-wasnt [Abrufdatum: 21.04.2024].

Becker, W., Ulrich, P., & Botzkowski, T. (2017). *Industrie 4.0 im Mittelstand. Best Practices und Implikationen für KMU.* Springer Fachmedien, Wiesbaden. DOI 10.1007/978-3-658-15656-5 [Abrufdatum: 25.04.2024].

Bednarčíková, D., & Repiská, R. (2021). Digital Transformation in the Context of the European Union and the Use of Digital Technologies as a Tool for Business Sustainability. *SHS Web of Conferences, 115*, 01001. https://doi.org/10.1051/shsconf/202111501001 [Abrufdatum: 31.01.2024].

Berghaus, S., Back, A., & Kaltenrieder, B. (2015). *Digital Transformation Report 2015.* Institut für Wirtschaftsinformatik, Universität St. Gallen, April 2015.

Brock, J. K. U., & von Wangenheim, F. (2019). Demystifying AI: What digital transformation leaders can teach you about realistic artificial intelligence. *California Management Review, 61*(4). https://doi.org/10.1177/1536504219865226 [Abrufdatum: 28.01.2024].

Brynjolfsson, E., & McAfee, A. (2016). *The Second Machine Age: Work, Progress, and Prosperity in a Time of Brilliant Technologies.* https://psycnet.apa.org/record/2014-07087-000 [Abrufdatum: 09.04.2024].

Collyer, S., & Warren, C. (2013). Project Management Approaches for Dynamic Environments. *International Journal of Project Management*, 355–364. https://doi.org/10.1016/j.ijproman.2008.04.004 [Abrufdatum: 28.01.2024].

Crummenerl, C., & Kemmer, K. (2015). Digital Leadership. Führungskräfteentwicklung im digitalen Zeitalter. *Personal Entwickeln,* Dezember.

Davenport, T. H., & Hopkins, M. S. (2010): Are you ready to reengineer your decision making? MIT Sloan Management Review. https://sloanreview.mit.edu/article/are-you-ready-to-reengineer-your-decision-making/ [Abrufdatum: 15.04.2024].

De la Boutetière, H., Montagner, A., & Reich, A. (2018). *The Keys to a Successful Digital Transformation.* https://www.mckinsey.com/capabilities/people-and-organizational-performance/our-insights/unlocking-success-in-digital-transformations#/ [Abrufdatum: 11.01.2024].

Frankenberger, K., Mayer, H., Reiter, A., & Schmidt, M. (2021). *Das Digital Transformer's Dilemma. Wie Sie Ihr Kerngeschäft digitalisieren und gleichzeitig innovative Geschäftsmodelle aufbauen.* Wiley, Weinheim.

Gale, M. (2019). *Data Research Shows Leadership in a Digital Age is Fundamentally Different than Our Heroic Predecessors, but Why?* Forbes. https://www.forbes.com/sites/forbesinsights/2019/08/07/data-research-shows-leadership-in-a-digital-age-is-fundamentally-different-than-our-heroic-predecessors-but-why/ [Abrufdatum: 15.04.2024].

Gasc, J.-F., & Sandquist, E. (2014). Seizing the opportunities of digital transformation. *Accenture White Paper.* https://insuranceblog.accenture.com/pov/accenture-digital-innovation-survey-2014-seizing-the-opportunities-of-digital-transformation.pdf [Abrufdatum: 25.04.2024].

George, G., Merrill, R. K., & Schillebeeckx, S. J. D. (2020). Digital Sustainability and Entrepreneurship: How Digital Innovations are Helping Tackle Climate Change and Sustainable Development. *Entre-*

preneurship Theory and Practice, *45*(5), 999–1027. https://doi.org/10.1177/1042258719899425 [Abrufdatum: 28.01.2024].

Gläser, S., & Passmann, T. (2011). *Träumerei im Spiel*. https://www.vc-magazin.de/blog/2011/08/05/da-ist-auch-viel-traeumerei-im-spiel/ [Abrufdatum: 11.01.2024].

Grünig, R. (2021). *Komplexe Unternehmen erfolgreich führen*. Springer, Berlin, Heidelberg. https://doi.org/10.1007/978-3-662-63002-0 [Abrufdatum: 16.01.2024].

Grünig, R., Kühn, R., & Morschett, D. (2022*). Strategieplanungsprozess, 3. Auflage,* Haupt.

Hilti (o. J.). *Shift from a Product to a Service Business Model*. https://www.strategyzer.com/library/lessons-from-hilti-on-what-it-takes-to-shift-from-a-product-to-a-service-business-model [Abrufdatum: 27.01.2024].

Holotiuk, F., & Beimborn, D. (2019). Temporal Ambidexterity. How Digital Innovation Labs Connect Exploration and Exploitation for Digital Innovation. *Fortieth International Conference on Information Systems*. AIS Electronic Library (AISeL). https://fis.uni-bamberg.de/entities/publication/a82d74cc-2f4a-40a3-a9d0-6eda3293c2a7/details [Abrufdatum: 28.01.2024].

Jorns. (o. J.). *Zeichen, senden, produzieren – made by Jorns*. https://www.jorns.ch/de/maschinen/software/j-bend [Abrufdatum: 25.04.2024].

Kaltenrieder, B. (2019a). *Gestaltung der digitalen Transformation im Unternehmen – eine Einführung.* Vorlesungsskript.

Kaltenrieder, B. (2019b). *Kernelemente einer Digitalstrategie.* Vorlesungsskript.

Kaltenrieder, B. (2021). *Digitalstrategie oder Strategie fürs Digitale Zeitalter?* https://exploit-advisory.ch/digitalstrategie-vs-strategie/ [Abrufdatum: 08.12.2023].

Kaltenrieder, B. (2023). *Digitale Strategieansätze im Überblick.* https://exploit-advisory.ch/digitalstrategien/ [Abrufdatum: 06.12.2023].

Kaltenrieder, B., Obwegeser, N., Peter, M., Riedl, R., Spasova, T., & Bader, V. (2023). *Digital Excellence Report.* Digitaler Reifegrad der Schweizer Wirtschaft. https://www.swissict.ch/digital-excellence-report/ [Abrufdatum: 25.04.2024].

Kaufmann, T. (2021). *Strategiewerkzeuge aus der Praxis. Analyse und Beurteilung der strategischen Ausgangslage.* Springer, Berlin, Heidelberg. https://doi.org/10.1007/978-3-662-63105-8 [Abrufdatum: 09.04.2024].

Kim, C., & Mauborgne, R. (2005). *Der Blaue Ozean als Strategie. Wie man neue Märkte schafft, wo es keine Konkurrenz gibt.* Hanser, München, Wien.

Kirchgeorg, M., Beyer, C. (2016). *Herausforderungen der digitalen Transformation für die marktorientierte Unternehmensführung.* In: Gerrit Heinemann, H. Mathias Gehrckens, Uly J. Wolters, dgroup GmbH (Hrsg.): Digitale Transformation oder digitale Disruption im Handel. Vom Point-of-Sale zum Point-of-Decision im Digital Commerce. Springer Fachmedien, Wiesbaden, pp. 399–422.

Klöckner & Co SE. (2020). *Gisbert Rühl über neue digitale Prozesse bei Klöckner & Co, die Corona-Krise und Strukturwandel*. Video. https://www.youtube.com/watch?v=nXAzZbrX2Lc [Abrufdatum: 28.01.2024].

Koch, T., & Windsperger, J. (2017). Seeing through the network: Competitive advantage in the digital economy. *Journal of Organization Design 2017 6:1*, *6*(1), 1–30. https://doi.org/10.1186/S41469-017-0016-Z [Abrufdatum: 28.01.2024].

Kotter, J. P. (1996). Leading Change. Harvard Business School Press, Boston, Mass.

Krättli, N., & Peter, M. K. (2021). Arbeitswelt 4.0. Das KMU der Zukunft: Wie Unternehmen sich auf die Herausforderungen von morgen vorbereiten. Beobachter-Edition & Handelszeitung, Zürich.

Manyika, J., Chui, M., & Brown, B. (2011). *Big Data: The Next Frontier for Innovation, Competition, and Productivity*. https://www.researchgate.net/publication/312596137_Big_data_The_next_frontier_for_innovation_competition_and_productivity [Abrufdatum: 28.01.2024].

March, J. G. (1991). Exploration and Exploitation in Organizational Learning. *Organization Science*, *2*(1), 71–87. http://www.jstor.org/stable/2634940 [Abrufdatum: 28.01.2024].

Mas, J. M., & Gómez, A. (2021). Social partners in the digital ecosystem: Will business organizations, trade unions and government organizations survive the digital revolution? *Technological Forecasting and Social Change*, 162, 120349. https://doi.org/10.1016/J.TECHFORE.2020.120349 [Abrufdatum: 21.04.2024].

Menzel, S. (2019). *Digital-Labs: Wo Volkswagen zum Apple-Konkurrenten werden will*. handelsblatt.com. https://www.handelsblatt.com/unternehmen/industrie/digital-labs-wo-volkswagen-zum-apple-konkurrenten-werden-will/24523892.html [Abrufdatum: 28.01.2024].

Mollman, S. (2023). *Salesforce ›Ohana' in Doubt after CEO Marc Benioff Avoids Questions about Layoffs in All-Hands Meeting*. finance.yahoo.com. https://finance.yahoo.com/news/salesforce-ohana-mantra-questioned-ceo-215923705.html?guccounter=1 [Abrufdatum: 28.01.2024].

Negroponte, N. (1995). *Being Digital*. Knopf, New York.

Oltmann, J. (2008). Project Portfolio Management: How to Do the Right Projects at the Right Time. *PMI Global Congress*.

Padi, A., Owusu-Ansah, W., & Mahmoud, M. (2022). Corporate entrepreneurship and employees' competencies: Do employees' perceived feasibility and desirability matter? *Cogent Business & Management*, *9*. https://doi.org/10.1080/23311975.2022.2102129 [Abrufdatum 28.01.2024].

Perlas, G. (2023). Citibank startet eine Blockchain-Revolution mit neuem Tokenisierungsprogramm. Blockzeit. https://blockzeit.com/de/citibank-lanciert-neues-tokenisierungsprogramm/ [Abrufdatum: 15.04.2024].

Peter, M. K. (Hrsg.) (2021). *Strategieentwicklung im digitalen Zeitalter. Planung & Umsetzung der Digitalen Transformation*. Fachhochschule Nordwestschweiz. www.arbeitswelt-zukunft.ch [Abrufdatum: 27.01.2024].

Peter, M. K. (2023). *Digitaler Masterplan für KMU: So gelingt die digitale Transformation in Ihrem Unternehmen*. Beobachter-Edition & Handelszeitung, Zürich.

Peter, M. K. (2024). *The Digital Transformation Canvas. Develop and implement your digital strategy*. FT Publishing/Pearson.

Peter, M. K., & Niedermann, A. (2020). *Digitales Marketing für KMU: Wie Unternehmen sich digital vermarkten und kommunizieren*. Beobachter-Edition & Handelszeitung, Zürich.

Peter, M. K. (2017). *KMU-Transformation: Als KMU die Digitale Transformation erfolgreich umsetzen. Forschungsresultate und Praxisleitfaden*. FHNW Hochschule für Wirtschaft, Olten.

Petzold, R. (2024). *KPI und OKR in der digitalen Transformation. Strategien für die Planung, Umsetzung, Steuerung sowie Messung der Ergebnisse und Wirkung*. Hochschule für Wirtschaft der Fachhochschule Nordwestschweiz FHNW, Januar 2024. https://www.fhnw.ch/de/die-fhnw/hochschulen/hsw/media-newsroom/news/erfolgsmessung-von-digitalprojekten-kpi-und-okr-der-digitalen-transformation/media/kpi-okr-digitale-transformation-cas-fhnw.pdf [Abrufdatum: 25.04.2024].

Porter, M. E., & Heppelmann, J. E. (2014). How smart, connected products are transforming competition. *Harvard Business Review* (Nov.).

Ramesh, N., & Delen, D. (2021). Digital transformation: How to beat the 90 % failure rate? *IEEE Engineering Management Review, 49*(3), 22–25. https://doi.org/10.1109/EMR.2021.3070139 [Abrufdatum: 28.01.2024].

Reinhardt, K. (2020). *Digitale Transformation der Organisation. Grundlagen, Praktiken und Praxisbeispiele der digitalen Unternehmensentwicklung*. Springer Fachmedien, Wiesbaden.

Reinhardt, K. (2021). *Digital Leadership Excellence.* In D. von Matusiewicz & J. A. Werner (Hrsg.), Future Skills in Medizin und Gesundheit – Menschen. Stärken. Kompetenzen (S. 207–213). MWV Medizinisch Wissenschaftliche Verlagsgesellschaft, Berlin.

Reinhardt, K., Mehrkens, D., & Eilers, A. (2022). *Selbstorganisiertes Lernen und Lernende Organisation.* In M. Müller-Vorbrüggen & J. Radel (Hrsg.), Handbuch Personalentwicklung. Die Praxis der Personalbildung, Personalförderung und Arbeitsstrukturierung (5. Aufl.). Schäffer-Poeschel, Stuttgart.

Rozumowski, A., Peter, M., Bernet, A., Lindeque, J., Tonazzi, M., & Sennrich, J. (2023). Future-Work-Skills-Kurzstudie-2023. FHNW Hochschule für Wirtschaft, Olten.

Schaller, B. (1996). *Moore's Law – The Benchmark of Progress in Semiconductor Electronics*. http://jimgray.azurewebsites.net/moore_law.html?from=https://research.microsoft.com/en-us/um/people/gray/moore_law.html&type=path [Abrufdatum: 13.07.2023].

Schreiber, Z. (2016). Amazon Logistics Services – The Future of Logistics? *Supply Chain 24/7.* https://www.supplychain247.com/article/amazon_logistics_services_the_future_of_logistics [Abrufdatum: 27.01.2024].

Schumacher, M., Gotsch, M. L., Schögel, M., & Herhausen, D. (2019). *Status Quo der Plattformökonomie in der Schweiz.* https://www.alexandria.unisg.ch/entities/publication/af222ac7-e8d6-4cea-bd01-3e874d8ecd34/details [Abrufdatum: 25.04.2024].

Senyo, P. K., Liu, K., & Effah, J. (2019) Digital business ecosystem: Literature review and a framework for future research. *International Journal of Information Management*, 47, 52–64.

Shigeru23 (2011). *Visualisierung Moores Law.* https://commons.wikimedia.org/wiki/File:Moores_law_%281970-2011 %29.PNG#filelinks [Abrufdatum: 13.07.2023].

Statista. (2020). *Das Zeitalter der Tech-Giganten.* https://de.statista.com/infografik/22707/unternehmen-mit-der-weltweit-groessten-marktkapitalisierung/ [Abrufdatum: 11.01.2024].

swissICT. (2020). *Digital Excellence Checkup.* https://www.swissict.ch/checkup/ [Abrufdatum: 25.04.2024].

Switzerland Global Enterprise. (2017). *Ifolor: Digitales Geschäftsmodell, internationaler Erfolg.* https://www.s-ge.com/de/article/aktuell/interview-digitale-geschaeftsmodelle-ifolor?ct [Abrufdatum: 11.01.2024].

Tan, B., Pan, S. L., Lu, X., & Huang, L. (2015): The Role of IS Capabilities in the Development of Multi-Sided Platforms: The Digital Ecosystem Strategy of Alibaba.com. Journal of the Association for Information Systems 16(4): 248–280.

Teece, D. J. (2018). Business models and dynamic capabilities. *Long Range Planning, 51* (1), 40–49. https://doi.org/10.1016/J.LRP.2017.06.007 [Abrufdatum: 28.01.2024].

Teruel, M., Coad, A., Domnick, C., Flachenecker, F., Harasztosi, P., Janiri, M. L., & Pal, R. (2022). The birth of new HGEs: Internationalization through new digital technologies. *Journal of Technology Transfer*, 47(3), 804–845. https://doi.org/10.1007/S10961-021-09861-6 [Abrufdatum: 21.04.2024].

Trendbüro Hamburg. (2013). *Digitaler Generationenwechsel*. https://www.wirsindhandwerk.de/pages/wp-content/uploads/wirsindhandwerk_Generationswechsel-im-Markt-digitale-Anforderungen-steigen.jpg [Abrufdatum: 13.01.2024].

Vadana, I. I., Kuivalainen, O., Torkkeli, L., & Saarenketo, S. (2021). The role of digitalization on the internationalization strategy of born-digital companies. *Sustainability* (Switzerland), 13(24). https://doi.org/10.3390/SU132414002 [Abrufdatum: 21.04.2024].

Weerabahu, W. M. S. K., Samaranayake, P., Nakandala, D., & Hurriyet, H. (2023). Digital supply chain research trends: A systematic review and a maturity model for adoption. *Benchmarking: An International Journal*, 30(9), 3040–3066.

Westerman, G., Bonnet, D., & McAfee, A. (2012). The Advantages of Digital Maturity. *MIT Sloan Management Review*, 1–5. http://sloanreview.mit.edu/article/the-advantages-of-digital-maturity/ [Abrufdatum: 03.12.2023].

Über die Autoren

Bramwell Kaltenrieder

Bramwell Kaltenrieder ist Professor für Digital Business und Innovation an der Berner Fachhochschule. Als Dozent unterrichtet er an den Universitäten Basel und Bern. Zudem unterstützt er als Strategieberater, Coach und zertifizierter Verwaltungsrat Unternehmen bei ihrer strategischen Entwicklung und beim Aufbau digitaler Wettbewerbsvorteile. Zuvor leitete er als Mitgründer und Managing Director die führende Digitalagentur Goldbach Interactive und war Konzernleitungsmitglied der Goldbach Group. Beim Digital Excellence Award wirkt er als Jurypräsident mit, bei swissICT leitet er die Fachgruppe Digital Transformation Insights. 2022 zeichneten das Schweizer Wirtschaftsmagazin Bilanz, die Handelszeitung und die Initiative digitalswitzerland ihn als Digital Shaper aus.

Weitere Informationen: http://bramwell.ch

Marc K. Peter

Marc K. Peter ist Professor für Digital Business und Leiter des Kompetenzzentrums Digitale Transformation an der Hochschule für Wirtschaft der Fachhochschule Nordwestschweiz FHNW in Olten (Schweiz) und Titularprofessor an der Charles Sturt University in Sydney (Australien). Als Dozent unterrichtet er darüber hinaus an der Universität Basel (Schweiz) und bei Rochester-Bern Executive Programs (USA/Schweiz). Nach 20 Jahren als Geschäftsleitungsmitglied in Schweizer KMU sowie bei eBay International und LexisNexis in Europa und Asien–Pazifik liegt Peters Forschungsfokus heute auf den Themen Strategieentwicklung, digitale Transformation, digitales Marketing und Cybersicherheit. Seine Praxishandbücher und Praxistools zur digitalen Transformation unterstützen Organisationen bei Planung und Umsetzung digitaler Strategien.

Weitere Informationen: https://marcpeter.com/

Kai Reinhardt

Kai Reinhardt ist Professor für digitale Transformation und zukunftsfähiges Personalmanagement an der HTW Berlin. Er leitet den Masterstudiengang »Arbeits- und Personalmanagement«, der auf innovative HR-Strategien und Organisationsentwicklung im Zeitalter der Digitalisierung fokussiert ist. Seine Forschungsschwerpunkte sind datengetriebene Geschäftsmodelle, KI-gestütztes Kompetenzmanagement sowie die Bewertung digitaler Vermögenswerte. Reinhardt hat über 70 Forschungsprojekte zu agiler Organisationsgestaltung, HR-Technologien und Personalinnovation realisiert, unter anderem mit Unternehmen wie der Deutschen Bahn, Siemens, Axel Springer und Mercedes-Benz. Vor seiner Berufung war er 15 Jahre in leitenden Positionen in den Feldern Unternehmensstrategie, E-Commerce und digitale Transformation tätig. Als wissenschaftlicher Beirat in Thinktanks für digitale Transformation unterstützt er heute Organisationen bei der Entwicklung maßgeschneiderter datenbasierter Lösungen. Zudem berät er Unternehmen zur HR-Transformation sowie zu agilen Kompetenz- und Organisationsstrukturen.

Weitere Informationen: https://www.kaireinhardt.de

PI13792786

9829815